环境在线监测设备 安装与运维

主　编　黄晓波
副主编　杨巧艳　何　虎
　　　　朱伟欢

西南交通大学出版社
·成　都·

图书在版编目（ＣＩＰ）数据

环境在线监测设备安装与运维 / 黄晓波主编. -- 成都：西南交通大学出版社，2024.2
ISBN 978-7-5643-9726-5

Ⅰ. ①环… Ⅱ. ①黄… Ⅲ. ①环境监测系统 Ⅳ. ①X84

中国国家版本馆 CIP 数据核字（2024）第 038466 号

Huanjing Zaixian Jiance Shebei Anzhuang yu Yunwei
环境在线监测设备安装与运维

主编／黄晓波

责任编辑／宋浩田
封面设计／墨创文化

西南交通大学出版社出版发行

（四川省成都市金牛区二环路北一段 111 号西南交通大学创新大厦 21 楼　610031）

营销部电话：028-87600564　　028-87600533
网址：http://www.xnjdcbs.com
印刷：郫县犀浦印刷厂

成品尺寸　185 mm×260 mm
印张　23.25　　字数·566 千
版次　2024 年 2 月第 1 版　　印次　2024 年 2 月第 1 次

书号　ISBN 978-7-5643-9726-5
定价　66.00 元

党的十八大以来，以习近平同志为核心的党中央高度重视生态环境监测工作。习近平总书记在中央全面深化改革领导小组会议上先后审议通过三份监测改革文件，深刻阐释了新时代"监测网络怎么建、监测机构怎么管、监测数据怎么真"等一系列重大问题，为做好生态环境监测工作提供了根本遵循。近十年，是我国生态环境监测成效最显著的十年，实现了监测网络"全覆盖"，截至目前，国家能直接组织开展监测的大气、地表水、地下水、土壤、海洋等环境监测点位达 1.1 万余个，实现了地级及以上城市全覆盖、重点流域全覆盖、省市交界全覆盖、管辖海域全覆盖。天上有卫星，空中有无人机，水里有监测船，地面有走航车，天空地一体化监测网络初步建成，构建起守护祖国绿水青山的"监测天网"。

大量应用实践证明，环境在线监测设备在环境管理工作中具有显著的优势，它可以通过实时、连续的监测，提供大量准确的环境监测数据，帮助环境管理部门及时掌握环境状况，提高监管效率。对于突发环境污染事件，环境在线监测设备可以及时发现并采取相应的处理措施，有效预防和控制环境污染。此外，环境在线监测系统可以提高数据质量，通过先进的传感器和数据处理技术，减少人为误差和漏检等问题，提高监测数据的准确性和可靠性。环境在线监测系统的全面应用可以降低生态环境保护工作成本，减少人力、物力和财力的投入，同时也可以降低监测点位的数量和监测频次，进一步降低监测成本，具有提高监管效率、实时监控、提高数据质量、降低成本等优势，对于生态环境保护工作具有重要的作用和意义。

随着在线监测设备的普及，越来越多的企业和机构需要源源不断的人才来研发、生产、安装、调试、维护这些在线监测设备，确保其正常运行，并处理可能出现的故障。环境在线监测设备的安装、调试、维护工作需由专业的技术人员来完成，并需要他们具备综合性的专业知识和技能，能够熟练操作监测设备和相关软件工具，具有良好的沟通和协调能力，能够快速准确地响应用户需求和处理各种异常情况。这项工作对于保障环境在线监测设备的正常运行和环境监测数据的准确性和可靠性具有重要的作用。为了满足在线监测技术人才的需求，本书在充分调研有关高职院校环境保护专业人才培养方案、课程标准和实践教学，认真听取部分任课教师、学生、企业的意见，经专家多次论证后编写而成。本书具有以下特点：内容系统性强；技术先进、实践操作性强，符合教学和学生认知规律；适合工学结合，模块化教学，学中做、做中学；牢牢把握住理论够用、实践为重的原则，并吸收近年来国内外环境在线监测设备安装与运维的最新技术、最新方法。

本书主要介绍环境在线监测设备的原理、选型、安装、调试、验收、运维等方面的内容。详细阐述在线监测设备的系统构成及各部件的功能，为读者提供设备选型的基本原则。讲解在线监测设备的安装和验收，结合当前的法律法规以及技术标准进行详细说明。同时聚焦设备的运维管理，包括定期检查、维护保养、数据采集与分析等方面的知识，不仅提供了在线监测设备的基本原理和构造，还针对实际应用场景进行分析。本书既适合用作高职院校以及应用型本科院校环境类专业学生的学习和实践用书，也可作为生态环境主管部门及企事业单位环境管理、环境保护、环保咨询、环境监测、环境工程等领域人员的工作手册来使用。

本书共分为八章，从环境在线监测设备的基本概念、技术原理、选型原则、安装方法、调试技巧、验收标准、运维管理等方面进行了全面系统的介绍。第一章介绍了环境在线监测设备的定义、分类、应用和发展趋势；第二章至第四章分别介绍了常见环境在线监测设备的技术原理、硬件结构和通信方式；第五章至第七章分别介绍了环境在线监测设备的安装调试、比对验收和运维管理；第八章介绍了自动在线监测典型问题案例。全书由黄晓波、杨巧艳、何虎负责策划。黄晓波编写第一章、第二章、第三章、第四章，杨巧艳、何虎编写第五章、第八章，朱伟欢、王雪编写第六章、第七章。全书由黄晓波、朱伟欢负责统稿。本书的编写得到了资阳环境科技职业学院、四川新环科技有限公司、四川和鉴检测技术有限公司、成都市生态环境保护综合行政执法总队等单位的大力支持与帮助，在此一并表示感谢。

由于编写人员教学经验特别是环境在线监测设备安装与运维的教学和工程实践经验不够丰富，法律法规和技术标准也可能有变化更新，教材中存在错误和不足在所难免，恳请各位读者指出，以便我们及时修改、完善。

编　者

2023 年 10 月

第1章 环境在线监测系统概述

1.1 环境在线监测概念与意义

1.1.1 环境在线监测设备的定义

环境在线监测设备是指利用现代通信技术和计算机技术等手段,对被测对象的环境质量进行实时、连续、自动监视,检测控制,数据传输的仪器设备。环境在线监测设备可以实时监测和记录环境中的各种污染物和环境参数,包括温度、湿度、气压、空气质量、水质等。这些设备根据不同的监测目的和应用场景,分为空气质量监测仪、水质监测仪、声环境监测仪、土壤监测仪、气象监测仪和数据采集传输仪等。

环境在线监测系统是利用自动监测仪表和数据采集设备对环境参数进行实时监测的系统。

环境在线监测的核心部分是在线的自动分析仪器,是一种经由当前最为先进的传感技术、自动控制技术、自动测量技术、计算机技术、专用分析软件、无线传输方式,组合形成的现代化综合在线自动环保检测和环境预警的信息平台。该种装置可以应用在环境监测的很多方面,比如烟气自动监测、水质监测、噪声监测、空气质量监测,具体应用中,其监测基础是污染源,应用原则为总量控制和总量管理,能够实现对目标污染物的实时监控,在无线网络传输技术的作用下,达到了全方位跟踪与监控污染单位和监控断面的目的,其对于各个级别的环保工作都有着积极作用,尤其在环保工作信息网络建设方面,为环保中的监理工作和监测工作提供了极大方便,为各个环保部门开展工作提供了更好的交流分享平台,促进我国环境保护工作水平的提升,推动我国环保产业技术发展。环境在线监测系统结构组成如图 1.1-1 和 1.1-2 所示。

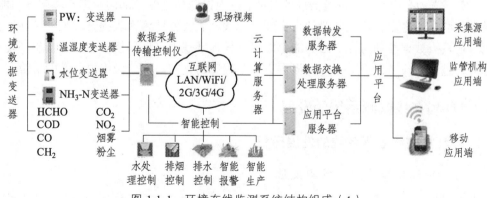

图 1.1-1 环境在线监测系统结构组成(1)

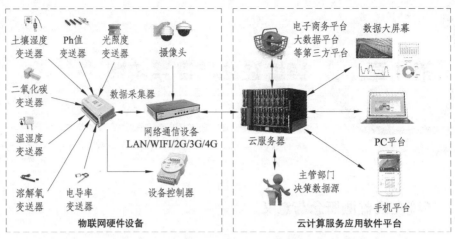

图 1.1-2 环境在线监测系统结构组成（2）

1.1.2 环境在线监测技术的应用

环境在线监测与传统人工形式的环境监测相比，有着更多应用优势，针对现场采样和化验环节来说，前者应用了计算机技术和电子通信技术，各种环境指标的监测工作实现了监测的实时不间断，同时可以将监测数据进行整理和汇总，传输给相应的分析人员，实现实时分析。应用了环境在线监测后，在获取信息数据方面，不再是被动地获得，而是主动寻找各种需要的数据，并且可以查看各项数据是否在正常指标范围内，以此帮助环境保护工作人员做出相应的判断。

环境在线监测设备的应用，不仅可以提高环境监测的效率和准确性，而且可以实现数据的实时传输和分析，从而更好地掌握环境质量的整体情况，为环境保护决策提供科学依据。随着技术的不断进步和环保需求的不断增加，未来环境在线监测设备的应用范围还将不断扩大。

1.1.3 环境在线监测系统的意义

环境保护工作人员可以利用数据采集终端采集各种数据，然后通过处理平台，把数据转变成为信息，传输到数据处理中心，实现数据的整理与存储，最后可以将数据显示在工作人员的可视化终端上面。通过信息传输，工作人员可在第一时间内掌握目标地区的各种环保数据信息，实现先动态跟踪，再进行治理的目的，进而提升环境保护部门治理环境问题的能力。环境在线监测应用之后，环境监测的真实性、代表性、实效性将大大提升。另外，在线监测的应用，还具有数据整理与存储的功能，能更有效地展现出当地环境质量，分析出环境质量变化趋势，进而为环境保护工作人员提供更多基础性的支撑数据，做出更科学的决策。

1.2 环境在线监测系统的发展

1.2.1 环境在线监测系统的发展历程

1.2.1.1 空气在线监测技术的发展

早在 20 世纪 70 年代，美国、欧洲等一些发达国家就开始在环境保护领域应用在线监测技术。随着技术的进步，他们相继开发出了多种在线监测仪器，包括气体分析仪、颗粒物分析仪、温湿度计等。这些仪器采用了先进的传感器技术和数据处理技术，能够实时、准确地监测空气和废气的各项参数，为环境治理和保护提供了强有力的支持。

国内空气和废气在线监测技术的发展相对较晚。20 世纪 90 年代，随着经济的快速发展和环境问题的日益突出，我国开始引进和吸收国外的在线监测技术。经过多年的发展，我国的在线监测技术已经取得了长足的进步。国内的企业和科研机构相继研发出了多种具有自主知识产权的在线监测设备，如烟气排放连续监测系统、空气质量在线监测系统等。这些设备采用了先进的传感器、分析仪和数据传输技术，能够实时、准确地监测空气和废气的各项参数，为环境治理和保护提供了重要的数据支持。

当前，我国空气和废气在线监测技术的发展已经取得了显著的进步。随着国家对环境保护的重视和人们对空气质量的关注度不断提高，我国在线监测技术的应用范围也越来越广泛。

在空气质量在线监测方面，我国已经建立了能够覆盖全国各地的空气质量监测网络，能够实时监测 $PM_{2.5}$、PM_{10}、二氧化硫、二氧化氮等主要空气污染物的浓度。这些数据通过数据采集系统进行采集，并经过处理和分析，为政府部门和公众提供及时、准确的空气质量信息。此外，针对不同区域和不同行业的需求，我国还开发了多种具有针对性的空气质量在线监测设备，如大气污染源排放监测系统、工业园区空气质量监测系统等。

在废气在线监测方面，我国主要针对工业生产过程中产生的废气进行监测。针对不同行业的特点，我国开发了多种具有针对性的废气在线监测设备，如烟气排放连续监测系统、工业炉窑烟气监测系统等。这些设备能够实时监测废气的成分和排放量，为企业的环保治理和政府的环保监管提供数据支持。

同时，我国还积极引进和吸收国际先进的在线监测技术，与国内的企业和科研机构合作，开展技术研发和创新。通过不断的研究和实践，我国在线监测技术的精度、稳定性和可靠性得到了不断提高，逐步接近国际先进水平。

1.2.1.2　水质在线监测技术的发展

地表水和废水在线监测技术是环境保护领域的重要技术之一，其发展历程经历了多个阶段。20 世纪 70 年代，美国、欧洲等一些发达国家就开始在环境保护领域应用地表水和废水在线监测技术，相继开发出了多种在线监测仪器，包括水质分析仪、流量计、温度计、pH 计等。

20 世纪 90 年代，我国开始引进和吸收国外的在线监测技术。1999 年起，国家环境保护总局在淮河、长江、黄河、松花江和太湖流域建设水质自动监测站，此后，各省市地表水在线监测系统逐步建立，上海市在苏州河与黄浦江上建立了水质自动监测系统；广东省在小东江断面建立了水质自动监测站；天津市在其水源保护地建立了三个水质自动监测站；江苏省在苏南运河建立了两个水质自动监测站。2001 年至 2004 年期间，国产水质在线监测设备问世并有小规模的生产，相继应用于几个经济发达地区的各个大型污水处理厂中，自此，我国的水污染源在线监测技术应用正式步入起步阶段。

党的十八大以来，水质在线监测技术得到了快速发展。一方面，水质在线监测技术的监测范围不断扩大，从单一的水质指标监测发展到多参数、多指标的综合性监测，监测频率也从定期监测发展到实时监测。另一方面，水质在线监测技术的自动化程度不断提高，监测仪器设备不断更新换代，监测数据的质量和准确性得到了显著提升。

同时，水质在线监测技术的应用也日益广泛。水质在线监测数据不仅可以用于环境监测、污染治理等方面，还可以用于水资源管理、水环境保护等方面。例如，在水资源管理方面，水质在线监测数据可以用于水资源调度、水功能区管理等方面，对于保障水资源的可持续利用具有重要意义。

1.2.1.3　在线监测技术发展面临的问题

随着科技的进步，在线监测技术在工业、能源、环保等领域的应用也越来越广泛。然而，这项技术的发展并非一帆风顺，面临着许多挑战和问题。

第一，尽管在线监测技术在许多领域取得了显著的成果，但必须承认的是，目前这项技术仍存在一定的技术成熟度不足问题，具体表现为缺乏完善的技术方案和难以满足多样性的需求。例如，现有的监测技术可能无法对某些复杂环境或特定工况进行准确监测，或是在监测过程中存在数据漂移和噪声干扰等问题。

第二，在线监测设备的成本较高，具体体现在硬件设备的价格和后期维护成本等方面，一些高端设备还需要依赖进口，这无疑增加了在线监测技术的获得成本和推广难度。

第三，在线监测所产生的大量数据传输和存储问题也是技术发展面临的挑战之一，在许多情况下数据的传输速度和存储空间的不足都可能会限制监测技术的实际应用，如何有效地压缩数据、提高数据传输速度以及降低存储成本等，都是需要解决的重要问题。

第四，监测数据的可靠性问题，在实际应用中，可能会存在数据采集的准确性不高、数据传输的延迟以及数据处理效率低下等问题，这些都会影响到监测结果的可靠度和准确度，因此需要采取有效的技术和方法来提高数据的可靠性。

另外还存在监测数据实时性和精准度易受环境影响、监测系统稳定性不足、数据分析与解读难度较大等问题。为了推动在线监测技术的进一步发展，需要在解决这些问题的过程中不断进行技术创新和完善，以适应日益增长的需求和增多的应用场景。

1.2.2　环境在线监测技术的发展趋势

1.2.2.1　多参数监测及高灵敏度监测

环境在线监测技术正朝着多参数监测的方向发展。通过运用多种传感器，实现对环境中多种参数的同时监测，如温度、湿度、气压、光照、噪声等，这有助于全面了解环境状况，为环境保护决策提供更为丰富的数据支持。

为了更准确地反映环境质量状况，高灵敏度和高分辨率的环境在线监测技术成为了研究热点。分子识别、微纳技术等领域的创新，使得监测设备的灵敏度和分辨率得到了极大的提升。这有助于及早发现环境中的异常变化，为采取相应的环境保护措施提供了支持。

1.2.2.2　大数据和人工智能技术

大数据和人工智能技术在环境在线监测中开始发挥重要作用。通过对大量环境数据的挖掘和分析，可以发现隐藏在数据背后的规律和趋势，为环境保护提供科学依据。机器学习等人工智能技术则可以通过对监测数据的训练和学习，提高监测设备的自适应能力和预测准确性。

1.2.2.3   在线监测技术呈现多样性

在线环境监测技术不仅仅使用了物理、化学的监测技术，还可以通过将全球定位技术、遥感技术、生物技术融合在一起，改善其应用方式，并且提升其科学化水平，使其朝着现代化方向发展，更加显著地体现出技术的多样性，不断完善和改良环境在线监测系统。

随着环保需求的不断提高，便携式和移动式监测设备逐渐成为研究热点。手持式仪器、手机 App 等便携式设备，可以随时随地进行环境数据的采集、分析和展示，为环境监测提供了更大的便利性。移动式监测车、走航监测车、无人飞行器、无人监测采样船等则能够快速到达指定区域进行监测，为应急环境保护工作提供有力支持。

第2章 水质在线监测设备原理分析

2.1 水质常规参数在线监测仪

2.1.1 水质常规五参数概述

水质五参数通常是指地表水监测指标，包括 pH、电导率、溶解氧、浊度、温度等五个参数。根据《地表水环境质量标准》（GB 3838—2002）和《生活饮用水标准检验方法》（GB 5750—2023）执行。其他标准包括：pH 水质自动分析仪的行业标准 HJ/T 96—2003、电导率水质自动分析仪的行业标准 HJ/T 97—2003、溶解氧（DO）水质自动分析仪的行业标准 HJ/T 99—2003、浊度水质自动分析仪的行业标准 HJ/T 98—2003。

对地表水水质监测常规五参数监测的主要意义在于掌握主要流域重点断面水体的水质状况，预警预报重大或流域性水质污染事故，解决跨行政区域的水污染事故纠纷。新形势下，五参数数字化传感器可以结合物联网行业解决方案实现网格化水质管控和河长制责任分区。

2.1.1.1 水 温

地表水温度的变化，即使是相对较小的温度变化也会对水生野生动物产生重大的负面影响，影响生物生长和鱼虾类动物进食的速度以及它们的繁殖时间和效率。全球气候变暖也会增加有害藻华的风险，滋生了对水生植物和鱼类产生的负面影响。

水温的测定通常采用温度传感器法，温度传感器如图 2.1-1 所示。测量水温一般的感温元件为铂电阻、热敏电阻等。测量时，将感温元件放入被测水中，并接入平衡电桥的一个臂上；当水温变化时，感温元件的电阻随之变化，则电桥平衡状态被破坏，有电压信号输出，最终根据感温元件电阻变化值与电桥输出电压变化值的定量关系实现水温的测量。

图 2.1-1 温度传感器

2.1.1.2　pH 值

地表水水质中 pH 值的变化会影响藻类对氧气的摄入能力及动物对食物的摄取敏感度；会影响细胞膜转运物质的活性和速率，影响其正常代谢，进而对整个食物网产生影响。

pH 值的测定方法主要有：玻璃电极法、比色法、锑电极法、氢醌电极法等。在水污染连续自动监测仪器中采用国标方法即玻璃电极法，带温度补偿。但在连续自动监测时，如果水样中有氟化物，电极容易被腐蚀，此时可采用锑电极法，但要注意的是在不同的锑表面状态和样品条件下有时会产生异常值。

pH 传感器结构图如图 2.1-2 所示。

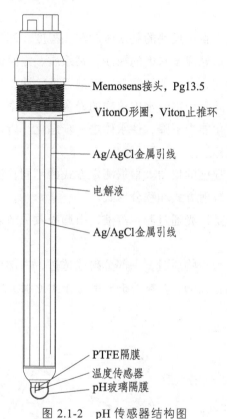

图 2.1-2　pH 传感器结构图

2.1.1.3　电导率

电导率测值常常被环保界人士称为"水质监测排头兵"。电导率的大小代表所测水的导电性强弱，其他相关参数包括 TDS（溶解性固体总量）、盐度（SAL）、溶液中总的离子浓度。地表水中监测电导率指标的主要目的是监测水体中总的离子浓度，其包含了各种化学物质、重金属、杂质等各种导电性物质总量。

电导率仪可以通过测定水中的导电率，了解水中溶解性物质的量，被广泛地应用于环境监测中，如对河流、污水处理厂及企业的排水等的监测。

电解质溶液的导电性依靠的是阴阳离子，正如金属导电遵从欧姆定律一样。

电导率传感器如图 2.1-3 所示。

图 2.1-3　电导率传感器

2.1.1.4　浊　度

地表水中浊度值的高低，直观反映的是水体的浑浊程度。浑浊程度主要由水中的不溶性物质所决定，不溶性物质包括悬浮于水中的泥沙、腐殖质、浮游藻类和胶体颗粒物等。浊度降低的同时也代表水中的细菌、大肠菌、病毒、隐孢子虫、铁、锰等的降低。

地表水中浊度值偏高，同时会影响水中植物的光合作用效率，进而影响氧气的产生，导致腐烂生物降解过程中的催化能力下降，使水体进一步恶化。所以地表水中浊度测量参数是反映水体污染程度的综合指标。

浊度计是测定水体污浊程度的仪器。根据测定方式的不同，浊度仪可分为透射式、表面散射式、散射和透射方式、散射方式和积分球式。

目前浊度自动监测仪都是以光通过测定溶液，引起吸收、散射或折射等，再测定其强度的变化为原理进行测定的。

当一束射线射向不溶性颗粒物质时，一部分射线透过，一部分被吸收，另外的被散射。光的吸收与散射都与颗粒的直径 D、颗粒的折射率与介质（水）的折射率之比 m 及射线的波长有关。

浊度传感器如图 2.1-4 所示。

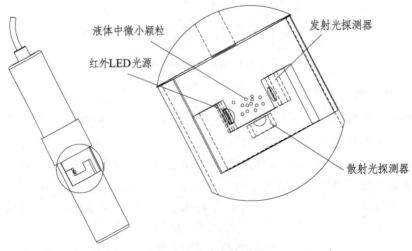

图 2.1-4　浊度传感器

2.1.1.5 溶解氧 DO

地表水中溶解氧除了通常被水中硫化物、亚硝酸根、亚铁离子等还原性物质消耗外，也会在水中微生物的呼吸作用以及水中有机物质被好氧微生物的氧化分解等过程中消耗。所以溶解氧是地表水监测的重要指标，其高低是水体是否具备自净能力的证明。

地表水中溶解氧近于饱和值时，藻类繁殖旺盛，溶解氧含量下降。水体受有机物及还原性物质污染时会导致溶解氧降低，从而对水中生物如鱼类的生存产生至关重要的影响。当溶解氧低于 4 mg/L 时，就会引起部分鱼类窒息死亡。当溶解氧消耗速率大于氧气向水体中溶入的速率时；溶解氧的含量低于 0.5 mg/L 时，此时厌氧菌得以繁殖，使水体进一步恶化。所以地表水中溶解氧值的高低能够反映出水体受到的污染程度，特别是有机物污染的程度。

DO 的自动监测仪器一般采用膜电极法。膜电极法是通过测定 DO 浓度或氧的分压产生的扩散电流或还原电流，来求出 DO 浓度值的方法。因此，膜电极测定 DO 时不受水中的 pH、温度、氧化还原物质、色度和浊度的影响，被广泛地应用于地表水、工厂排水、污水处理过程中的 DO 的测定。但由于膜对氧的透过率受温度的影响较大，所以厂家一般都采用温度补偿的办法消除温度的影响。

常用的溶解氧传感器包括极谱法、原电池法、光学法三种方法。

极谱法是利用氧化还原反应原理：在氯化钾电解液中，传感器阴极被还原、阳极被氧化，利用其产生的电子转移，进而得到与氧浓度呈线性关系的信号电流。

$$O_2 + 2H_2O + 4e^- = 4OH^-$$

$$4A_g^+ + Cl^- = 4AgCl + 4e^-$$

原电池法是利用银、铅两种金属构建原电池，在银阴极发生还原反应，在铅阳极发生氧化反应，外电路接通之后，便有信号电流通过，电流值与溶解氧浓度成正比。该方法本身需消耗氧气，因此会造成测值容易漂移、重复性不佳，因此需保证被测样品处于流动状态并达到一定流速。

$$O_2 + 2H_2O + 4e^- = 4OH^-$$

$$2Pb + 2KOH + 4OH^- - 4e^- = 2KHPbO_2 + 2H_2O$$

光学法是基于荧光猝熄原理测定溶解氧的一种方法。和膜电极法、极普法相比其使用范围更加广泛。传感器中设置蓝红两种光源和荧光层，蓝光照射到荧光物质上使荧光物质激发并发出红光，由于氧分子可以带走能量（猝熄效应），所以激发的红光的时间和强度与氧分子的浓度成反比。通过测量激发红光与参比光的相位差，并与内部标定值对比，从而计算出氧分子的浓度。荧光法溶解氧传感器如图 2.1-5 所示。

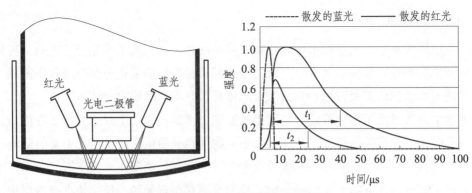

图 2.1-5　荧光法溶解氧传感器

2.1.2　水质常规五参数在线监测仪

水质常规五参数自动在线监测仪由控制器、温度传感器、pH 传感器、电导率传感器、溶解氧传感器、浊度传感器组成。控制器可同时接入多个传感器，同时有模拟量、数字量、开关量等多种输出接口。传感器输出 RS-485 等信号，现场应用时，抗干扰能力更强。

水质常规五参数自动在线监测仪根据安装方式不同通常分为柜式、壁挂式、浮岛式等，根据水样采样方式不同可分为投入式、流通式两种。

柜式自动在线监测仪是将各类传感器内置到机柜中，采用流通式采样方式，将水样使用采样泵输送到柜体中进行预处理后进行检测，集成化程度较高，适用于各类水质在线监测站室内或室外安装使用，柜式水质自动在线监测仪如图 2.1-6 所示。

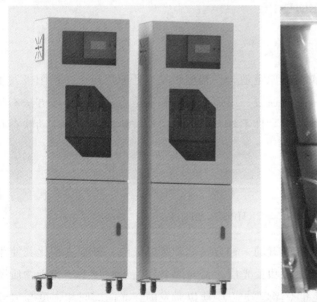

图 2.1-6　柜式水质自动在线监测仪

壁挂式自动在线监测仪通常在柜式监测仪基础上进行了结构简化，通常是将各传感器投入到待测水体中进行检测，在线监测仪则负责进行检测信号的处理和显示，适合在各类在线监测站室内安装使用，如图 2.1-7 所示。

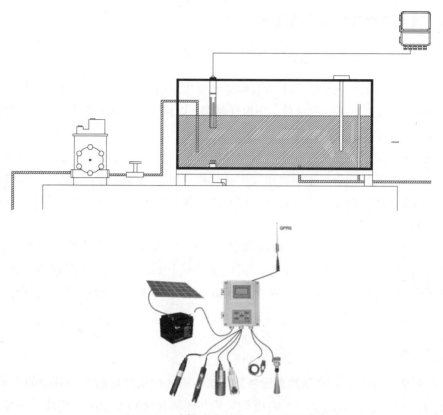

图 2.1-7　壁挂式水质自动在线监测仪

　　浮岛式水质监测站是一个可以放置于河流、湖泊、水库、近海、水产养殖地等地表水体进行原位实时水质监控的，可在不具备外部电源的环境下，利用自供电技术（太阳能、高容量蓄电池组混合供电），以及通过自主研发的现代化光学、电化学传感器技术，并结合自动测量技术、自动控制技术、GIS 技术、物联网技术、大数据技术来测量各种生态环境水质参数，为饮用水源地、湖库河道地表水、水体富营养化、水产养殖水质实时监测、水体生态评估等各个领域提供服务的综合性小型化在线自动监测系统，浮岛式水质自动在线监测仪如图 2.1-8 所示。

图 2.1-8　浮岛式水质自动在线监测仪

2.1.3 其他常规参数在线监测仪

2.1.3.1 氧化还原电位 ORP

氧化还原电位用来反映水溶液中所有物质表现出来的宏观氧化还原性。氧化还原电位越高，氧化性越强，氧化还原电位越低，还原性越强。电位为正表示溶液显示出一定的氧化性，为负则表示溶液显示出一定的还原性。

对于一个水体来说，往往存在多种氧化还原电位，构成了复杂的氧化还原体系。而其氧化还原电位是多种氧化物质与还原物质发生氧化还原反应的综合结果。这一指标虽然不能作为某种氧化物质与还原物质浓度的指标，但有助于我们了解水体的电化学特征，分析水体的性质，是一项综合性指标。

氧化还原电位通常使用 ORP 电极测量，ORP 电极以铂电极作指示电极，饱和甘汞电极作参比电极，与水样组成原电池。用电子毫伏计或通用 pH 计测定铂电极相对于饱和甘汞电极的氧化还原电位，然后再换算组成相对于标准氢电极的氧化还原电位作为报告结果。

2.1.3.2 余 氯

剩余氯简称余氯，是氯消毒的水质参数。水与所加的氯反应后水中剩余的有效氯总量，单位为 mg/L。处理生活饮用水时，常用氯气或某些氯化合物（如次氯酸盐、氯胺化合物）消毒。有时也用氯气来氧化污染较严重的原水以改善水质。这时常通过测定余氯来控制处理过程。余氯过高将给水带来臭味，过低则会使水失去杀菌的能力，降低供水的卫生安全性。余氯有多种形式，大致为两类，一类是游离性有效氯（通常是次氯酸和次氯酸根离子），另一类是化合性有效氯（各种氯胺及衍生物）。在用折点加氯法来改善污染较重的原水的水质时，常需区分这两类余氯。向这类原水加氯时，随着加氯量的递增，余氯量也递增，但加氯量超过某一数值后，余氯量反而会随加氯量的增加而递减。加氯量继续增加直至超过某一数值时，余氯量又开始递升，而且余氯的上升与氯的增加量相等，这表明氯的氧化作用已经完成。

1976 年我国颁布的生活饮用水水质标准要求加氯清毒时做到：①接触 30 min 后游离性余氯不小于 0.3 mg/L；②给水管网末端，水中游离性余氯不小于 0.05 mg/L。

余氯在线检测仪是高智能化在线监测仪，由传感器和二次表两部分组成。可同时测量余氯、pH 值、温度。可广泛应用于电力、自来水厂、医院等行业中对各种水质的余氯和 pH 值连续监测。

2.1.3.3 叶绿素 a

叶绿素是一种有机化合物，分子式为 $C_{55}H_{72}MgN_4O_5$，分子量为 893.489，蜡状固体。叶绿素 a 的分子由 4 个吡咯环通过 4 个甲烯基（= CH—）连接形成环状结构，称为卟啉（环上有侧链）。

叶绿素 a 是一种包含在浮游植物的多种色素中的重要色素。在浮游植物中，占有机物干重的 1%～2%，既是估算初级生产力和生物量的指标，也是赤潮监测的必测项目。水体中叶绿素 a 含量说明了浮游植物的含量，能够显示水体富营养化的程度。

在线式叶绿素 a 分析仪是基于光学分析原理开发的水质在线分析仪器。高灵敏度光电传感器会捕捉微弱的荧光信号从而转化为叶绿素 a。数字化、智能化传感器设计理念，能够自动补偿电压波动、器件老化、温度变化对测量值的影响。方便组网和系统集成，广泛应用于地表水等监测场景。

2.1.3.4　溶解性总固体 TDS

总溶解固体（Total dissolved solids，TDS），又称溶解性固体总量，测量单位为毫克/升（mg/L），它表明 1 L 水中溶有多少毫克溶解性固体。TDS 值越高，表示水中含有的溶解物越多。总溶解固体指水中全部溶质的总量，包括无机物和有机物两者的含量。一般可通过电导率值大概了解溶液中的盐分，一般情况下，电导率越高，盐分越高，TDS 越高。在无机物中，除溶解成离子状的成分外，还可能有呈分子状的无机物。由于天然水中所含的有机物以及呈分子状的无机物一般可以不考虑，所以一般也把含盐量称为总溶解固体。但是在特定水中 TDS 并不能有效反映水质的情况。比如电解水，由于电解过的水中 OH^- 等带电离子显著增多，相应的导电量就异常加大。比如原 TDS 为 17 的纯水经电解水机电解后所得碱性水的 TDS 值在 300 左右。"世界卫生组织"建议饮用水的最低 TDS 含量应该为 100 mg/L。

在线 TDS 检测仪是在保证性能的基础上简化了功能，从而具有了特别强的价格优势。环境适应性强、清晰的显示、简易的操作和优良的测试性能使其具有很高的性价比。可广泛应用于对火电、化工化肥、冶金、环保、制药、生化、食品和自来水等溶液中电导率值（TDS）的连续监测。

2.2　液位与流量在线监测

2.2.1　液位（水位）在线监测仪

液位（水位）在线监测仪是以液位传感器为核心，集成信号采集和传输装置，实时对各类液体液面高度进行检测的仪器。液位传感器的主要用途就是对水位和液位的监测，经常被用于石油化工、自来水厂、造纸、水库等场所。随着液位传感器的广泛应用，各类液位传感器相继出现，使用时更加精准、稳定，按照检测原理不同，主要分为超声波液位传感器、光电液位传感器、微波雷达液位传感器、压力式液位传感器、浮力式液位传感器。

超声波液位传感器利用超声波的发射和接收,根据超声波传播的时间来计算出传播距离。它有两种测距方法：一种是在被测距离的两端，一端发射，另一端接收的直接波方式；一种是发射波被物体反射回来后接收的发射波方式，适用于测距仪。

超声波液位监测仪如图 2.2-1 所示。

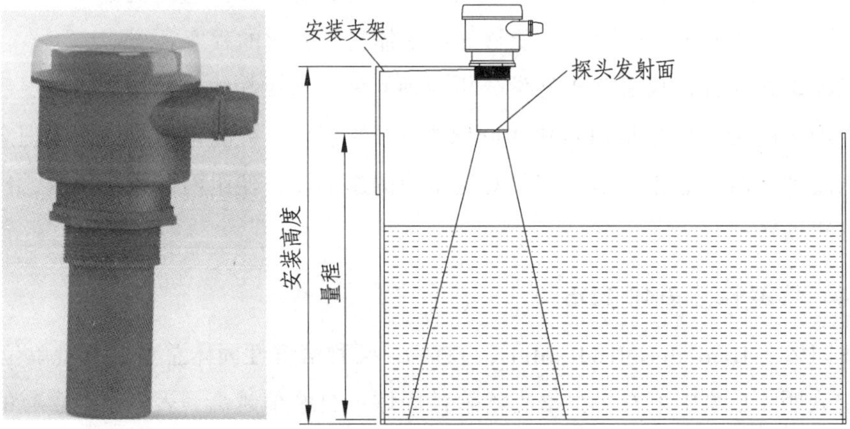

安装支架

探头发射面

安装高度

量程

图 2.2-1　超声波液位监测仪

光电液位传感器利用的是光线会在两种不同介质界面发生反射折射的原理，是一种新型接触式点液位测控装置，如图 2.2-2 所示。光电液位传感器不仅具有结构简单、定位精度高、没有机械部件，不须调试、灵敏度高、耐腐蚀、耗电少、体积小等诸多优点，还具有耐高温、耐高压、耐强腐蚀，化学性质稳定，对被测介质影响小等特征。光电液位传感器与介质的其他特性如温度、压力、密度、电参数无关，故液面检测准确、重复精度高、响应速度快、液面控制非常精确。光电探头体积相对小巧，可以在一个测量体上安装多个光电探头制成多点液位传感器、变送器。光电液位传感器内部的所有元器件都进行了树脂浇封处理，传感器内部没有任何机械活动部件，因此传感器可靠性高、寿命长、免维护，传感器还可以免调试、免校验，直接安装即可应用。光电液位传感器可用于对各类低黏度洁净液体的关键点、上下限位点或多点液位进行准确可靠的测量监控、显示报警、定点控制和气/液两相界面或油水界面的鉴别。光电液位传感器可广泛用于化工、食品、医药、运输及军工等行业生产、储存及运输过程中多种液体贮罐、贮槽。

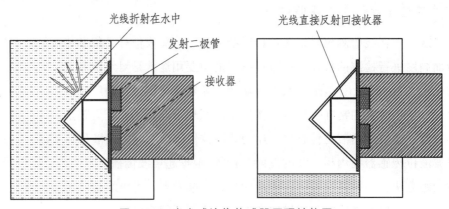

光线折射在水中

光线直接反射回接收器

发射二极管

接收器

图 2.2-2　光电式液位传感器原理结构图

　　光电式液位传感器安装图如图 2.2-3 所示。

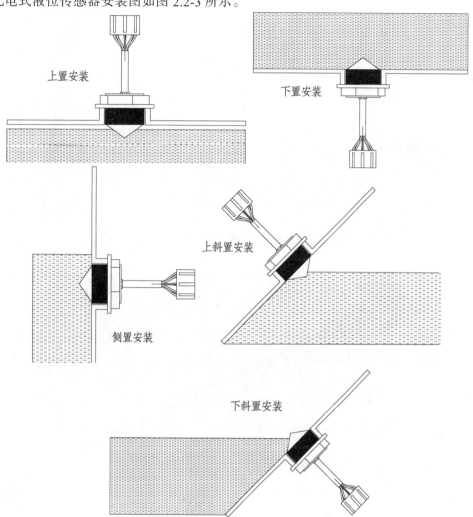

上置安装

下置安装

上斜置安装

侧置安装

下斜置安装

图 2.2-3　光电式液位传感器安装图

　　微波雷达液位传感器是一种常用的测量设备，并有多种测量值显示。雷达无线液位传感器在很多恶劣条件下能得到很好的应用，扮演着重要角色。工作原理为利用雷达无线电波进行测量，由雷达发射无线电波对待测液面高度进行采集，无线电的耦合信号再返回雷达的接收天线上。雷达无线液压传感器发出的高频无线电信号的频率高达 26 GHz，在真空和空气中的传播速度接近光速。无线电波从发射到返回后接收的时差值与容器内液位的高低成正比。到目前为止雷达无线液位传感器所使用的天线都呈喇叭状或鞭状。

　　微波雷达液位传感器如图 2.2-4 所示。

　　压力式液位传感器利用的是所测液体静压与该液体高度成正比的原理，采用扩散硅或陶瓷敏感元件的压阻效应，将静压转成电信号，经过温度补偿和线性校正，转换成 DC 4 ~ 20 mA 标准电流信号输出。该产品的传感器部分可直接投入液体中，变送器部分可用法兰或支架固定，安装使用极为方便。投入式液位变送器广泛应用于石油、化工、电厂、城市供排水、水文勘探等领域的水位和液位的测量与控制。压力式液位传感器如图 2.2-5 所示。

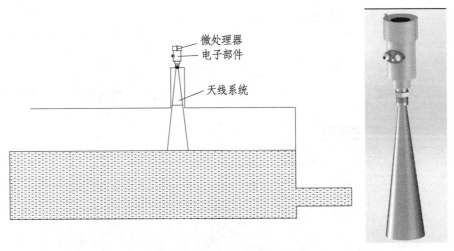

图 2.2-4 微波雷达液位传感器

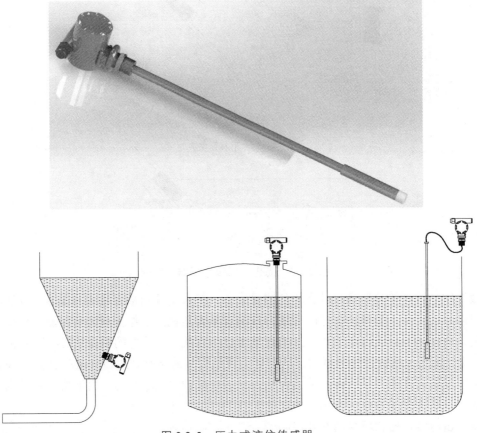

图 2.2-5 压力式液位传感器

浮力式液位传感器也称浮力液位计、浮球液位计，由浮球、插杆等组成。浮球液位计通过连接法兰安装于容器顶上，浮球根据排开液体体积相等原理浮于液面，容器的液位变化时浮球也随着上下移动，由于磁性作用，浮球液位计的干簧受磁性吸合，把液面位置变化成电信号，通过显示仪表用数字显示液体的实际位置，从而实现浮球液位计对液面的检测。浮球液位计可用于石油、化工原料储存、工业流程、生化、医药、食品饮料、罐区管理和加油站地下库存等各种液罐的液位工业计量和控制。浮球液位计也适用于对大坝水位、水库水位的监测与污水处理等。浮力式液位传感器如图 2.2-6 所示。

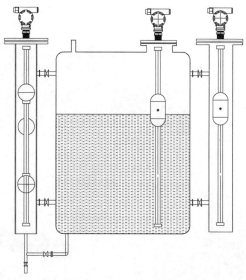

图 2.2-6　浮力式液位传感器

2.2.2　流量在线监测仪

流量在线监测仪是以流量监测仪为核心，集成信号采集和传输装置，对管道中或明渠内的水流量或其他地表水及污水的流量进行自动测量和显示、存储和传输的自动化监测设备。流量监测仪根据检测原理不同可以分为超声波流量计、电磁流量计、微波雷达流量计、涡轮流量计，根据安装位置不同又可分为明渠式流量计、管道式流量计。

在许多非满水、大流量（或小流量）、自然流动的自由水面状态下测量流体的流量，称作明渠流量检测。由于明渠流量不固定，流体中往往会有一定的腐蚀性或夹带一些杂质，使用一般的管道流量计检测流量是很困难的，因此在工业企业排水、医院废水、农业灌溉用水、城市地下水道排水等领域中，明渠流量检测尤其是非接触式超声波明渠流量计是首选的流量监测仪器。

明渠式超声波流量计利用超声波探头非接触测量方式测出渠道水位值，再通过水位-流量换算法计算出流量。可根据渠道现场情况搭配相应堰槽（巴歇尔槽、矩形堰、三角堰等）或不搭配堰槽单独测量。主要应用在农田灌溉渠道、企业排污口、污水处理厂、水电站生态下泄流量监测等现场。

超声波明渠流量计与相应的巴歇尔槽、三角堰、矩形堰等堰槽配用，利用超声波在空气中的传播规律来测量液位高度，并不断把液位信息传输给主机，主机通过运算系统，自动测出瞬时流量和累计流量并存储。超声波明渠流量计与流体不接触即可完成流量检测，并具有完善的液位测量功能，控制功能，数据传输功能和人机交流功能，本仪器采用国际先进技术

与流体不接触即可完成流量检测，是集超声波收发传感器、伺服电路、温度补偿传感器、补偿电路单元、积算主机、显示器、控制信号输出及串行数据或模拟量输出单元为一体的流量测量仪器。

超声波明渠流量计如图 2.2-7 所示。

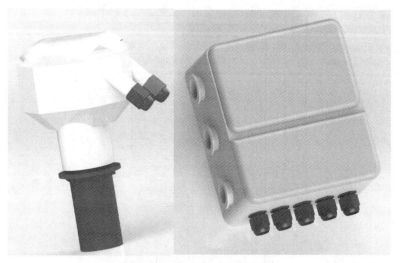

图 2.2-7　超声波明渠流量计

巴歇尔计量槽如图 2.2-8 所示。

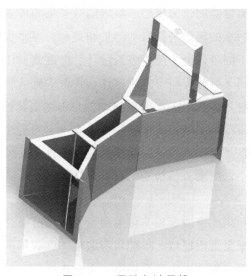

图 2.2-8　巴歇尔计量槽

管道式超声波流量计是应用超声传输时间的方法测量流速的流量计，该流量计无运动部件，工作原理是将超声波收发装置安装或者内置到管壁外，超声波在测量管道内以水流方向传输后再返回，通过测得的两束超声波的时间差计算出流速。管道式超声波流量计适用介质广泛，无论是常见的清水、自来水、循环水，还是各类润滑油、食用油等，都能很好地适用。

另外，管道式超声波流量计还兼容各材质管道，从常见的铁管、碳钢管、不锈钢管，到各类铝铜管、PVC 管、玻璃管等，只要选用搭配了相应的传感器，都能轻松胜任测量工作。从而广泛应用于环保、石油化工、冶金、造纸、食品、制药等行业。

对射式超声波管道流量计如图 2.2-9 所示。

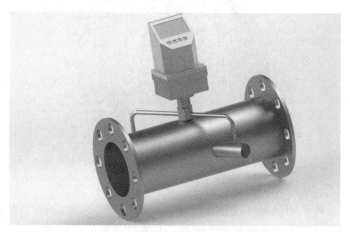

图 2.2-9　对射式超声波管道流量计

反射式超声波管道流量计如图 2.2-10 所示。

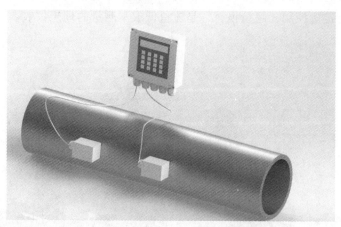

图 2.2-10　反射式超声波管道流量计

电磁流量计（Electromagnetic Flowmeters，EMF）是 20 世纪 50～60 年代随着电子技术的发展而迅速发展起来的新型流量测量仪表。电磁流量计是应用电磁感应原理，根据导电流体通过外加磁场时感生的电动势来测量导电流体流量的一种仪器。电磁流量计主要由磁路系统、测量导管、电极、外壳、衬里和转换器等部分组成。电磁流量计的优点是压损极小，可测流量范围大。最大流量与最小流量的比值一般为 20∶1 以上，适用的工业管径范围宽，最大可达 3 m，输出信号和被测流量成线性，精确度较高，可测量电导率≥5 μs/cm 的酸、碱、盐溶液、水、污水、腐蚀性液体以及泥浆、矿浆、纸浆等流体的流量。但它不能测量气体、蒸汽以及纯净水的流量。

电磁流量计如图 2.2-11 所示。

图 2.2-11　电磁流量计

　　涡轮流量计是一种利用机械原理进行流量检测的仪表，当水流通过流量计时，能带动仪器内部的涡轮旋转运动，将机械能转换为电能，电流与流量呈正相关关系，如图 2.2-12 所示。涡轮流量计具有结构简单、轻巧、精度高、重复性好、反应灵敏、安装维护方便等特点，广泛地用于测量封闭管道中的无纤维颗粒等杂质，对流量计进行实液标定后，配套特殊的显示仪表，还可以进行定量控制、超量报警，是流量低成本测量的理想仪表。

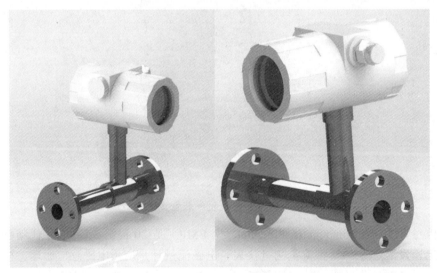

图 2.2-12　涡轮流量计

　　微波雷达流量计是利用多普勒微波技术，能持续测量水位、流速和流量的一体化流量监测设备。设备内部集成雷达水位测量模组、雷达流速测量模组，将水位和流速的采集数值与水动力模型流量算法相结合，实现断面流量及累计流量的计算，适用于水库、河流、农田灌区、水政水资源、地下排水管网、防汛预警等矩形、梯形、U 形和圆形等明渠或涵洞的非接触式流速、水位、流量测量，具有功耗低、体积小、可靠性高、维护方便的特点，测量过程不受温度、泥沙、河流污染物、水面漂浮物等因素的影响。微波雷达流量计如图 2.2-13 所示。

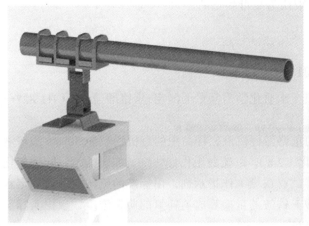

图 2.2-13　微波雷达流量计

2.3　水质 COD 在线监测仪

2.3.1　化学需氧量（COD）概述

化学需氧量 COD（Chemical Oxygen Demand）指以化学方法测量水样中需要被氧化的还原性物质的量。水样在一定条件下，以氧化 1 L 水样中还原性物质所消耗的氧化剂的量为指标，折算成每升水样全部被氧化后，需要的氧的毫克数，单位为 mg/L，其大小反映了水中受还原性物质污染的程度，该指标也作为有机物相对含量的综合指标之一。在河流污染和工业废水性质的研究以及废水处理厂的运行管理中，它是一个重要的而且能较快测定出的有机物污染参数，常以符号 COD 表示。

化学需氧量高意味着水中含有大量还原性物质，其中主要是有机污染物。化学需氧量越高，表示水中的有机物污染越严重，这些有机物污染的来源可能是农药、化工厂、有机肥料等。如果不进行处理，许多有机污染物可在水底被底泥吸附而沉积下来，在今后若干年内对水生生物造成持久的毒害作用。在水生生物大量死亡后，河中的生态系统即被摧毁。人若以水中的生物为食，则会大量吸收这些生物体内的毒素，积累在体内，这些毒物常有致癌、致畸形、致突变的影响，对人极其危险。另外，若以受污染的江水进行灌溉，则植物、农作物也会受到影响、容易生长不良，而且人也不能取食这些作物。但化学需氧量高不一定就意味着有前述危害，具体判断要做详细分析，如分析有机物的种类、到底对水质和生态有何影响、是否对人体有害等。如果不能进行详细分析，也可间隔几天对水样再做化学需氧量测定，如果对比前值下降很多，说明水中含有的还原性物质主要是易降解的有机物，对人体和生物危害相对较轻。

化学需氧量是水环境监测中重要的有机污染综合指标之一，它可用以判断水体中有机物的相对含量，对于河流和工业废水的研究及污水处理厂的效果评价来说，是一个重要而易得的参数。在 20 世纪末，化学需氧量在我国水环境管理和工业污染源普查中发挥了很大的作用，是国家环境保护总局规定的污染物总量控制指标之一。化学需氧量可以和另一个综合指标五日生化需氧量（BOD_5）联合使用，来综合判断水样的可生化性，为废水治理提供依据。一般来说，当水样 $BOD_5/COD_{Cr}>0.3$ 时，一般被认为是可生化的。

2.3.2 化学需氧量检测方法

2.3.2.1 重铬酸盐法（HJ 828—2017）

该测定方法为国家环境保护行业标准《水质化学需氧量的测定 重铬酸盐法》（HJ 828—2017）所规定的标准方法。

具体方法为：在水样中加入已知量的重铬酸钾溶液，样品中的有机物质在 50%硫酸溶液中于回流温度（165℃）下被重铬酸钾氧化（2 h），以硫酸银作催化剂，加硫酸汞以除去氯化物的干扰，过剩的重铬酸盐以邻菲洛啉（试亚铁灵）作指示剂，用标准的硫酸亚铁铵滴定水样中未被还原的重铬酸钾。由消耗的硫酸亚铁铵的量换算成消耗氧的质量浓度，根据实际消耗的重铬酸钾的量，计算水样的化学需氧量。

$$Cr_2O_7^{2-} + 14H^+ + 6e = 2Cr^{2+} + 7H_2O$$

$$Cr_2O_7^{2-} + 14H^+ + 6Fe^{2+} = 6Fe^{3+} + 2Cr^{2+} + 7H_2O$$

在酸性重铬酸钾条件下，芳烃及吡啶难以被氧化，其氧化率低，在硫酸银催化作用下，直链脂肪族化合物可有效地被氧化。

该法通常需要用到 COD 消解器，回流 2 h。常用的消解器有：标准风冷 cod 消解器，密闭快速消解器、微波消解器和恒温加热器等。

2.3.2.2 快速消解分光光度法（HJ/T 399—2007）

该方法为国家环境保护行业标准《水质 化学需氧量的测定 快速消解分光光度法》（HJ/T 399—2007）所规定的标准方法。

具体方法为：在试样中加入已知量的重铬酸钾溶液，在强硫酸介质中，以硫酸银作为催化剂，经过快速密闭消解后，用分光光度法测定 COD 值，COD 测定仪可直接显示 COD 值。

当试样中 COD 值为 15～250 mg/L，在 440 nm ± 20 nm 波长处测定重铬酸钾未被还原的六价铬和被还原产生的三价铬的两种铬离子的总吸光度，仪器将总吸光度值换算成试样的 COD 值；当试样中 COD 值为 100～1 000 mg/L，在 600 nm ± 20 nm 处测定被还原产生的三价铬离子的吸光度，将三价铬的吸光度换算成试样的 COD 值。

2.3.2.3 碘化钾碱性高锰酸钾法（HJ/T 132—2003）

该方法为国家环境保护行业标准《高氯废水 化学需氧量的测定 碘化钾碱性高锰酸钾法》（HJ/T 132—2003）所规定的标准方法，其他方法由于会受氯离子干扰不适用于高氯废水 COD 的测定，该方法消除了氯离子的干扰，解决了测定高氯废水 COD 的实际需要。

在碱性条件下，水样中加入一定量高锰酸钾溶液，并在沸水浴上加热反应一定时间，以氧化水中的还原性物质。加入过量的碘化钾还原剩余的高锰酸钾，以淀粉作指示剂，用硫代硫酸钠滴定释放出来的碘，换算成氧的浓度，用 $COD_{OH·KI}$ 表示。同时有锰法快速测定仪，能通过分光光度法，快速测定相关值。

2.3.3   化学需氧量的在线监测方法

2.3.3.1   重铬酸钾法

在一定条件下，重铬酸钾的 Cr^{6+} 被水样中的有机物还原成 Cr^{3+} 从而引起水样颜色的改变，而颜色的改变程度与样品中有机化合物的含量成线性相关关系，检测系统通过检测水样在波长 540 nm 处吸光度的变化量，换算后将样品的 COD 值直接显示出来。重铬酸钾法 COD 在线监测仪参数表如表 2-3-1 所示。

表 2.3-1   重铬酸钾法 COD 在线监测仪参数表

测量方法：重铬酸钾高温消解，比色测定 HJ 828—2017			
测试量程：（0～200）mg/L，（0～1 000）mg/L，（0～5 000）mg/L 三档量程可选			
最大测试量程：0～40 000 mg/L（自动稀释后）			
抗氯离子干扰：最大 40 000 mg/L（自动稀释后）			
检测下线：8 mg/L			
分辨率：<1 mg/L			
准确度：标准溶液 <10%；水样<15%			
重现度：< 5%			
消解温度：165 ℃，可设定			
消解时间：15 min，可设定			
无故障运行时间：≥720 h/次			
量程漂移：±5% F.S.			
做样间隔：连续、1 h、2 h、…、24 h、触发			
校正间隔：手动进行或按选定间隔和时间自动进行（1～7 天）			
清洗间隔：手动进行或按选定间隔和时间自动进行（1～7 天）			
保养间隔：>1 个月，每次约 1 h			
试剂消耗：每套试剂约 720 个样			
人机界面：7 寸、7 万色、800×480 分辨率、TFT 真彩色触摸屏			
打印：预留打印机接口，可外接工业微型打印机（选配）			
存储：2 万条数据，掉电不丢失，存满自动覆盖最早数据（可增配 4 万条数据）			
通信接口：1 路 RS-232 数字接口或 RS-485，支持 MODBUS 通信协议或自定义协议 1 路模拟量 4～20 mA（20 mA 对应量程可调）			
预处理系统：自清洗、反吹、精密过滤功能，保证样品具有良好代表性的同时，也避免了悬浮颗粒堵塞管路，确保数据的连续性（选配）			
外形尺寸	900 mm×600 mm×450 mm	质量	50 kg
电源	AC 220 V ±20%，50 Hz ±1%	功率	300W
环境温度	5～40 ℃	环境湿度	≤85%

重铬酸钾法 COD 在线监测仪结构图如图 2.3-1 所示。

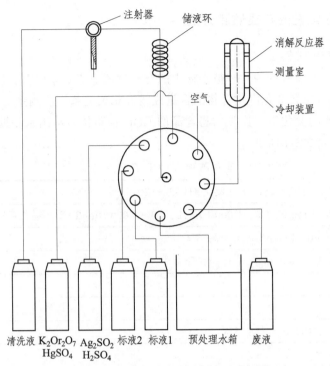

图 2.3-1　重铬酸钾法 COD 在线监测仪结构图

2.3.3.2　紫外分光光度法

紫外分光光度法在测定原理上是一种纯物理法，由于大部分不饱和有机物对波长 254 nm 的紫外光有很强的吸收效应，而对可见光却吸收甚微，因此可通过测量水体在 254 nm 紫外光下的吸光度，通过 UV 吸收值与 COD 值之间的线性关系式可换算出水样中有机污染物 COD 的含量。

因为：$C = K_1 A$　　$COD_{cr} = K_2 C$

所以：$COD_{cr} = KA$

说明了从理论上可以通过 UV 法测定 COD 值，只需要找到对应的 K 值即可。

为了减少悬浮物绝对测定的影响，一般采用双波长测定（254 nm 为测定波长，546 nm 为扣除背景，去除浊度影响）。紫外法 COD 在线监测仪比对监测数据如表 2.3-2 所示。

表 2.3-2　紫外法 COD 在线监测仪比对监测数据表

编号	数据				
	紫外 254 nm 吸光度/A	COD_{Cr} 实测值 /（mg/L）	COD_{Cr} 由 A 计算值/（mg/L）	绝对偏差 /（mg/L）	相对偏差
1	0.350	7.3	6.8	0.5	6.8%
2	0.360	7.0	6.9	0.1	1.4%
3	0.260	5.0	5.6	0.6	12.0%
4	0.296	5.5	6.0	0.5	9.1%
5	0.370	7.4	7.1	0.3	4.1%
6	0.299	5.9	6.0	0.1	1.7%

该方法无须使用化学试剂，无化学反应，无二次污染，且易于实现在线自动化。目前在很多国家使用。一般水质稳定的水样 UV 值与 COD 值具有良好的线性关系。但酿酒废水与制糖废水中的有机物在紫外光 254 nm 处没吸收，不适宜将 UV 值作为有机物污染指标，国内应用 UV 法的 COD 在线监测设备也较少。

紫外分光光度法 COD 在线监测仪器以低压汞灯作为紫外光源，光源发出的紫外光通过滤光片分离出 254 nm 的紫外光和 546 nm 的可见光，采用双波长分光光度计作为参考波长，并且用光电二极管检测出光强，检测出的信号通过放大器送到微处理器，546 nm 的光强用于补偿浊度的影响，经过计算后输出测量结果。

紫外分光光度法 COD 在线监测仪结构图如图 2.3-2 所示。

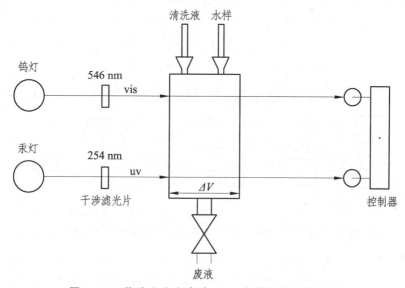

图 2.3-2 紫外分光光度法 COD 在线监测仪结构图

2.3.3.3 总有机碳换算法

总有机碳换算法为相关系数方法的一种，相关系数法是指利用水样的其他物理性质、化学性质与 COD 含量之间的相关性，通过检查例如吸光度、TOC（总有机碳）等指标可间接测量出水样的 COD。常见的方法有 UV 法、TOC 法。

总有机碳是一个以碳的含量表示水体中有机物质总量的综合指标。由于一切有机物都含碳元素，加之 TOC 的标准测定方法为燃烧法（900 ℃），因此能将有机物全部氧化，它与 BOD、COD 相比能更直接表示有机物的总量，因此常常被用来评价水体中有机物污染的程度。由于水体中 TOC 的分析技术已经较成熟，TOC 值与 COD 值和 BOD 值具有相关性，只需乘上一个系数就可得出 COD 的值。

2.3.3.4 氢氧基（臭氧）氧化-电化学测量法

基本原理是利用氢氧基（OH－）作为氧化剂，用工作电极测量氧化时消耗的工作电流，然后计算水中的 COD 值。当废水与电解液定量进入测量池时，有机物被 PbO_2 工作电极表面所产生的羟基自由基（OH－）所氧化，而氧化过程所消耗的电流与有机物 COD 的浓度成一定的关系，监测仪根据此电流值换算成相应的 COD 值，从而测量出废水的 COD 值。

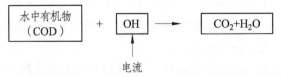

在过电压下，电极（PbO_2）在水中电解氧气产生羟基 OH−。待测溶液中的有机物消耗电极周围的羟基，使得电极又不断产生新的羟基。新羟基的形成在电极系统中产生电流，若将氧化电极（工作电极）的电位保持恒定，那么工作电极的电流强度与有机物浓度及它们在氧化电极的氧化剂（羟基）消耗量成一定的关系，仪器根据此电流值自动换算出 COD 值。

氢氧基（臭氧）氧化-电化学法 COD 在线监测仪结构图如图 2.3-3 所示。

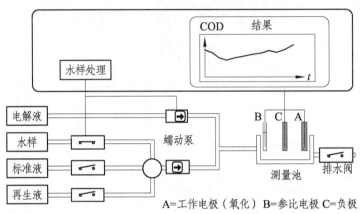

A=工作电极（氧化）B=参比电极 C=负极

图 2.3-3　氢氧基（臭氧）氧化-电化学法 COD 在线监测仪结构图

其主元件为测量室，测量室中有 3 个电极组件（分别为工作电极、参比电极和计数电极），小型电动泵用于样品传输，阀门、管道用于对样品传输进行控制，此外，还包括用于结果显示的显示器和用于外部设备通信的内部计算机。

2.3.4　COD 在线监测仪的应用

从分析性能上讲，在线 COD 仪的测量范围一般为 10（或 30）~ 2 000 mg/L，因此，目前的在线 COD 仪一般用于满足污染源在线自动监测的需要，在地表水的自动监测中一般采用低量程 COD_{Cr} 在线监测仪或采用高锰酸盐指数在线监测仪，其结构与 COD 在线监测仪基本一致。

从仪器结构上讲，采用电化学原理或 UV 计的在线 COD 仪的结构一般比采用消解-氧化还原滴定法、消解-光度法的仪器的结构简单，并且由于前者的进样及试剂加入系统简便（泵、管更少），所以不仅在操作上更方便，而且其运行可靠性也更好。

从维护的难易程度上讲，由于消解-氧化还原滴定法、消解-光度法所采用的试剂种类较多，泵管系统较复杂，因此在试剂的更换以及泵管的更换维护方面较烦琐，维护周期比采用电化学原理的仪器要短，维护工作量大。

从对环境的影响来讲，重铬酸钾消解-氧化还原滴定法（或光度法、或库仑滴定法）均有铬、汞的二次污染问题，废液需要进行特别的处理。而使用 UV 计法和电化学法（不包括库仑滴定法）时则不存在此类问题。

2.3.5 COD$_{Cr}$ 水质在线自动监测仪技术要求

2.3.5.1 《COD$_{Cr}$ 水质在线自动监测仪技术要求及检测方法》（HJ 377—2019）

HJ 377—2019 标准适用于地表水、生活污水和工业废水的化学需氧量（COD$_{Cr}$）水质在线自动监测仪的指导生产设计、指导应用选型和开展性能检验。标准中要求化学需氧量（COD$_{Cr}$）水质在线自动监测仪的量程范围为 15 ~ 2 000 mg/L[ρ（Cl$^-$）≤2 000 mg/L]，可满足地表水、生活污水和工业废水的监测需求在线自动监测仪常用技术参数如表 2.3-3 所示。

表 2.3-3 在线自动监测仪常用技术参数

术语	定义
基本检测范围	可以基本满足环境管理监测需求的仪器测量范围
扩展检测范围	在基本检测范围基础上，通过物理手段可以扩大的、用以持续满足环境管理监测需求的仪器测量范围
试样	导入自动分析仪的河流、湖泊等地表水以及企事业单位排放的工业废水和生活污水
示值误差	仪器测量标准物质时，测定值与标准值的相对误差
定量下限	在满足限定示值误差的前提下，自动分析仪能够准确定量测定被测物质的最低浓度
重复性	在未对仪器进行计划外的人工维护和校准的前提下，仪器测量同一标准溶液的一致性，用相对标准偏差表示
24 h 低浓度漂移	在未对仪器进行计划外的人工维护和校准的前提下，按规定周期连续测量浓度为 0 ~ 20%检测范围上限值的低浓度标准溶液，仪器的测定值与初始值的最大偏差
24 h 高浓度漂移	在未对仪器进行计划外的人工维护和校准的前提下，按规定周期连续测量浓度为 80% ~ 100%检测范围上限值的高浓度标准溶液，仪器的测定值与初始值偏差的平均值相对于检测范围上限值的百分率
记忆效应	仪器完成某一标准溶液或试样测量后，仪器管路中的残留对下一个测量结果的影响程度
电压影响试验	仪器在不同供电电压下测量同一标准溶液，其测定值与标准供电电压下（220 V）的测定值之间的偏差
氯离子影响试验	仪器在测定含有氯离子的标准溶液时，其测定值与测定不含有氯离子的标准溶液的测定值之间的偏差
环境温度影响试验	仪器在不同的环境温度下测量同一标准溶液，其测定值与 20 ℃ 下的测定值之间的偏差
最小维护周期	在检测过程中不对仪器进行任何形式的人工维护（包括更换试剂、校准仪器等），直到仪器不能保持正常测定状态或性能指标不满足相关要求的总运行时间（h）
有效数据率	在整个仪器检测周期内，实际有效数据个数相对于应获得的总数据个数的百分比
一致性	在相同测试条件下多台仪器测定值的平行程度
运行日志	在仪器运行过程中，仪器自动记录的工作参数、仪器运行过程信息等
分析废液	在仪器分析测试过程中，产生的反应废液
清洗废水	在仪器分析测试过程中，除分析废液以外的清洗废水

2.3.5.2　COD 在线监测仪器组成及性能要求

化学需氧量（COD_{Cr}）水质在线自动监测仪的仪器基本组成单元如图 2.3-4 所示，主要包含以下几个单元：

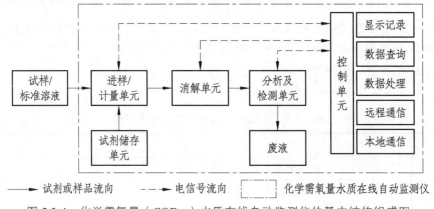

图 2.3-4　化学需氧量（COD_{Cr}）水质在线自动监测仪的基本结构组成图

（1）进样/计量单元：包括试样、标准溶液、试剂等导入部分（含试样水样通道和标准溶液通道）及计量部分。

① 应由防腐蚀的材料构成，不会因试剂或试样的腐蚀性而影响测定结果。

② 计量单元应保证试剂和试样进样的稳定、准确性。

③ 方便清洗维护。

（2）试剂储存单元：存放各种标准溶液、试剂的功能单元，确保各种标准溶液和试剂的存放安全和质量。

① 所用材质应稳定，不受储存试剂侵蚀。

② 储存的试剂量能保证仪器检测不少于 168 个试样。

③ 在检测时段内保持试剂一直符合仪器说明书中的规定。

（3）消解单元：采用合适的消解方式和强氧化剂，将水样中的有机物和无机还原性物质氧化到相应要求的功能单元。

① 应采用紫外催化、高压、高温等一种或多种方法结合的消解方式，将水样中有机物及还原性物质氧化达到 HJ 828 标准中所要求的相同的氧化程度。

② 应采用防腐蚀耐高温材料，且易于清洗。

③ 应具有自动加热装置和温度传感器，可以设置消解时间和温度。

④ 应具有冷却装置和安全防护装置，可保持恒温或恒压。

（4）分析及检测单元：由反应模块和检测模块组成，通过控制单元完成对待测物质的自动在线分析，并将测定值转换成电信号输出的部分。

① 分析模块应采用防腐蚀耐高温材料，且易于清洗。

② 检测模块的输出信号应稳定。

③ 信号转换器具有将测定值转换成相对应量的电信号输出的功能（4～20 mA DC 或 RS-232 / RS-485 接口）。

④ 检测周期不大于 60 min。

（5）控制单元：包括系统控制硬件和软件，实现进样、消解和排液等操作的部分。具有数据采集、处理、显示存储、安全管理、数据和运行日志查询输出等功能，同时具备输出留样、触发采样等功能，控制单元实现以上功能时均能提供对应的通信协议，且通信协议满足 HJ 212 标准的相关要求。

① 应具有定时测试功能。

② 应具有对进样/计量、消解和分析等单元的手动和自动清洗功能。

③ 应具有手动和自动校准功能，能设置自动校准周期。

④ 应具有自动标准样品核查功能。

⑤ 如含有多个量程，应具有自动切换量程功能，仪器显示最终测试结果。

⑥ 应具有对所有数据、仪器参数及运行日志自动采集、存储、处理、查询、显示和输出等功能。

⑦ 应储存至少 12 个月的原始数据和运行日志。

⑧ 应具备对不同测试数据添加标识的功能，具体标识符合 HJ 212 标准的相关规定。

⑨ 仪器测量结果单位为 mg/L，小数点后保留 1 位数字。

⑩ 应具有数字量通信接口，通过数字量通信接口输出指令、相关数据及运行日志，并可接收管理平台的远程控制指令，至少包含远程启动、远程对时功能。

⑪ 数据传输应提供通信协议，且满足 HJ 212 的要求。

⑫ 应实现监测数据的串口输出与网口输出。

⑬ 应具有异常信息记录、上传及反馈功能，至少应包括：缺试剂报警、部件故障报警、漏液报警、取样故障报警和超标报警等。

⑭ 应具有意外断电，且再度通电时，能自动排出断电前正在测定的水样和试剂、自动清洗各通道、自动复位到重新开始测试状态的功能。若在断电前处于加热消解状态，再次通电后应能自动冷却，并自动复位到重新开始测试的状态。所有系统设置数据，包括校准数据、警报数据和运行数据，在断电 30 d 内重新连接电源时不发生变化。

⑮ 应具备三级操作管理权限，一级为查询权限，只可进行参数、数据等信息的查询；二级为管理权限，可以对仪器进行校准、清洗、参数设置等维护、维修操作；三级为开发者权限，可以对仪器进行内核修改。

⑯ 应具有将分析废液和清洗废水进行收集、存放的功能，并按照管理要求处理。

（6）使用环境条件要求。

环境温度：5 ~ 40 ℃；

相对湿度：65% ± 20%；

电源电压：交流电压　220 V ± 22 V；

电源频率：50 Hz ± 0.5 Hz；

水样温度：0 ~ 50 ℃。

（7）外观要求。

仪器的标识应符合 GB/T 13306 标准中的相关规定，应在适当的位置固定标牌，固定标牌上应包含如下内容：

① 电源类别；

② 制造厂名称、地址；

③ 仪器名称、型号；

④ 出厂编号；

⑤ 制造日期；

⑥ 量程范围；

⑦ 定量下限；

⑧ 使用环境条件。

显示器应无污点、损伤。所有显示界面应为中文，且字符均匀、清晰，屏幕无暗角、黑斑、彩虹、气泡、闪烁等现象，能根据显示屏提示进行全程序操作。

机箱外壳应由耐腐蚀材料制成，表面无裂纹、变形、污浊、毛刺等现象，表面涂层均匀，无腐蚀、生锈、脱落及磨损现象。

产品组装应坚固，零部件无松动，按键、开关、门锁等部件应灵活可靠。

产品主要部件均应具有相应的标识或文字说明。

产品应在仪器醒目位置标识分析流路图。

2.3.5.3 性能指标及检测方法

在化学需氧量（COD_{Cr}）浓度值为 15~200 mg/L 的基本检测范围内，按照规定的方法进行试验，化学需氧量（COD_{Cr}）水质在线自动监测仪性能指标必须满足表 2.3-4 的要求。

表 2.3-4　化学需氧量（COD_{Cr}）水质在线自动监测仪基本检测范围性能指标及检测方法

指标名称	性能指标	
示值误差	20%*	±10%
	50%*	±8%
	80%*	±5%
定量下限	≤15 mg/L（示值误差±30%）	
重复性	≤5%	
24 h 低浓度漂移	±5 mg/L	
24 h 高浓度漂移	≤5%	
记忆效应	80%*→20%*	±5 mg/L
	20%*→80%*	±5 mg/L
电压影响试验	±5%	
氯离子影响试验	±10%	
环境温度影响试验	±5%	
实际水样比对试验	COD_{Cr}<50 mg/L	≤5 mg/L
	COD_{Cr}≥50 mg/L	≤10%
最小维护周期	≥168 h/次	
有效数据率	≥90%	
一致性	≥90%	
*：测试溶液浓度相对于基本检测范围上限值（200 mg/L）的百分比		

在满足上表的标准下,在化学需氧量(COD$_{Cr}$)浓度值为 200 ~ 2 000 mg/L 的扩展检测范围内,按照规定的方法进行试验时,化学需氧量(COD$_{Cr}$)水质在线自动监测仪性能必须满足表 2.3-5 的要求。

表 2.3-5　化学需氧量(COD$_{Cr}$)水质在线自动监测仪扩展检测范围性能指标及检测方法

指标名称	性能指标
示值误差	±3%
重复性	≤5%
24 h 高浓度漂移	≤3%

2.3.5.4　性能指标检测步骤

(1)试剂准备。

实验用水:按 HJ 828 标准中的方法获得不含还原性物质的蒸馏水。

化学需氧量(COD$_{Cr}$)标准贮备液:ρ = 2 000 mg/L。称取在 120 ℃ 下干燥 2 h 并冷却至恒重后的邻苯二甲酸氢钾(KHC$_8$H$_4$O$_4$,优级纯)1.7004 g,溶于适量水中,移入 1 000 mL 容量瓶中,稀释至标线。此溶液在 2 ~ 5 ℃ 下贮存时,可稳定保存一个月。其他低浓度化学需氧量(COD$_{Cr}$)标准溶液由化学需氧量(COD$_{Cr}$)标准贮备液经逐级稀释后获得。

氯化钠(NaCl,分析纯)适量。将氯化钠置于瓷坩埚内,在 500 ~ 600 ℃ 下灼烧 40 ~ 50 min,在干燥器中冷却备用。

(2)试验准备及校正。

检查仪器各部件,调整仪器至正常工作状态。

检查仪器各个试剂,并保证足量且符合质量要求。

连接电源后,按照仪器制造商提供的操作说明书中规定的预热时间进行预热运行,以使各部分功能稳定。

按照仪器制造商提供的操作说明书中规定的校正方法,用化学需氧量(COD$_{Cr}$)标准贮备液配制仪器规定浓度的标准溶液进行校正。

2.3.5.5　基本检测范围的检测

(1)示值误差的检测。仪器正常运行期间,分别对化学需氧量(COD$_{Cr}$)浓度值约为 40 mg/L、100 mg/L、160 mg/L 三种标准溶液的每种溶液连续测定 n(n = 6)次,n(n = 6)次测定值的平均值与标准溶液的质量浓度值的相对误差。按公式 2.3-1 计算各次示值误差 Re。

$$Re = \frac{\bar{x} - \rho}{\rho} \times 100\% \qquad (2.3\text{-}1)$$

式中:Re——示值误差,%;

　　　$\bar{x}$——每个浓度 n 次测量平均值,mg/L;

　　　p——化学需氧量(COD$_{Cr}$)标准溶液的质量浓度值,mg/L。

(2)定量下限的检测。仪器正常运行期间,连续测定化学需氧量(COD$_{Cr}$)浓度值约为 15 mg/L 的标准溶液 n(n = 7)次,按照公式(2.3-1)计算 n(n = 7)次测定值的示值误差

Re，按照公式（2.3-2）计算 n（$n = 7$）次测定值的标准偏差 S，按照公式（2.3-3）计算仪器的定量下限 LOQ。

$$S = \sqrt{\frac{1}{n-1}\sum_{i=1}^{n}(x_i - \overline{x})^2} \tag{2.3-2}$$

$$LOQ = 10 \times S \tag{2.3-3}$$

式中：S——n 次测定值的标准偏差，mg/L；

n——测量次数；

x_i——第 i 次测定值，mg/L；

$\overline{x}$——标准溶液测量值的平均值，mg/L；

LOQ——定量下限，mg/L。

（3）重复性的检测。仪器正常运行期间，分别测定化学需氧量（COD_{Cr}）浓度值约为 40 mg/L、160 mg/L 的标准溶液，每种标准溶液连续测定 n（$n = 6$）次，按公式（2.3-4）计算每种浓度的 n（$n = 6$）次测定值的相对标准偏差 S_r，取两次相对标准偏差最大值作为仪器重复性的检测结果。

$$S_r = \frac{\sqrt{\frac{1}{n-1}\sum_{i=1}^{n}(x_i - \overline{x})^2}}{\overline{x}} \times 100\% \tag{2.3-4}$$

式中：S_r——重复性；

$\overline{x}$——n 次测量平均值，mg/L；

x_i——第 i 次测量值，mg/L；

n——测定次数。

（4）24 h 低浓度漂移的检测。仪器正常运行期间，测定化学需氧量（COD_{Cr}）浓度值约为 30 mg/L 的标准溶液，1 h 测试一次，连续测定 24 h。采用该时间内的初期值（最初的 3 次测定值的平均值）Z_0，每计算 Z_i 与 Z_0 的偏差，取最大偏差为 24 h 低浓度漂移的检测结果。计算方式见公式（2.3-5）。

$$ZD = Z_i - Z_0 \tag{2.3-5}$$

式中：ZD——24 h 低浓度漂移，mg/L；

Z_i——第 i 次测量值，mg/L；

Z_0——最初 3 次测定值的平均值，mg/L。

（5）24 h 高浓度漂移的检测。仪器正常运行期间，测定化学需氧量（COD_{Cr}）浓度值约为 160 mg/L 的标准溶液，每 1 h 测试一次，连续测定 24 h。采用该时间内的初期值（最初的 3 次测定值的平均值）R_0，计算 R_i 与 R_0 偏差绝对值的平均值相对于检测范围上限值的百分率为 24 h 高浓度漂移 RD。计算方法见公式（2.3-6）。

$$RD = \frac{\sum_{i=1}^{n}R_i - R_0}{nR} \times 100\% \tag{2.3-6}$$

式中：RD——24 h 高浓度漂移；

$\qquad$ R_i——第 i 次测量值，mg/L；

$\qquad$ R_0——最初 3 次测量值的平均值，mg/L；

$\qquad$ R——检测范围上限值，mg/L；

$\qquad$ n——测定次数。

（6）记忆效应的检测。仪器正常运行期间，仪器连续测量 3 次化学需氧量（COD_{Cr}）浓度值约为 160 mg/L 的标准溶液后（测定结果不作考核），再依次测量浓度值约为 40 mg/L 和 160 mg/L 的标准溶液各 7 次，分别计算两个浓度的标准溶液第 1 次测量值与后 6 次测量平均值的差值为记忆效应 T，计算方法见公式（2.3-7），其中绝对值作为记忆效应的判定值。

$$T = x_1 - \frac{x_2 + x_3 + x_4 + x_5 + x_6 + x_7}{6} \qquad (2.3\text{-}7)$$

式中：T——记忆效应，mg/L；

$\qquad$ x_i——第 i 次测量值，mg/L。

（7）电压影响试验。仪器正常运行期间，采用化学需氧量（COD_{Cr}）浓度约为 160 mg/L 的标准溶液，仪器在初始电压 220 V 条件下测试 3 次；调节电压至 242 V，测定同一标准溶液 3 次；再次调节电压至 198 V，测定同一标准溶液 3 次，以 220 V 条件下 3 次测量值平均值为 V_s，按照公式（2.3-8）分别计算 242 V 和 198 V 条件下 3 次测量值的平均值 V_i 相对于 V_s 的相对误差 ΔV，其中绝对值较大者作为电压影响试验的判定值。

$$\Delta V = \frac{V_i - V_s}{V_s} \times 100\% \qquad (2.3\text{-}8)$$

式中：ΔV——电压影响；

$\qquad$ V_i——某电压条件下 3 次测量值的平均值，mg/L；

$\qquad$ V_s——220 V 下 3 次测量的平均值，mg/L。

（8）氯离子影响试验。仪器正常运行期间，采用不含氯离子的化学需氧量（COD_{Cr}）浓度约为 40 mg/L、100 mg/L 和 160 mg/L 的标准溶液，以及含有氯离子的[$\rho(Cl^-) = 2\,000$ mg/L] 化学需氧量（COD_{Cr}）浓度约为 40 mg/L、100 mg/L 和 160 mg/L 的标准溶液。在每个浓度水平下，先测定不含氯离子的标准溶液 3 次，以该 3 个数据的平均值为基准值 D_s，再测定含有氯离子的标准溶液 3 次，以该 3 个数据的平均值为 D_i，按照公式（2.3-9）分别计算不同浓度水平下的氯离子影响 ΔD，取其中绝对值最大值作为氯离子影响试验的判定值。

$$\Delta D = \frac{D_i - D_s}{D_s} \times 100\% \qquad (2.3\text{-}9)$$

式中：ΔD——氯离子影响；

$\qquad$ D_i——含有氯离子标准溶液 3 次测定值平均值，mg/L；

$\qquad$ D_s——不含氯离子标准溶液测定值，mg/L。

（9）环境温度影响试验。仪器正常运行期间，采用化学需氧量（COD_{Cr}）浓度约为 160 mg/L 的标准溶液，按照 20 ℃→5 ℃→20 ℃→40 ℃→20 ℃ 的顺序，每次变换温度后，所有仪器试剂稳定 5 h 后,连续测试 3 次。以 20 ℃ 条件下 9 个测量值的平均值为 C_s,按照公式(2.3-10)分别计算 5 ℃ 和 40 ℃ 条件下 3 次测定值的平均值 C_i 与 C_s 的相对误差 ΔT_t,其中绝对值较大者作为环境温度影响试验的判定值。

$$\Delta T_t = \frac{C_i - C_s}{C_s} \times 100\% \qquad (2.3\text{-}10)$$

式中: ΔT_t ——环境温度影响;

C_i —— t 为 5 ℃ 或者 40 ℃ 时 3 次测定值平均值, mg/L;

C_s ——20 ℃ 条件下 9 次测量的平均值, mg/L。

(10)实际水样比对试验。仪器正常运行期间,选择五种不同类型的实际水样,五种水样的化学需氧量(COD_{Cr})浓度基本平均分布在基本检测范围内。采用化学需氧量(COD_{Cr})水质在线自动监测仪连续测量该水样 $n(n \geq 10)$ 次,每次测量值记为 X_i,采用 HJ 828 或 HJ/T 70 (高氯废水)标准中的分析方法对该水样分析 $n'(n' \geq 3)$ 次, n' 次测量值的平均值记为 B。

当化学需氧量(COD_{Cr}) ≥ 50 mg/L 时,计算每种水样相对误差绝对值的平均值($\overline{A}$),计算方法见式(2.3-11)。

$$\overline{A} = \frac{\sum\limits_{i=1}^{n} |X_i - \overline{B}|}{n\overline{B}} \times 100\% \qquad (2.3\text{-}11)$$

当水样浓度为化学需氧量(COD_{Cr}) < 50 mg/L 时,计算水样相对误差绝对值的平均值($\overline{a}$),计算方法见式(2.3-12)。

$$\overline{a} = \frac{\sum\limits_{i=1}^{n} |X_i - \overline{B}|}{n} \qquad (2.3\text{-}12)$$

式中: $\overline{A}$ ——水样相对误差绝对值的平均值;

$\overline{a}$ ——水样绝对误差绝对值的平均值, mg/L;

X_i ——化学需氧量(COD_{Cr})水质在线自动监测仪测定水样第 i 次的测量值, mg/L;

$\overline{B}$ ——手工方法测定水样的平均值, mg/L;

n ——化学需氧量(COD_{Cr})水质在线自动监测仪测量水样次数;

i ——化学需氧量(COD_{Cr})水质在线自动监测仪第 i 次测量水样。

(11)最小维护周期。在整个仪器检测周期中,任何两次对仪器的维护(包括倾倒废液、添加试剂、更换量程及其他维修维护)间隔应 ≥ 168 h。

(12)有效数据率。在整个仪器检测周期中,有效的数据为:

① 当仪器在进行标准 HJ 828 中规定的项目检测(不包含环境温度干扰)时,运行测量的显示值满足标准 HJ 828 表 1 中各项指标(不包括有效数据率指标)的要求;

② 当仪器在进行本标准中规定的项目检测之外时,仪器应测定某特定浓度标准溶液,测量值应满足示值误差位于 ± 10% 范围内的要求。

不满足上述两条或缺失数据时为无效值。实际有效数据(不包含环境温度干扰)的数目相对于检测周期内应得到的所有数据（不包含环境温度干扰）的数目的百分比，即为有效数据率，计算方法见式 2.3-13。

$$D = \frac{D_e}{D_t} \times 100\%$$

（2.3-13）

式中：D——有效数据率；

D_e——有效数据量；

D_t——所有数据量。

（13）一致性检测。仪器正常运行期间，抽取至少三台仪器，每 1 h 测试一次，获得 168 组数据 $C_{i,j}$（其中 i 是仪器编号，j 是水样编号），按照公式（2.3-14）计算第 j 时段浓度数据的相对标准偏差 S_j，再计算数据的一致性 S。

当 $S_j > 10\%$ 时，视为 $S < 90\%$。

$$S_j = \frac{\sqrt{\frac{1}{n-1} \sum_{i=1}^{n} \left(C_{i,j} - \frac{1}{n} \sum_{i=1}^{n} C_{i,j} \right)^2}}{\frac{1}{n} \sum_{i=1}^{n} C_{i,j}} \times 100\%$$

（2.3-14）

$$S = 1 - \left| \sqrt{\frac{\sum_{j=1}^{m} (S_j)^2}{m}} \right|$$

式中：n——仪器的总台数，$n \geqslant 3$；

m——水样编号总数；

$C_{i,j}$——第 i 台仪器 j 水样数据 $C_{i,j}$，其中 $i = 1$，2，3，…，n；$j = 1$，2，3，…，m；

S_j——第 j 时段数据的相对标准偏差；

S——一致性。

2.3.5.6   扩展检测范围的检测

（1）示值误差。仪器正常运行期间，测定化学需氧量（COD_{Cr}）浓度值约为 1 000 mg/L 的标准溶液，连续测定 n（$n = 6$）次，按公式计算示值误差。

（2）重复性。仪器正常运行期间，测定化学需氧量（COD_{Cr}）浓度值约为 1 000 mg/L 的标准溶液，连续测定 n（$n = 6$）次，按公式计算 6 次测定值的相对标准偏差 S_r。

（3）24 h 高浓度漂移。仪器正常运行期间，测定化学需氧量（COD_{Cr}）浓度值约为 1 600 mg/L 的标准溶液，每 1 h 测试一次，连续测定 24 h。采用该时间内的初期值（最初的 3 次测定值的平均值）R_0，按公式计算 R_i 与 R_0 误差绝对值的平均值相对于检测范围上限值的百分率。

2.3.6   操作说明书的要求

仪器的操作说明书应符合标准 GB/T 9969 的要求，至少包括以下内容：现场安装条件及方法、仪器操作方法、部件及试剂标识、校正液的配制方法、试剂使用方法、常见故障处理、废液处置方法、日常维护说明及其他注意事项等。

2.4 水质氨氮在线监测仪

2.4.1 氨氮概述

氨氮是指以氨或铵离子形式存在的化合氮，即水中以游离氨（NH_3）和铵离子（NH_4^+）形式存在的氮。游离氨（NH_3）和铵离子（NH_4^+）的组成比取决于水的 pH 值和水温，当 pH 值高时，游离氨的比例较高，反之则铵盐的比例较高，pH 值每增加一单位，NH_3 所占的比例约增加 10 倍；当水温高时，铵盐的比例较高，反之则游离氨的比例高，在 pH 值为 7.8 ~ 8.2 时，温度每上升 10 ℃，NH_3 的比例增加一倍。此外，较高溶氧有助于降低氨氮毒性，盐度上升时氨氮的毒性升高。

水体中的氨氮主要来自生活污水和含氮工业废水的排放、农业施肥灌溉排水、动物的排泄物和动植物腐烂过程、水体流经含氮矿物层溶解的氨氮化合物等，另外化石燃料燃烧和汽车尾气排放到大气中的氮氧化物也会转化成硝酸等含氮化合物，并通过雨水淋洗作用进入地面水体。

氨氮主要来源于人和动物的排泄物，生活污水中平均含氮量每人每年可达 2.5 ~ 4.5 kg，水生动物的排泄物、施加的肥料、残饵、动植物尸体含有大量蛋白质，可以被水体中的微生物菌分解后形成氨基酸，再进一步分解成氨氮，同时，当水中溶解氧不足时，水体发生反硝化反应，亚硝酸盐、硝酸盐在反硝化细菌的作用下被分解从而产生氨氮。此外，雨水径流以及农用化肥的流失也是氮的重要来源；氨氮还来自化工、冶金、石油化工、油漆颜料、煤气、炼焦、鞣革、化肥等工业废水中。

氨氮是水体中的营养素，过量可导致水富营养化现象产生，是水体中的主要耗氧污染物，对鱼类及某些水生生物有毒害。当氨溶于水时，其中一部分氨与水反应生成铵离子（NH_4^+），一部分形成水合氨（NH_3），也称非离子氨，非离子氨是引起水生生物毒害的主要因子，而铵离子则基本无毒。

当氨（NH_3）进入水生生物体内时，会直接增加水生生物氨氮排泄的负担，氨氮在血液中的浓度升高时，血液 pH 值也会随之上升，水生生物体内的多种酶活性受到抑制，并可降低血液的输氧能力，破坏呼吸器官表皮组织，降低血液的携氧能力，导致氧气和废物交换不畅而窒息。此外，水中氨浓度高还会影响水对水生生物的渗透性，降低内部离子浓度。

氨氮对水生动物的危害有急性和慢性之分。慢性氨氮中毒危害表现为：摄食降低，生长减慢；组织损伤，降低氧在组织间的输送；鱼和虾均需要与水体进行离子交换（钠、钙等），氨氮过高会增加鳃的通透性，损害鳃的离子交换功能；使水生生物长期处于应激状态，增加动物对疾病的易感性，降低生长速度，常常会发生细菌性疾病如烂鳃、肝胆综合症、败血症等，而且难以控制，给水生态环境生物多样性造成严重危害，给水产养殖造成很大损失；降低生殖能力，减少怀卵量，降低卵的存活力，延迟产卵繁殖。急性氨氮中毒危害表现为：水生生物出现亢奋、在水中丧失平衡、抽搐，严重者甚至死亡。

分析水体中氨氮含量有助于了解水体的污染情况，掌握水体中氨氮的变化趋势以及采取相应的治理措施。

2.4.2 氨氮检测方法

2.4.2.1 纳氏试剂分光光度法（HJ 535—2009）

该测定方法为国家环境保护标准《水质 氨氮的测定 纳氏试剂分光光度法》（IIJ 535—2009）所规定的标准方法。

水中的游离氨或铵盐与纳氏试剂作用时，根据氨浓度的不同，会形成淡黄、深黄到红棕色的氨基汞络合的碘衍生物 NH_2Hg_2OI，中文称作碘化汞铵合氧化汞，是一种胶状物，其色度与氨氮含量成正比，可用以比色定量，通常可在波长 410~425 nm 范围内测其吸光度，计算其含量。本法最低检出浓度为 0.025 mg/L（光度法），测定上限为 2 mg/L。采用目视比色法，最低检出浓度为 0.02 mg/L。水样做适当的预处理后，本法可用于地面水、地下水、工业废水和生活污水中氨氮的测定。其化学反应方程如下：

$$HgI_2 + 2KI = K_2HgI_4$$

$$2K_2HgI_4 + 3KOH + NH_3 = NH_2Hg_2OI + 7KI + 2H_2O$$

纳氏试剂[碘化汞-碘化钾-氢氧化钠（或氢氧化钾），HgI_2-KI-NaOH（或 HgI_2-KI-KOH）溶液]是由 HgI_2，KI 和 NaOH（或 KOH）等试剂配制成的。根据用于的淡水、盐水或生物液等样品的不同，有不同的配方，常用的碘化汞-碘化钾-氢氧化钠纳氏试剂配制方法如下：

称取 16.0 g 氢氧化钠（NaOH），溶于 50 mL 水中，冷却至室温。称取 7.0 g 碘化钾（KI）和 10.0 g 碘化汞（HgI_2），溶于水中，然后将此溶液在被搅拌的情况下，缓慢加入 50 mL 氢氧化钠溶液中，用水稀释至 100 mL。贮于聚乙烯瓶内，用橡皮塞或聚乙烯盖子盖紧，于暗处存放，有效期 1 年。

分取适量经预处理（加硫代硫酸钠除余氯、加硫酸锌-氢氧化钠絮凝沉淀、预蒸馏）后的水样（使氨氮含量不超过 2.0 mg），加入 50 mL 比色管中（若采用蒸馏预处理的水样，则加一定量 1 mol/L 氢氧化钠溶液以中和硼酸），稀释至标线，加 1.0 mL 酒石酸钾钠溶液，加 1.5 mL 纳氏试剂，混匀。放置 10 min 后，在波长 420 nm 处，用光程 20 mm 比色皿，以水作参比，测量吸光度。酒石酸钾钠具有络合性，能与铜、铁、铅、铬、锦等金属离子在碱性溶液中形成可溶性络合物。因此，对于金属离子的干扰，可加入适量的掩蔽剂酒石酸钾钠。

2.4.2.2 水杨酸分光光度法（HJ 536—2009）

该测定方法为国家环境保护标准《水质 氨氮的测定 水杨酸分光光度法》（HJ 536—2009）所规定的标准方法。

在碱性介质中（pH = 11.7）和亚硝基铁氰化钠存在的情况下，水中的氨、铵离子与水杨酸盐和次氯酸离子反应生成蓝色化合物靛酚蓝（$C_{18}H_{16}N_2O$），其色度与氨氮含量成正比，可用以比色定量，通常可在波长 697 nm 测其吸光度处用分光光度计测量吸光度，计算其含量。利用该法测量氨氮最低检出限浓度为 0.01 mg/L，测定上限为 1 mg/L。相对纳氏试剂分光光度法（HJ 535—2009）来说，水杨酸分光光度法（HJ 536—2009）显色时间较长（纳氏试剂法 10 min，水杨酸法 60 min），但是因其不使用剧毒化学试剂（碘化汞），在越来越多水质氨氮检测场景中得到采用。其化学反应过程及机理分如下四步完成：

第一步：氨与次氯酸盐反应生成氯胺。

$$NH_3+HOCl = NH_2Cl+H_2O$$

第二步：氯胺与水杨酸反应形成中间产物 5-氨基水杨酸。

第三步：5-氨基水杨酸转变为醌亚胺。

第四步：卤代醌亚胺与水杨酸缩合生成靛酚蓝。

反应过程中，pH 对每一步反应几乎都有本质上的影响。最佳的 pH 值不仅随酚类化合物不同而不同，而且会随催化剂和掩蔽剂的不同而变化。此外，pH 还影响着发色速度、显色产物的稳定性以及最大吸收波长的位置。因此控制反应的 pH 值是重要的。

显色剂（水杨酸-酒石酸钾钠溶液）配制方法如下：

称取 50 g 水杨酸[C_6H_4（OH）COOH]，加入约 100 mL 水，再加入 160 mL 氢氧化钠溶液（2 mol/L），搅拌使之完全溶解；再称取 50 g 酒石酸钾钠（$NaKC_4H_6O_6·4H_2O$），溶于水中，与上述溶液合并移入 1 000 mL 容量瓶中，加水稀释至标线。贮存于加橡胶塞的棕色玻璃瓶中，此溶液可稳定后存放 1 个月。

检测过程如下：

取水样或经过预蒸馏的试料 8.00 mL（当水样中氨氮质量浓度高于 1.0 mg/L 时，可适当稀释后取样）于 10 mL 比色管中。加入 1.00 mL 显色剂（水杨酸-酒石酸钾钠溶液）和 2 滴亚硝基铁氰化钠（$\rho = 10$ g/L），混匀。再滴入 2 滴次氯酸钠使用液[ρ（有效氯）= 3.5 g/L，c（游离碱）= 0.75 mol/L]并混匀，加水稀释至标线，充分混匀。显色 60 min 后，在 697 nm 波长处，用 10 mm 或 30 mm 比色皿，以水为参比测量吸光度。

2.4.2.3 蒸馏－中和滴定法（HJ 537—2009）

该测定方法为国家环境保护标准《水质 氨氮的测定 蒸馏-中和滴定法》（HJ 537—2009）

所规定的标准方法。

氨氮蒸馏装置基本结构图如图 2.4-1 所示。

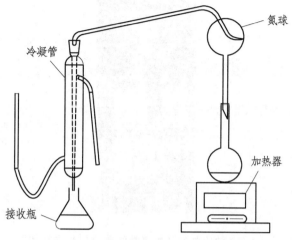

图 2.4-1　氨氮蒸馏装置基本结构图

50 mL 硼酸吸收液（$\rho = 20$ g/L）移入接收瓶内，确保冷凝管出口在硼酸溶液液面之下。分取 250 mL 水样（如氨氮含量高，可适当少取水样，加水至 250 mL）移入烧瓶中，加 2 滴溴百里酚蓝指示剂（$\rho = 1$ g/L），必要时，用氢氧化钠溶液[$c_{(NaOH)} = 1$ mol/L]或硫酸溶液 [$c_{(1/2H_2SO_4)} = 1$ mol/L]调整 pH 至 6.0（指示剂呈黄色）~ 7.4（指示剂呈蓝色），加入 0.25 g 轻质氧化镁（MgO）及数粒玻璃珠，必要时加入防沫剂（如石蜡碎片），立即连接氮球和冷凝管加热蒸馏，使馏出液速率约为 10 mL/min，待馏出液达 200 mL 时，停止蒸馏。

检测过程如下：

将水样的 pH 值调节为 6.0 ~ 7.4，加入轻质氧化镁使其呈微碱性，将蒸馏释出的氨用硼酸溶液吸收。取馏出液以甲基红-亚甲蓝为指示剂，用盐酸标准溶液[$c_{(HCl)} = 0.02$ mol/L]滴定馏出液中的氨氮（以 N 计），至馏出液由绿色变成淡紫色为终点，并记录消耗的盐酸标准滴定溶液的体积 Vs，最后根据盐酸标准溶液的使用量计算氨氮的含量。

2.4.3　氨氮的在线监测方法

2.4.3.1　纳氏试剂比色法氨氮在线监测仪

被分析的样品和氢氧化钠在蒸馏器中混合，将样品中的 NH_4^+ 离子转化成氨气（NH_3），从被分析样品中释放的氨气转移到测量池中，重新溶解在指示剂中，以游离态的氨或铵离子等形式存在的氨氮在碱性环境和增敏剂存在的情况下，与纳氏试剂反应生成一种带色络合物，这将引起指示剂颜色改变，分析仪检测此颜色的变化，并把这种变化换算成氨氮值后输出。

纳氏试剂分光光度法氨氮在线监测仪参数如表 2.3-4 所示。纳氏试剂法氨氮在线监测仪基本结构图如图 2.4-2 所示。

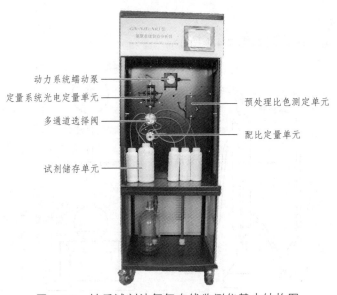

动力系统蠕动泵

定量系统光电定量单元

多通道选择阀

预处理比色测定单元

配比定量单元

试剂储存单元

图 2.4-2　纳氏试剂法氨氮在线监测仪基本结构图

表 2.4-1　纳氏试剂分光光度法氨氮在线监测仪参数

测量方法：蒸馏纳氏分光光度比色法　HJ 535—2009			
测试量程：（0～4）mg/L，（0～15）mg/L，（0～50）mg/L，（0～300）mg/L 四档量程自动切换			
自动稀释后测试量程可扩展到：0～1 500 mg/L			
检测下线：0.05 mg/L			
分辨率：<0.02 mg/L			
准确度：标准溶液<10%；水样<15%			
重现度：<5%			
消解时间：20 min，可设定			
无故障运行时间：≥720 h/次			
量程漂移：±5%F.S.			
做样间隔：连续、1 h、2 h、…、24 h、触发、指定时间点			
校正间隔：手动进行或按选定间隔和时间自动进行（1～7 天）			
清洗间隔：手动进行或按选定间隔和时间自动进行（1～7 天）			
保养间隔：>1 个月，每次约 1 h			
试剂消耗：每套试剂约 720 个样			
人机界面：7 寸、7 万色、800×480 分辨率、TFT 真彩色触摸屏			
打印：预留打印机接口，可外接工业微型打印机（选配）			
存储：2 万条数据，掉电不丢失，存满自动覆盖最早数据（可增配 4 万条数据）			
通信接口：1 路 RS232 数字接口或 RS485，支持 MODBUS 通信协议或自定义协议　　　　　1 路模拟量 4～20 mA（20 mA 对应量程可调）			
预处理系统：自清洗、反吹、精密过滤功能，保证样品具有良好代表性的同时，也避免了大型悬浮颗粒堵塞管路，确保数据的连续性（选配）			
外形尺寸	900 mm×600 mm×450 mm	质量	50 kg
电源	AC 220 V±20%，50 Hz±1%	功率	500 W
环境温度	5～40 ℃	环境湿度	≤85%

2.4.3.2　水杨酸比色法氨氮在线监测仪

水杨酸分光光度比色法相比于纳氏剂分光光度法，其无须使用剧毒的碘化汞，具有环境友好性，在硝普钠存在的情况下，水样中的氨氮与水杨酸盐和次氯酸离子反应生成蓝色化合物，加酒石酸甲钠掩蔽阳离子特别是钙、镁离子的干扰，使用分光光度计在 697 nm 处测定吸光度，根据朗伯-比尔定律，吸光度与吸光物质浓度呈线性关系，从而能准确地检测水中氨氮浓度。水杨酸法氨氮在线监测仪参数如表 2.4-2 所示。

表 2.4-2　水杨酸法氨氮在线监测仪参数

测量方法：蒸馏水杨酸分光光度比色法　　HJ 536—2009			
测试量程：（0~8）mg/L，（0~30）mg/L，（0~50）mg/L 三档量程可选			
最大测试量程：0~300 mg/L			
检测下线：0.02 mg/L			
分辨率：<0.01 mg/L			
准确度：标准溶液<10%；水样<15%			
重现度：<5%			
消解时间：20 min，可设定			
无故障运行时间：≥720 h/次			
量程漂移：±5%F.S.			
做样间隔：连续、1 h、2 h、…、24 h、触发、指定时间点			
校正间隔：手动进行或按选定间隔和时间自动进行（1~7 天）			
清洗间隔：手动进行或按选定间隔和时间自动进行（1~7 天）			
保养间隔：>1 个月，每次约 1 h			
试剂消耗：每套试剂约 720 个样			
人机界面：7 寸、7 万色、800×480 分辨率、TFT 真彩色触摸屏			
打印：预留打印机接口，可外接工业微型打印机（选配）			
存储：2 万条数据，掉电不丢失，存满自动覆盖最早数据（可增配 4 万条数据）			
通信接口：1 路 RS-232 数字接口或 RS-485，支持 MODBUS 通信协议或自定义协议　　1 路模拟量 4~20 mA（20 mA 对应量程可调）			
预处理系统：自清洗、反吹、精密过滤功能，保证样品具有良好代表性的同时，也避免了悬浮颗粒堵塞管路，确保数据的连续性（选配）			
外形尺寸	770 mm×600 mm×450 mm	质量	50 kg
电源	AC 220 V±20%，50 Hz±1%	功率	500W
环境温度	5~40 ℃	环境湿度	≤85%

水杨酸法氨氮在线监测仪基本结构图如图 2.4-3 所示。

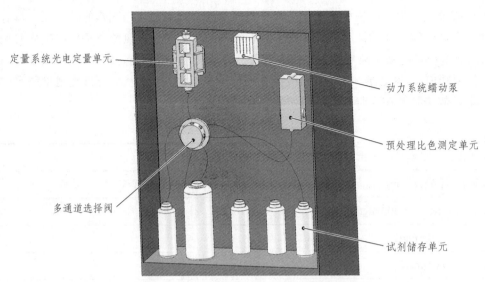

图 2.4-3　水杨酸法氨氮在线监测仪基本结构图

2.4.3.3　氨气敏电极法氨氮在线监测仪

在样品中加入 NaOH 溶液，充分混合均匀，调节样品的 pH 值使其大于 12，这时所有的铵离子都转换成气态的 NH_3，加入络合剂如 EDTA 调节样品，防止生成钙盐沉淀，游离态的氨气透过一层半透膜（材质为聚四氟乙烯），进入到离子电极的内部参与化学反应，改变了电极内部电解液的 pH 值，pH 值的变化量与 NH_3 的浓度成线性相关，先由电极感测出来，再由主机换算成氨氮的浓度。

氨气敏电极法氨氮在线监测仪结构原理图如图 2.4-4 所示。

氨气敏电极法氨氮在线监测仪结构参数如表 2.4-3 所示。

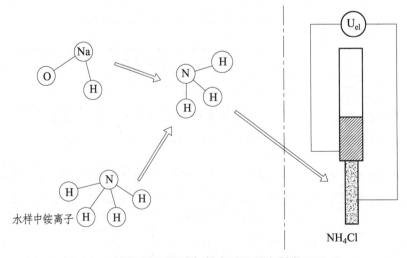

图 2.4-4　氨气敏电极法氨氮在线监测仪结构原理图

氨气敏电极法氨氮在线监测仪如图 2.4-5 所示。

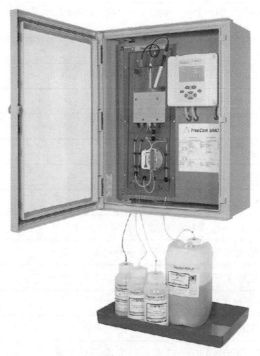

图 2.4-5　氨气敏电极法氨氮在线监测仪

氨气敏电极法氨氮在线监测仪反应器如图 2.4-6 所示。

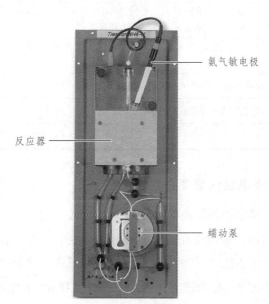

图 2.4-6　氨气敏电极法氨氮在线监测仪反应器

表 2.4-3 氨气敏电极法氨氮在线监测仪参数

测量方法：氨气敏电极法			
测试量程：（0～10）mg/L，（10～100）mg/L，（100～1 000）mg/L，（1 000～10 000）mg/L 四档量程自动切换			
检测下线：0.05 mg/L			
分辨率：<0.01 mg/L			
准确度：标准溶液<10%，水样<15%			
重现度：<5%			
测量周期：快速测量<3 min，精准测量<15 min			
无故障运行时间：≥720 h/次			
量程漂移：±5%F.S.			
做样间隔：连续、1 h、2 h、…、24 h、触发、指定时间点			
校正间隔：手动进行或按选定间隔和时间自动进行（1～7天）			
清洗间隔：手动进行或按选定间隔和时间自动进行（1～7天）			
保养间隔：>1个月，每次约1 h			
试剂消耗：每套试剂约720个样			
人机界面：7寸、7万色、800×480分辨率、TFT真彩色触摸屏			
打印：预留打印机接口，可外接工业微型打印机（选配）			
存储：2万条数据，掉电不丢失，存满自动覆盖最早数据（可增配4万条数据）			
通信接口：1路 RS-232 数字接口或 RS-485，支持 MODBUS 通信协议或自定义协议 　　　　　1路模拟量4～20 mA（20 mA 对应量程可调）			
预处理系统：自清洗、反吹、精密过滤功能，保证样品具有良好代表性的同时，也避免了大型悬浮颗粒堵塞管路（选配）			
外形尺寸	900 mm×600 mm×450 mm	质量	50 kg
电源	AC 220 V±20%，50 Hz±1%	功率	300W
环境温度	5～40 ℃	环境湿度	≤85%

2.4.3.4　铵离子选择电极法氨氮在线监测仪

水样经过酸调节剂，将水中的游离氨（NH_3）转化为铵离子（NH_4^+），水样中的铵离子通过电极表面的选择性透过膜，铵离子在透过膜的时候产生电位差，通过能斯特方程计算铵离子（NH_4^+）浓度，铵离子（NH_4^+）的测定受到钾离子和氯离子的干扰，通常会配备钾离子电极进行补偿，氨氮受到温度和 pH 的影响，通常设置温度和 pH 电极进行补偿。

铵离子选择电极法氨氮在线监测仪结构原理图如图 2.4-7 所示。

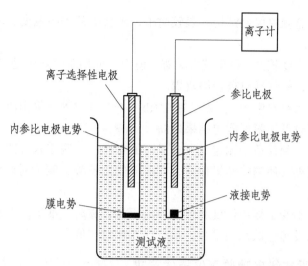

图 2.4-7　铵离子选择电极法氨氮在线监测仪结构原理图

2.4.3.5　滴定法氨氮在线监测仪

完全基于 HJ 537—2009 标准中规定的分析方法，样品在一定的条件下，经加热蒸馏，释放出的氨冷却后被吸收于硼酸溶液中，再用盐酸标准溶液[c（HCl）= 0.02 mol/L]滴定，以甲基红-亚甲蓝为指示剂，当电极电位滴定至终点（馏出液由绿色变成淡紫色）时停止滴定，根据盐酸所消耗的体积，计算出水中氨氮的含量。

滴定过程由仪器自动控制完成，依靠光电传感器实时检测试样颜色变化，判断得到滴定终点，反推盐酸消耗量，从而计算氨氮含量。

2.4.3.6　吹脱-电导法氨氮在线监测仪

在碱性条件下，用空气将氨从水样中吹出，气流中的氨被吸收液吸收，引起吸收液的电导变化，电导变化值与吹出的氨量和水样中氨氮含量成正比关系。

该仪器所用的三种液体——试样、碱与吸收液，均用蠕动泵输入。为保证气体流量的稳定，吹脱气流也用蠕动泵输入。由泵管把反应器与吸收瓶串联起来，形成一个密闭循环的吹脱气路，以防止水分的挥发和外部空气中氨分子的干扰。

为准确测定电导率（电导率仪），该仪器可配两种电极：铂亮电极与铂黑电极，前者用于 0～200 μs 的测定，后者用于 0～2 ms 及 0～20 ms 的测定。这三个量程分别相当于氨氮的测定范围——0～2 mg/L，0～20 mg/L 及 0～200 mg/L。

在各个量程分别以氨氮标准溶液制作工作曲线，存入计算芯片，即可用来进行氨氮试样的测定。需要注意的是，由于普通纯水中往往含有微量氨氮，在低浓度试样时，制作工作曲线应使用无氨水配制标准系列。

2.4.4　几种氨氮在线监测仪应用分析

比色法在线监测仪是目前应用较多的氨氮在线监测仪，纳氏试剂法检测范围宽，灵敏度没有水杨酸法好，适合测定高浓度废水，容易受到污水色度影响。

水杨酸法灵敏度高，没有二次污染，目前越来越多地应用在地表水和污染源的在线监测中。

电极法氨氮在线监测仪仪器结构一般较简单，不会受到水的色度、浊度的干扰，但电极需要经常更换电极膜。

氨气敏电极法准确度较高，抗干扰能力强，但由于使用了气体渗透膜，易导致气孔堵塞，设备维护工作量较大，氨气敏电极价格较贵。

铵离子选择电极法对水中 Na^+、K^+、H^+、Rb^+、Li^+、Cs^+ 等一价阳离子选择性较差，水中一价阳离子浓度较高时可使氨氮测定结果偏高。

滴定法氨氮在线监测仪适于测定氨氮含量高的水样，在测定氨氮浓度低的水样时误差较大，水中的挥发性胺类会使测定结果偏高，且由于使用了酸、碱试剂，易造成腐蚀，仪器维护工作量较大。

电导法测量结果不受水样中浊度和色度等的干扰，省时、准确。对水样无特殊要求，无须超滤柱等辅助过滤设施，试剂用量少，运行成本相对较低。

2.4.5 氨氮水质在线自动监测仪技术要求

2.4.5.1 《氨氮水质在线自动监测仪技术要求及检测方法》（HJ 101—2019）

HJ 101 标准规定了氨氮水质在线自动监测仪的技术要求、性能指标及检测方法。适用于地下水、地表水、生活污水和工业废水的氨氮水质在线自动监测仪的指导生产设计、指导应用选型和开展性能检测。氨氮水质在线自动监测仪的量程范围为 0.1～150 mg/L，可满足地下水、地表水、生活污水和工业废水的监测需求。

2.4.5.2 一般技术要求

（1）仪器组成。

氨氮水质在线自动监测仪的基本组成单元如图 2.4-8 所示，主要包含的单元如下：

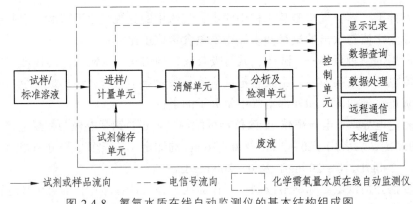

图 2.4-8 氨氮水质在线自动监测仪的基本结构组成图

① 进样/计量单元：包括试样、标准溶液、试剂等导入部分（含试样通道和标准溶液通道）及计量部分。

② 试剂储存单元：存放各种标准溶液、试剂的功能单元，确保各种标准溶液和试剂存放安全和质量。

③ 物理/化学前处理单元：通过物理、化学手段去除水样基体的干扰或（和）完成待测物富集、稀释等。

④ 分析及检测单元：由反应模块和检测模块组成，通过控制单元完成对待测物质的自动在线分析，并将测定值转换成电信号输出的部分。

⑤ 控制单元：包括系统控制硬件和软件，实现进样、消解和排液等操作的部分。具有数据采集、处理、显示存储、安全管理、数据和运行日志查询输出等功能，同时具备输出留样、触发采样等功能，控制单元实现以上功能时均能提供对应的通信协议，且通信协议满足 HJ 212 标准的要求。

（2）使用环境条件。

环境温度：5 ~ 40 ℃；

相对湿度：65% ± 20%；

电源电压：交流电压 220 V ± 22 V；

电源频率：50 Hz ± 0.5 Hz；

水样温度：0 ~ 50 ℃。

2.4.5.3　性能指标及检测方法

在氨氮浓度值为 0.1 ~ 10 mg/L 的基本检测范围内，按照规定的方法进行试验，氨氮水质在线自动监测仪性能必须满足表 2.4-4 的要求。

表 2.4-4　氨氮水质在线自动监测仪基本检测范围性能指标及检测方法

指标名称	性能指标		检测方法
示值误差	20%*	±8 %	3.5.1
	50% *	±5 %	
	80% *	±3 %	
定量下限	≤0.15 mg/L（示值误差 ±30%）		3.5.2
重复性	≤2%		3.5.3
24 h 低浓度漂移	≤0.02 mg/L		3.5.4
24 h 高浓度漂移	≤1 %		3.5.5
记忆效应	80%*→20%*	± 0.3 mg/L	3.5.6
	20%*→80%*	± 0.2 mg/L	
电压影响试验	±5%		3.5.7
pH 影响试验	±6%		3.5.8
环境温度影响试验	±5%		3.5.9
实际水样比对试验	氨氮<2.00 mg/L	≤0.2 mg/L	3.5.10
	氨氮≥2.00 mg/L	≤10%	
最小维护周期	≥168 h/次		3.5.11
有效数据率	≥90 %		3.5.12
一致性	≥90 %		3.5.13
*：测试溶液浓度相对于基本检测范围上限值（10 mg/L）的百分比			

在氨氮浓度值为 10～150 mg/L 的扩展检测范围内，按照规定的方法进行试验时，氨氮水质在线自动监测仪性能必须满足表 2.4-5 的要求。

表 2.4-5　氨氮水质在线自动监测仪扩展检测范围性能指标及检测方法

指标名称	性能指标	试验方法
示值误差	±3 %	3.6.1
重复性	≤5 %	3.6.2
24 h 高浓度漂移	≤2 %	3.6.3

2.4.5.4　性能指标检测步骤

（1）试剂准备。

实验用水：按 HJ 535 标准中的方法获得无氨水。

氨氮标准贮备液：$\rho = 1\,000.0$ mg/L。称取在 100～105 ℃ 干燥 2 h 并冷却至恒重后的氯化铵（NH_4Cl，优级纯）3.819 g，溶于适量水中，移入 1 000 mL 容量瓶中，稀释至标线，此溶液在 2～5 ℃ 下贮存，可稳定保存一个月。

其他低浓度氨氮标准溶液由氨氮标准贮备液经逐级稀释后获得。

其余试剂由仪器制造商提供。

（2）试验准备及校正。

检查仪器各部件，调整仪器至正常工作状态。

检查仪器各个试剂，并保证足量且质量符合要求。

接通电源后，按照仪器制造商提供的操作说明书中规定的预热时间进行预热运行，以使各部分功能稳定。

按照仪器制造商提供的操作说明书中规定的校正方法，使用氨氮标准贮备液配制仪器规定浓度的标准溶液进行校正。

2.4.5.5　基本检测范围检测

（1）示值误差。

仪器正常运行期间，分别测定氨氮浓度值约为 2 mg/L、5 mg/L、8 mg/L 的三种标准溶液，每种溶液连续测定 n（$n = 6$）次，n（$n = 6$）次测定值的平均值与标准溶液浓度值的相对误差。按公式（2.4-1）计算各次示值误差 Re。

$$Re = \frac{\bar{x} - \rho}{\rho} \times 100\% \qquad (2.4\text{-}1)$$

式中：Re——示值误差；

　　　$\bar{x}$——每个浓度 n 次测量平均值，mg/L；

　　　p——氨氮标准溶液的浓度值，mg/L。

（2）定量下限。

仪器正常运行期间，连续测定氨氮浓度值约为 0.1 mg/L 的标准溶液 n（$n = 7$）次，按照公式（2.4-2）计算 n（$n = 7$）次测定值的示值误差 Re，n（$n = 7$）次测定值的标准偏差 S，仪

器的定量下限 LOQ。

$$S = \sqrt{\frac{1}{n-1}\sum_{i=1}^{n}(x_i - \bar{x})^2} \qquad (2.4\text{-}2)$$

$$LOQ = 10 \times S$$

式中：S——n 次测定值的标准偏差；

　　　n——测量次数；

　　　x_i——第 i 次测定值，mg/L；

　　　$\bar{x}$——标准溶液测量值的平均值，mg/L；

　　　LOQ——定量下限，mg/L。

（3）重复性。

仪器正常运行期间，分别测定氨氮浓度值约为 2 mg/L 和 8 mg/L 的标准溶液，每种标准溶液连续测定 n（$n=6$）次，按公式（2.4-3）计算每种浓度的 n（$n=6$）次测定值的相对标准偏差 S_r，取两次相对标准偏差最大值作为仪器重复性的检测结果。

$$S_r = \frac{\sqrt{\dfrac{1}{n-1}\sum_{i=1}^{n}(x_i - \bar{x})^2}}{x} \times 100\% \qquad (2.4\text{-}3)$$

式中：S_r——重复性；

　　　x_i——第 i 次测量值，mg/L；

　　　$\bar{x}$——n 次测量平均值，mg/L；

　　　n——测定次数。

（4）24 h 低浓度漂移。

仪器正常运行期间，测定氨氮浓度值约为 0.2 mg/L 的标准溶液，每 1 h 测试一次，连续测定 24 h。采用该时间内的初期值（最初的 3 次测量值的平均值）Z_0，计算 Z_i 与 Z_0 偏差绝对值的平均值为 24 h 低浓度漂移 ZD。计算公式见式（2.4-4）。

$$ZD = \frac{\sum_{i=1}^{n}|Z_i - Z_0|}{n} \qquad (2.4\text{-}4)$$

式中：ZD——24 h 低浓度漂移，mg/L；

　　　Z_i——第 i 次测量值，mg/L；

　　　Z_0——最初 3 次测量值的平均值，mg/L；

　　　n——测定次数。

（5）24 h 高浓度漂移。

仪器正常运行期间，测定氨氮浓度值约为 8 mg/L 的标准溶液，每 1 h 测试一次，连续测定 24 h，采用该时间内的初期值（最初的 3 次测定值的平均值）R_0，计算 R_i 与 R_0 偏差绝对值的平均值相对于检测范围上限值的百分率。计算公式见式（2.4-5）。

$$RD = \frac{\sum\limits_{i=1}^{n}|R_i - R_0|}{nR} \times 100\%$$

（2.4-5）

式中：RD——24 h 高浓度漂移，%；

R_i——第 i 次测量值，mg/L；

R_0——最初 3 次测量值的平均值，mg/L；

R——检测范围上限值，mg/L；

n——测定次数。

（6）记忆效应。

仪器正常运行期间，仪器连续测量 3 次氨氮浓度值约为 8 mg/L 的标准溶液后（测定结果不做考核），再依次测量氨氮浓度值为 2 mg/L 和 8 mg/L 的标准溶液各 7 次，分别计算两个浓度的标准溶液第 1 次测量值与后 6 次测量平均值的差值为记忆效应 T，计算方法见下式（2.4-6），以绝对值作为记忆效应的判定值。

$$T = x_1 - \frac{x_2 + x_3 + x_4 + x_5 + x_6 + x_7}{6}$$

（2.4-6）

式中：T——记忆效应，mg/L；

X_i——第 i 次测量值，mg/L。

（7）电压影响试验。

仪器正常运行期间，采用氨氮浓度值约为 8 mg/L 的标准溶液，仪器在初始电压 220 V 条件下测量 3 次；调节电压至 242 V，测量同一标准溶液 3 次；再次调节电压至 198 V，测量同一标准溶液 3 次。以 220 V 条件下 3 次测量值平均值为 V_s，按照公式（2.4-7）分别计算 242 V 和 198 V 条件下 3 次测量值的平均值 V_i 与 V_s 的相对误差 ΔV，以绝对值较大者作为电压影响试验的判定值。

$$\Delta V = \frac{V_i - V_s}{V_s} \times 100\%$$

（2.4-7）

式中：ΔV——电压影响，%；

V_i——某电压条件下 3 次测量值的平均值，mg/L；

V_s——220 V 下 3 次测量的平均值，mg/L。

（8）pH 影响试验。

仪器正常运行期间，采用氨氮浓度值约为 5 mg/L 的标准溶液，调整标准溶液 pH 值为 4 和 9，仪器分别测量原标准溶液 pH 为 4 的标准溶液和 pH 为 9 的标准溶液各 3 次。以原标准溶液 3 次测量值平均值为 As，按照公式（2.4-8）分别计算不同 pH 条件下的 pH 影响 ΔA，取其中绝对值较大者作为 pH 影响试验的判定值。

$$\Delta A = \frac{A_i - A_s}{A_s} \times 100\%$$

（2.4-8）

式中：ΔA——pH 影响，%；

A_i——某 pH 条件下 3 次测量值的平均值；

A_s——原标准溶液 3 次测量的平均值。

（9）环境温度影响试验。

仪器正常运行期间，采用氨氮浓度值约为 8 mg/L 的标准溶液，按照 20 ℃→5 ℃→20 ℃→40 ℃→20 ℃ 的顺序，每次先变换温度，再在所有仪器试剂稳定 5 h 后连续测试 3 次。以 20 ℃ 条件下 9 个测量值的平均值为 C_s，按照公式（2.4-9）分别计算 5 ℃ 和 40 ℃ 条件下 3 次测定值的平均值 C_i 相对于 C_s 的相对误差 ΔT_t，以绝对值较大者作为环境温度影响试验的判定值。

$$\Delta T_t = \frac{C_i - C_s}{C_s} \times 100\% \tag{2.4-9}$$

式中：ΔT_t——环境温度影响；

C_i——t 为 5 ℃ 或者 40 ℃ 时 3 次测定值的平均值，mg/L；

C_s——20 ℃ 条件下 9 次测量值的平均值，mg/L。

（10）实际水样比对试验。

仪器正常运行期间，选择五种不同类型的实际水样，五种水样的氨氮浓度基本平均分布在基本检测范围内。采用氨氮水质在线自动监测仪连续测量该水样 n（$n \geq 10$）次，每次测量值记为 X_i，采用 HJ 535 或 HJ 536 标准中实验室标准分析方法对该水样分析 n'（$n' \geq 3$）次，n' 次测量值的平均值记为 $\overline{B}$。

当水样氨氮浓度 ≥ 2.00 mg/L 时，计算每种水样相对误差绝对值的平均值 $\overline{A}$，计算方法见式（2.4-10）。

$$\overline{A} = \frac{\sum_{i=1}^{n} |X_i - \overline{B}|}{n\overline{B}} \times 100\% \tag{2.4-10}$$

水样氨氮浓度 < 2.00 mg/L 时，计算水样误差绝对值的平均值 $\overline{a}$，计算方法见式（2.4-11）。

$$\overline{a} = \frac{\sum_{i=1}^{n} |X_i - \overline{B}|}{n} \tag{2.4-11}$$

式中：$\overline{A}$——水样相对误差绝对值的平均值；

$\overline{a}$——水样绝对误差绝对值的平均值，mg/L；

X_i——氨氮水质在线自动监测仪测定水样第 i 次的测量值，mg/L；

$\overline{B}$——手工方法测定水样的平均值，mg/L；

n——氨氮水质在线自动监测仪测量水样次数；

i——氨氮水质在线自动监测仪第 i 次测量水样。

（11）最小维护周期。

在整个仪器检测周期中，任何两次对仪器的维护（包括倾倒废液、添加试剂、更换量程及其他维修维护）间隔应 ≥ 168 h。

（12）有效数据率。

在整个基本检测范围的检测周期中，有效的数据为：

① 当仪器在进行本标准中规定的项目检测（不包含环境温度干扰）时，运行测量的显示值满足标准 HJ 535 表 1 中各项指标（不包括有效数据率指标）的要求；

② 当仪器在进行本标准中规定的项目检测之外时，仪器应测定某特定浓度标准溶液，测量值应满足示值误差在 ± 10% 范围内的要求。

不满足上述两条或缺失数据时为无效值。实际有效数据（不包含环境温度干扰）的数目相对于检测周期内应得到的所有数据（不包含环境温度干扰）的数目的百分比，即为有效数据率，计算方法见式（2.4-12）。

$$D = \frac{D_e}{D_t} \times 100\% \qquad\qquad (2.4\text{-}12)$$

式中：D——有效数据率；

D_e——有效数据量；

D_t——所有数据量。

（13）一致性。仪器正常运行期间，抽取至少三台仪器，每 1 h 测试一次，获得 168 组数据 $C_{i,j}$（其中 i 是仪器编号，j 是水样编号），按照公式（2.4-13）计算第 j 时段浓度数据的相对标准偏差 S_j 和数据的一致性 S。当 $S_j > 10\%$ 时，视为 $S < 90\%$。

$$S_j = \frac{\sqrt{\frac{1}{n-1}\sum_{i=1}^{n}\left(C_{i,j} - \frac{1}{n}\sum_{i=1}^{n}C_{i,j}\right)^2}}{\frac{1}{n}\sum_{i=1}^{n}C_{i,j}} \times 100\%$$

$$S = 1 - \left|\sqrt{\frac{\sum_{j=1}^{m}(S_j)^2}{m}}\right| \qquad\qquad (2.4\text{-}13)$$

式中：n——仪器的总台数，$n \geq 3$；

m——水样编号总数；

$C_{i,j}$——第 i 台仪器 j 水样数据 $C_{i,j}$，其中 $i = 1，2，3，\cdots，n$；$j = 1，2，3，\cdots，m$；

S_j——第 j 时段数据的相对标准偏差；

S——一致性。

2.4.5.6 扩展检测范围检测方法

（1）示值误差。

仪器正常运行期间，测定氨氮浓度值约为 75 mg/L 的标准溶液，连续测定 n（$n = 6$）次，计算示值误差。

（2）重复性。

待仪器稳定运行后，测定氨氮浓度值约为 75 mg/L 的标准溶液，连续测定 n（$n = 6$）次，

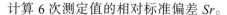

计算 6 次测定值的相对标准偏差 Sr。

（3）24 h 高浓度漂移。

仪器正常运行期间，测定氨氮浓度值约为 120 mg/L 的标准溶液，1 h 测试一次，连续测定 24 h。采用该时间内的初期值（最初的 3 次测定值的平均值）R_0，计算 R_i 与 R_0 误差绝对值的平均值相对于检测范围上限值的百分率。

2.4.6　操作说明书

仪器的操作说明书应符合 GB/T 9969 标准，至少包括以下内容：现场安装条件及方法、仪器操作方法、部件及试剂标识、校正液的配制方法、试剂使用方法、常见故障处理、废液处置方法、日常维护说明及其他注意事项等。

2.5　水质总氮和总磷在线监测仪

2.5.1　总氮和总磷概述

总氮（英文缩写 TN）是水中各种形态无机氮和有机氮的总量。包括 NO_3^-、NO_2^- 和 NH_4^+ 等无机氮和蛋白质、氨基酸和有机胺等有机氮，以每升水含氮毫克数计算。

总磷（英文缩写 TP）是水样经消解后将正磷酸盐、缩合硫酸盐、焦磷酸盐、偏磷酸盐和有机团结合的磷酸盐等各种形态的磷转变成正磷酸盐后测定的结果，以每升水样含磷毫克数计量。

总氮和总磷主要来源于生活污水、农田排水或含氮含磷工业污水，其中，有机磷农药及近代洗涤剂所用的磷酸盐增洁剂等是总磷的主要来源。

总氮和总磷都是反映水体富营养化程度的主要指标，氮、磷是水体中的藻类生长需要的关键元素，过量磷是造成水体污秽异臭，使湖泊发生富营养化和使海湾出现赤潮的主要原因。同种废水中，总氮和总磷都需要处理到一个比较低的浓度，使防治水体富营养化时，首要的控制指标就是总磷和总氮。

2.5.2　总氮检测方法

2.5.2.1　气相分子吸收光谱法（HJ/T 199—2023）

该测定方法为国家环境保护标准《水质 总氮的测定 气相分子吸收光谱法》（HJ/T 199—2005）所规定的标准方法。

在碱性过硫酸钾溶液中，于 120 ~ 124 ℃ 温度下，将水样中氨、铵盐、亚硝酸盐以及大部分有机氮化合物氧化成硝酸盐后，以硝酸盐氮的形式采用气相分子吸收光谱法进行总氮的测定。

每次测定之前，将反应瓶盖插入装有约 5 mL 水的清洗瓶中，通入载气，净化测量系统，调整仪器零点。测定后，用水清洗反应瓶盖和砂芯。

取 25 mL 水样置于样品反应瓶中，加入 25 mL 盐酸（c_{HCl} = 5 mol/L），放入加热架，于 70 ℃ ± 2 ℃ 水浴中加热 10 min。取出样品反应瓶，立即与反应瓶盖密闭，趁热用定量加液器加入 0.5 mL 三氯化钛（15%），通入载气，测定溶液的吸光度，根据吸光度与所对应的硝酸盐氮的量（μg）的校准曲线计算总氮含量。

2.5.2.2 碱性过硫酸钾消解紫外分光光度法（HJ/T 636—2012）

该测定方法为国家环境保护标准《水质 总氮的测定 碱性过硫酸钾消解紫外分光光度法》（HJ/T 636—2012）所规定的标准方法。

在 120~124 ℃ 下，碱性过硫酸钾溶液使样品中含氮化合物的氮转化为硝酸盐，采用紫外分光光度法，于波长 220 nm 和 275 nm 处，分别测定吸光度 A_{220} 和 A_{275}，按公式计算校正吸光度 A，总氮（以 N 计）含量与校正吸光度 A 成正比。

$$A = A_{220} - 2A_{275}$$

取 10.00 mL 水样，加入 5.00 mL 碱性过硫酸钾溶液，塞紧管塞，用纱布和线绳扎紧管塞，以防弹出。将比色管置于高压蒸汽灭菌器中，加热至顶压阀吹气，关阀，继续加热至 120 ℃ 开始计时，保持温度在 120~124 ℃ 30 min。自然冷却、开阀放气，移去外盖，取出比白色管冷却至室温，按住管塞将比色管中的液体颠倒混匀 2~3 次。

注：若比色管在消解过程中出现管口或管塞破裂，应重新取样分析。

每个比色管分别加入 1.0 mL 盐酸溶液（1+9），用水稀释至 25 mL 标线，盖塞混匀。使用 10 mm 石英比色皿，在紫外分光光度计上，以水作参比，分别于波长 220 nm 和 275 nm 处测定吸光度。零浓度的校正吸光度 Ab、其他标准系列的校正吸光度 As 及其差值 Ar 按公式进行计算。以校准溶液总氮（以 N 计）含量（μg）为横坐标，对应的 Ar 值为纵坐标绘制校准曲线。并根据待测水样的 Ar 值进行计算得到总氮浓度。

$$Ab = Ab_{220} - 2Ab_{275}$$
$$As = As_{220} - 2As_{275}$$
$$Ar = As - Ab$$

式中：Ab——零浓度（空白）溶液的校正吸光度；

Ab_{220}——零浓度（空白）溶液于波长 220 nm 处的吸光度；

Ab_{275}——零浓度（空白）溶液于波长 275 nm 处的吸光度；

As——待测溶液的校正吸光度；

As_{220}——待测溶液于波长 220 nm 处的吸光度；

As_{275}——待测溶液于波长 275 nm 处的吸光度；

Ar——待测溶液校正吸光度与零浓度（空白）溶液校正吸光度的差。

2.5.3 总磷检测方法

检测总磷的方法为钼酸铵分光光度法。

该测定方法为国家标准《水质 总磷的测定 钼酸铵分光光度法》（GB 11893—1989）所规定的标准方法。

在中性条件下用过硫酸钾（或硝酸—高氯酸）使试样消解，将所含磷全部氧化为正磷酸盐。在酸性介质中，正磷酸盐与钼酸铵反应，在锑盐存在下生成磷钼杂多酸后，立即被抗坏血酸还原，生成蓝色的络合物。

过硫酸钾消解：向试样中加 4 mL 过硫酸钾，将比色管的盖塞紧后，用一小块布和线将玻璃塞扎紧（或用其他方法固定），放在大烧杯中置于高压蒸汽消毒器中加热，待压力达 1.1 kg/cm² ，相应温度为 120 ℃ 时，保持 30 min 后停止加热。待压力表读数降至零后，取出放冷。然后用水稀释至标线。

注意：如使用硫酸保存的水样，当用过硫酸钾消解时，须先将试样调至中性。若用过硫酸钾消解不完全，则用硝酸 – 高氯酸消解。

硝酸—高氯酸消解：取 25 mL 试样于锥形瓶中，加数粒玻璃珠，加 2 mL 硝酸（1.4 g/mL）在电热板上加热浓缩至 10 mL。冷后加 5 mL 硝酸（1.4 g/mL），再加热浓缩至 10 mL 后冷却。之后加 3 mL 高氯酸（1.68 g/mL），加热至高氯酸冒白烟，此时可在锥形瓶上加小漏斗或调节电热板温度，使消解液在瓶内壁保持回流状态，直至剩下 3 ~ 4 mL，冷却。

加水 10 mL，加 1 滴酚酞指示剂，滴加氢氧化钠溶液至刚好呈微红色，再滴加硫酸溶液（1 mol/mL）使微红刚好退去，充分混匀，移至具塞刻度管中，用水稀释至标线。

注：① 用硝酸—高氯酸消解需要在通风橱中进行。高氯酸和有机物的混合物经加热易发生危险，需将试样先用硝酸消解，然后再加入高氯酸消解。

② 绝不可把消解的试样蒸干。

③ 如消解后有残渣时，用滤纸过滤于具塞比色管中。

④ 水样中的有机物用过硫酸钾氧化不能完全破坏时，可用此法消解。

分别向各份消解液中加入 1 mL 抗坏血酸溶液后混匀，30 s 后加 2 mL 钼酸盐溶液充分混匀。

注：① 如试样中含有浊度或色度时，需配制一个空白试样（消解后用水稀释至标线）然后向试料中加入 3 mL 浊度——色度补偿液，但不加抗坏血酸溶液和钼酸盐溶液。然后从试料的吸光度中扣除空白试料的吸光度。

② 砷大于 2 mg/L 干扰测定，需用硫代硫酸钠去除。硫化物大于 2 mg/L 干扰时会测定，用通氮气的方法去除。铬大于 50 mg/L 时会干扰测定，用亚硫酸钠去除。

室温下放置 15 min 后，使用光程为 30 mm 比色皿，在 700 nm 波长下，以水做参比，测定吸光度。扣除空白试验的吸光度后，便可从工作曲线上查得磷的含量。

2.5.4　总氮和总磷的在线监测方法

国标方法对总氮和总磷的在线监测有共通之处，主要是在温度不低于 60 ℃ 的水溶液中将过硫酸钾进行氧化分解，利用高温条件与碱性介质将水中的氮化合物、磷化合物转化为盐类，借助紫外线分光光度法分别在 220 nm、275 nm、700 nm 波长位置完成吸光度测定。传统检测方法具有检测周期长、精度差、工序复杂等特点，无法满足水质在线自动监测需求，因此需加强对新型在线自动监测技术的研究，实现对水质总磷总氮指标的快速监测，提升监测质量与效率。

2.5.4.1　顺序注射与微控技术

基于国标法进行水质中总磷总氮的联合测定，主要采用顺序注射与微控技术建立多量程在线监测系统。联合测定原理主要利用自主设计的消解池，在高温高压条件下进行含磷、氮化合物的密闭消解，将碱性过硫酸钾溶液在 60 °C 以上的水溶液中分解生成原子态氧。再在 120 °C 高压水蒸气条件下进行含磷、氮化合物的氧化，生成硝酸盐与正磷酸盐。接下来将消解液分别送至检测池内，在总磷检测池内通过与钼酸铵反应生成蓝色络合物，可结合吸光度计算出具体的磷浓度值；在总氮检测池内分别采集 220 nm、275 nm 两处的吸光度值，计算出相应的氮浓度数值。

在消解池结构设计上，主要由消解管、PTC 加热片、固定架、散热扇、密封接头、紫外辅助消解模块组成，将消解池骨架与紫外辅助消解模块连接，将 PTC 加热片固定在消解管上并连接固定架，经由密封接头将消解管固定在消解池骨架上，再将散热扇安装在消解池背面，基于 PID 温控、紫外灯辅助消解技术控制消解温度，提升消解效率。在检测池结构设计方面，选取 220 nm、275 nm 光电二极管与氘灯作为总氮检测池的检测管和光源，选取光电二极管、700 nm 发光二极管作为总磷检测池的检测管和光源，结合水样浓度进行高光程、低光程检测区的设定，共设有 10 mm、20 mm、40 mm 三类光程检测区，分别对应总磷量程 $2.5 \sim 5$ $\mu g \cdot mL^{-1}$、$1.2 \sim 2.5$ $\mu g \cdot mL^{-1}$、$0 \sim 1.2$ $\mu g \cdot mL^{-1}$，以及总氮量程 $20 \sim 40$ $\mu g \cdot mL^{-1}$、$10 \sim 20$ $\mu g \cdot mL^{-1}$、$0 \sim 10$ $\mu g \cdot mL^{-1}$。随后基于微控技术进行顺序注射平台的设计，系统包含数据处理显示与控制、水样预处理、顺序注射、高温密闭消解、检测池、光源-光电二极管检测等模块，将顺序注射平台与太阳能电池板、太阳能控制器、温控仪、蓄电池等模块共同组成多参数在线监测系统，实现对水质总磷、总氮指标的联合检测，有效提升检测精度与效率。

紫外分光光度法总氮在线监测仪使用流程如图 2.5-1 所示。在样品中加入过硫酸钾溶液，在 120 °C 条件下，加热 30 min，把氮化物变成硝酸根离子，然后把样品放到酸性溶液中，测量 220 nm 和 275 nm 波长下的紫外吸收值，计算总氮的浓度。

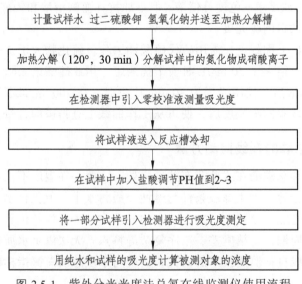

图 2.5-1 紫外分光光度法总氮在线监测仪使用流程

钼酸铵比色法总磷在线监测仪使用流程如图 2.5-2 所示，参数如表 2.5-1 所示。在样品中加入过硫酸钾溶液，在 120 °C 条件下，加热 30 min，把磷化物变成磷酸根离子，然后加入比色试剂，测量 700 nm 下的磷钼蓝（抗坏血酸）吸光值，计算总磷的浓度。

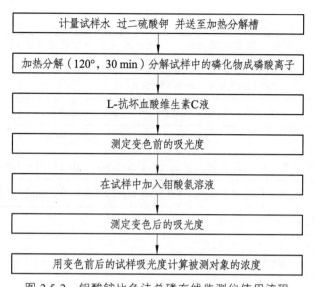

图 2.5-2　钼酸铵比色法总磷在线监测仪使用流程

表 2.5-1　钼酸铵比色法总磷在线监测仪参数

测量方法：碱性过硫酸钾高温消解，紫外分光光度法（国家标准 HJ 636—2012）
测试量程：（0~2）mg/l，（0~20）mg/l，（0~50）mg/l，（0~200）mg/L 四档量程可选
检测下线：0.01 mg/L
分辨率：<0.005 mg/L
准确度：标准溶液 <5%；水样<10%
重现度：< 5%
测量周期：45 min，可设定
无故障运行时间：≥720 h/次
量程漂移：±5%F.S.
做样间隔：连续、1 h、2 h、…、24 h、触发、指定时间点
校正间隔：手动进行或按选定间隔和时间自动进行（1~7 天）
清洗间隔：手动进行或按选定间隔和时间自动进行（1~7 天）
保养间隔：>1 个月，每次约 1 h
试剂消耗：每套试剂约 720 个样
人机界面：7 寸、7 万色、800×480 分辨率、TFT 真彩色触摸屏
打印：预留打印机接口，可外接工业微型打印机（选配）
存储：2 万条数据，掉电不丢失，存满自动覆盖最早数据（可增配 4 万条数据）
通信接口：1 路 RS232 数字接口或 RS485，支持 MODBUS 通信协议或自定义协议 　　　　　1 路模拟量 4~20 mA（20 mA 对应量程可调）

预处理系统：自清洗、反吹、精密过滤功能，保证样品具有良好代表性的同时，也避免了大型悬浮颗粒堵塞管路（选配）

外形尺寸	900 mm×600 mm×450 mm	质量	50 kg
电源	AC 220 V±20%，50 Hz±1%	功率	400 W
环境温度	5~40 ℃	环境湿度	≤85%

测量方法：过硫酸钾高温消解，钼酸铵比色测定 （国家标准 GB 11893—1989）

测试量程：（0~0.6）mg/L，（0~2）mg/L，（0~5）mg/L，（0~10）mg/L 四档量程可选

自动稀释后可扩展到（0~100）mg/L

检测下线：0.01 mg/L

分辨率：<0.001 mg/L

准确度：标准溶液 <5%；水样<10%

重现度：< 5%

测量周期：40 min，可设定

无故障运行时间：≥720 h/次

量程漂移：±5%F.S.

做样间隔：连续、1 h、2 h、…、24 h、触发、指定时间点

校正间隔：手动进行或按选定间隔和时间自动进行（1~7 天）

清洗间隔：手动进行或按选定间隔和时间自动进行（1~7 天）

保养间隔：>1 个月，每次约 1 h

试剂消耗：每套试剂约 720 个样

人机界面：7 寸、7 万色、800×480 分辨率、TFT 真彩色触摸屏

打印：预留打印机接口，可外接工业微型打印机（选配）

存储：2 万条数据，掉电不丢失，存满自动覆盖最早数据（可增配 4 万条数据）

通信接口：1 路 RS232 数字接口或 RS485，支持 MODBUS 通信协议或自定义协议
　　　　　1 路模拟量 4~20 mA（20 mA 对应量程可调）

预处理系统：自清洗、反吹、精密过滤功能，保证样品具有良好代表性的同时，也避免了大型悬浮颗粒堵塞管路（选配）

外形尺寸	900 mm×600 mm×450 mm	质量	50 kg
电源	AC 220 V±20%，50 Hz±1%	功率	500W
环境温度	5~40 ℃	环境湿度	≤85%

总氮总磷多参数在线监测仪的工作流程如图 2.5-3 所示，其结构如图 2.5-4 所示。由于总氮和总磷在样品预处理环节均需要在样品中加入过硫酸钾溶液，在 120 ℃ 条件下，加热 30 min，把低价态的化合物氧化成高价态化合物，然后加入显色比色试剂，在不同波长下测量吸光度值，计算检测指标的浓度。因此，可以将样品预处理系统、光电检测系统合并共用，按时序进行检测控制，可实现一台在线监测仪器检测多个水质参数。

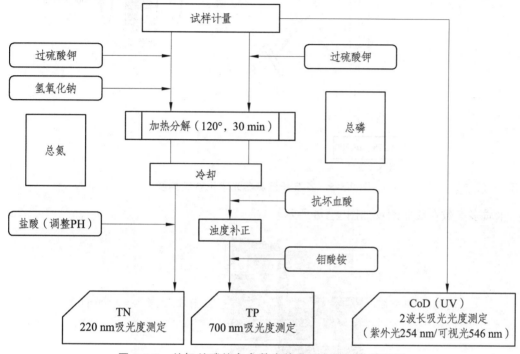

图 2.5-3　总氮总磷等多参数在线监测仪的工作流程图

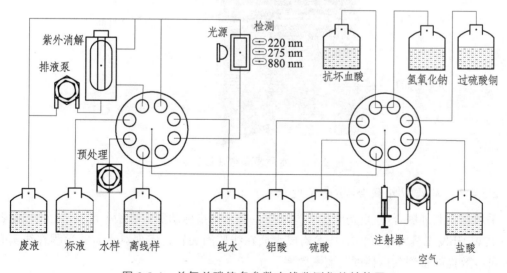

图 2.5-4　总氮总磷等多参数在线监测仪的结构图

多波长检测器光学系统结构图如图 2.5-5 所示。

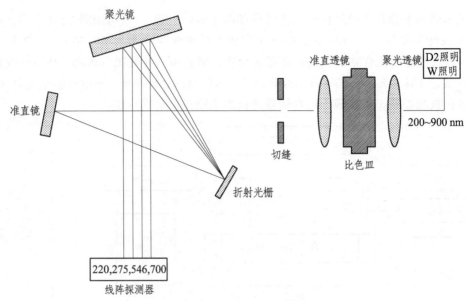

图 2.5-5 多波长检测器光学系统结构图

水质多参数在线监测仪如图 2.5-6 所示。

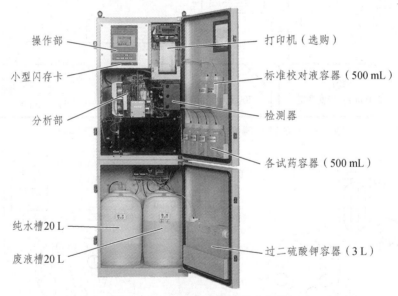

图 2.5-6 水质多参数在线监测仪

2.5.4.2 臭氧紫外联合-分光光度法

采用臭氧紫外联合-分光光度法作为水质总磷总氮指标的测定方法，配合 PLC 控制器、LabVIEW 开发工具与远程传输技术构成水质在线监测装置，实现对水质的远程在线实时监控，可有效提高检测数据精度与监测效率。

在控制单元设计上，该装置的总体结构由 PLC 控制器与取样、氧化消解、检测、清洗、数据采集与传输、PC 与无线传输等单元模块组成，基于一体柜式结构设计，采用 PLC 控制器实现对臭氧发生器、光谱仪等仪器设备的控制，既可由检测人员采用手动模式进行装置调试，也可基于梯形图编程实现对取样、氧化消解、检测与清洗等环节进行自动化控制，并利用定时器进行各程序的计时，控制不同器件的通断。

在软件界面设计上，选取 LabVIEW 作为开发工具，由现场控制、远程监控两个界面组成。远程监控界面则包含总界面、总氮含量、总磷含量与数据查询界面等模块，基于 PLC 与 DTU 发送控制界面的监测数据，并将总磷、总氮含量与浓度等测定结果进行实时显示，兼具在线监测、预警与即时反应功能。

在无线通信技术的应用上，主要由水质在线自动监测装置、PC、DTU 载体、无线基站、GGSN 移动网关、Internet 与监控中心构成无线传输系统，其中 DTU 载体与 PC 端主要采用串口连接方式，基于 VISA 函数实现通信功能，完成总磷总氮浓度检测数据的传输。

2.5.4.3　光谱法水质多参数检测

在多参数水质检测光谱的设计方面，由上位机软件向控制系统发送指令，使特定波长光源发出单色光，将水质传感器置于环境水样中，利用光电转换器将光信号转变为电压，经由模数转换器、无线传输模块传回上位机，即可实现对水质参数含量的在线实时检测。在水质多参数检测传感器的设计方面，主要选取多通道各参数顺序检测法，基于 MCU 与嵌入式操作系统进行数据存储与远程传输，采用 LED 作为传感器光源，利用硅光电池作为光电转换元件，由外壳体、发光源、硅光电池、石英玻璃等组成传感器机械结构，系统硬件电路由传感器 MCU、AD694 芯片、硅光电池组成，并基于脉宽调试调节 LED 亮度，实现对光程、量程的控制。利用该传感器进行某污水中总磷、总氮含量的检测，样机准确度分别为 $-5.6\% \sim 9.4\%$、$-9\% \sim 9\%$，均符合国家环境标准技术要求，且检测效率与精度较高，具备较高的实用价值。

2.5.4.4　微型分光光度计

选用微型分光光度计进行多参数水质在线分析仪的优化，分光光度计包含光纤连接器、准直镜、光栅、聚焦镜、光电探测器等部件，可利用光纤将复合光束导入连接器内，利用准直镜入射至光栅上，经由分解处理后利用聚焦镜将平行光束聚焦在光电探测器中，配合采集电路将信号传输至上位机。基于微型分光光度计建立多参数水质在线分析系统，由光学测量、总氮分析、总磷分析、电气控制模块完成系统结构的设计，其中总磷、总氮分析模块均设有石英反应池、自动控制、顺序注射等部件，用于完成对水质中各项指标的检测，经由进样、测量、清洗等流程进行测量值的校准、输出、存储，完成整体水质测定流程。将氮磷参数分析模块收集到的检测数据进行汇总，可得出测试结果的准确度为 0.847%、重复性为 0.809%，符合国家计量检定规程要求，可实现对水样总磷、总氮含量的在线实时监测。

2.5.4.5　超声辅助技术

利用超声辅助消解技术进行水样消解方法的改进优化，基于超声化学原理设计超声系统，可在水质中总氮、总磷检测的消解环节提供超声辐照，加快水样消解速率。通过分析样机性能可知，其测定结果的相对误差在 $-10\% \sim 10\%$ 的范围内，符合国标要求，且重复性优良，可有效提升多参数快速在线水质检测系统的应用性能。未来还需围绕检测试剂优化、超声场研究、声化学反应器设计等层面进行完善，以便更好地提升超声辅助技术在水质总磷、总氮指标检测中的应用价值。

2.5.5 总氮水质在线自动监测仪技术要求

2.5.5.1 《总氮水质自动分析仪技术要求》（HJ/T 102—2003）

标准 HJ/T 102 规定了地表水、工业污水和市政污水的总氮水质自动分析仪的技术性能要求和性能试验方法，该标准适用于该类仪器的研制生产和性能检验。

标准规定测定最小范围：0 ~ 100 mg/L。工作电压为单相（220 ± 20）V，频率为（50 ± 0.5）Hz。

2.5.5.2 性能指标要求

总氮自动分析仪的性能必须满足表 2.5-2 的技术要求。系统具有设定、校对和显示时间功能，显示的时间包括年、月、日和时、分。当系统意外断电且再度上电时，系统能自动排出断电前正在测定的试样和试剂、自动清洗各通道、自动复位到重新开始测定的状态。若系统在断电前处于加热消解状态，再次通电后系统能自动冷却，之后自动复位到重新开始测定的状态。当试样或试剂不能导入反应器时，系统能通过蜂鸣器报警并显示故障内容。同时，停止运行直至系统被重新启动。

表 2.5-2 总氮自动分析仪的性能指标

项目	性能
重复性误差	±10%
零点漂移	±5%
量程漂移	±10%
直线性	±10%
MTBF	≥720 h/次
实际水样比对实验	±10%
电压稳定性	指示值的变动在 ±10% 以内
绝缘阻抗	5 MΩ 以上

2.5.5.3 性能检验准备

（1）试验条件。

环境温度为 10 ~ 40 ℃，温度变化幅度在 ± 5 ℃/d 以内。

相对湿度在（65 ± 20）% 以内。

规定的电压为（220 ± 20）V。

规定的频率为（50 ± 0.5）Hz。

按说明书规定的时间预热。

（2）试剂。

水：按标准 GB 11894—1989 中的方法获得无氨水。

零点校正液：按标准 GB 11894—1989 中的方法获得无氨水。

量程校正液：采用 80% 量程值的溶液。

总氮标准液（50.0 mg/L）：由浓度为 100 mg/L 的总氮标准贮备溶液稀释获得。作为直线性试验溶液。

其余试剂按照标准 GB 11894—1989 中的方法或仪器制造商提供的方法配制。

（3）试验准备及校正。

接通电源后，按操作说明书规定的预热时间进行自动分析仪的预热运行，以使各部分功能及显示记录单元稳定。

按仪器说明书的校正方法，用校正液校正仪器零点和量程。

2.5.5.4　性能试验方法

（1）重复性误差。

试验条件下，测定零点校正液 6 次，以各次指示值的平均值作为零点值。在相同条件下，测定量程校正液 6 次，计算相对标准偏差。

（2）零点漂移。

采用零点校正液，连续测定 24 h。利用该段时间内的初期零值（最初的 3 次测定值的平均值），计算最大变化幅度相对于量程值的百分率。

（3）量程漂移。

采用量程校正液，于零点漂移试验的前后分别测定 3 次，计算平均值。由减去零点漂移成分后的变化幅度，求出相对于量程值的百分率。

（4）直线性。

将分析仪校正零点和量程后，导入直线性试验溶液，读取稳定后的指示值。求出该指示值对应的总氮浓度与直线性试验溶液的总氮浓度之差相对于量程值的百分率。

（5）平均无故障连续运行时间。

采用实际水样，连续运行 2 个月，记录总运行时间（h）和故障次数（次），计算平均无故障连续运行时间（MTBF）为 720 h/次（此项指标可在现场进行考核）。

（6）实际水样比对实验。

选择 5 种或 5 种以上实际水样，分别以自动监测仪器与国标方法（GB 11894—1989）对每种水样的高、中、低三种浓度水平进行比对实验，每种水样在高、中、低三种浓度水平下的比对实验次数应分别不少于 15 次，计算该种水样相对误差绝对值的平均值 A。比对实验过程应保证自动分析仪与国标方法测试水样的一致性。

$$A = \frac{\sum |X_n - B|}{nB}$$

式中：X_n——第 n 次测量值；

　　　B——水样以国标方法（GB 11894—1989）测定所得测量值；

　　　n——为比对实验次数。

（7）相对于电压波动的稳定性。

测量时采用量程校正液，在指示值稳定，加上高于或低于规定电压10%的电源电压后，读取指示值。分别测定3次，计算各测定值与平均值之差相对于量程值的百分率。

（8）绝缘阻抗。

在正常环境下，在关闭自动分析仪电路状态时，采用国家规定的阻抗计（直流500 V绝缘阻抗计）测量电源相与机壳（接地端）之间的绝缘阻抗。

2.5.5.5 标识要求

在仪器方面，必须在醒目处端正地表示名称及型号、测定对象、测定范围、使用温度范围、电源类别及容量、制造商名称、生产日期和批号、信号输出种类（必要时）等有关事项，并要符合国家的有关规定。

2.5.5.6 操作说明书要求

操作说明书中至少应包含安装场所的选择、试样流量、配管及配线、预热时间、使用方法（包括测定的准备及校正方法、校正液的配制方法、测定操作方法、测定停止时的处置）、维护检查（包括日常检查方法、定期检查方法、反应系统的清洗、故障时的对策）、其他使用上应注意的事项等内容。

同时，操作说明书应对安装场所的选择、试样流量、配管及配线、预热时间、使用方法（包括测定的准备及校正方法、校正液的配制方法、测定操作方法、测定停止时的处置）、维护检查、日常检查方法（包括定期检查方法、反应系统的清洗、故障时的对策）以及其他使用上应注意的事项进行说明。

2.5.5.7 校验要求

（1）日常校验。

重现性、漂移和响应时间校准周期为每月至少进行一次（采取现场校验的方式），既可自动校准也可手工校准。

（2）监督校验。

对于已安装的连续监测系统须定期进行校验，并定期将校验结果报送相应的环境保护行政主管部门。定期校验工作由具有相应资质的监测机构承担。定期校验主要包括按环境监测技术规范进行现场比对测试、对运行数据和日常运行记录的审核检查等。

2.5.6 总磷水质在线自动监测仪技术要求

2.5.6.1 《总磷水质自动分析仪技术要求》（HJ/T 103—2003）

标准HJ/T 103中规定了地表水、工业污水和市政污水的总磷水质自动分析仪的技术性能要求和性能试验方法，适用于该类仪器的研制生产和性能检验。要求仪器测定的最小范围为0～50 mg/L，工作电压为单相（220±20）V，频率为（50±0.5）Hz。

2.5.6.2 性能指标要求

总磷自动分析仪的性能必须满足表2.5-3的技术要求。

系统具有设定、校对和显示时间功能，显示时间包括年、月、日和时、分。

当系统意外断电且再度上电时，系统能自动排出断电前正在测定的试样和试剂、自动清洗各通道、自动复位到重新开始测定的状态。若系统在断电前处于加热消解状态，再次通电后系统能自动冷却，之后自动复位到重新开始测定的状态。

当试样或试剂不能导入反应器时，系统能通过蜂鸣器报警并显示故障内容。同时，停止运行直至系统被重新启动。

表 2.5-3   总磷自动分析仪的性能指标

项目	性能
重复性误差	±10%
零点漂移	±5%
量程漂移	±10%
直线性	±10%
MTBF	≥720 h/次
实际水样比对实验	±10%
电压稳定性	指示值的变动在±10%以内
绝缘阻抗	5 MΩ以上

2.5.6.3   性能检验准备

（1）试验条件。

环境温度为 10 ~ 40 ℃，温度变化幅度在 ± 5 ℃/d 以内。相对湿度在（65 ± 20）%以内。规定的电压为（220 ± 20）V。规定的电源频率为（50 ± 0.5）Hz。仪器预热时间按说明书规定的时间而定。

（2）试剂。

水：采用蒸馏水。

零点校正液：采用蒸馏水。

量程校正液：采用 80%量程值的溶液。

总磷标准液（25.0 mg/L）：由浓度为 50.0 mg/L 的总磷标准贮备溶液稀释获得。该溶液作为直线性试验溶液。

其余试剂按照标准 GB 11893—1989 中的方法或仪器制造商提供的方法配制。

（3）试验准备及校正。

仪器预热运行接通电源后，按操作说明书规定的预热时间进行自动分析仪的预热运行，以使各部分功能及显示记录单元稳定。

按仪器说明书的校正方法，用校正液进行仪器零点校正和量程校正。

2.5.6.4   性能试验方法

（1）重复性误差。

在试验条件下，测定零点校正液 6 次，各次指示值作为零值。在相同条件下，测定电极

法量程校正液 6 次，以各次测量值（扣除零值后）计算相对标准偏差。

（2）零点漂移。

采用零点校正液，连续测定 24 h。利用该段时间内的初期零值（最初的 3 次测定值的平均值），计算最大变化幅度相对于量程值的百分率。

（3）量程漂移。

采用量程校正液，于零点漂移试验的前后分别测定 3 次，计算平均值。由减去零点漂移成分后的变化幅度，求出相对于量程值的百分率。

（4）直线性。

用分析仪校正零点和量程后，导入直线性试验溶液，读取稳定后的指示值。求出该指示值对应的总磷浓度与直线性试验溶液的总磷浓度之差相对于量程值的百分率。

（5）平均无故障连续运行时间。

采用实际水样，连续运行 2 个月，记录总运行时间（h）和故障次数（次），计算平均无故障连续运行时间（MTBF）≥720 h/次（此项指标可在现场进行考核）。

（6）实际水样比对实验。

选择 5 种或 5 种以上实际水样，分别以自动监测仪器与国标方法（GB 11894—1989）对每种水样的高、中、低三种浓度水平进行比对实验，每种水样在高、中、低三种浓度水平下的比对实验次数应分别不少于 15 次，计算该种水样相对误差绝对值的平均值 A。比对实验过程中应保证自动分析仪与国家推荐方法测试水样的一致性。

$$A = \frac{\sum |X_n - B|}{nB}$$

式中：X_n——第 n 次测量值；

$\quad\quad B$——水样以国标方法（GB 11893—1989）测定所得测量值；

$\quad\quad n$——比对实验次数。

（7）相对于电压波动的稳定性。

采用量程校正液，在指示值稳定后，加上高于或低于规定电压 10% 的电源电压时，读取指示值。分别测定 3 次，计算各测定值与平均值之差相对于量程值的百分率。

（8）绝缘阻抗。

在正常环境下，在关闭自动分析仪电路状态时，采用国家规定的阻抗计测量（直流 500 V 绝缘阻抗计）电源相与机壳（接地端）之间的绝缘阻抗。

2.5.6.5　标识要求

必须在仪器上的醒目处端正地表示其名称及型号、测定对象、测定范围、使用温度范围、电源类别及容量、制造商名称、生产日期和批号、信号输出种类（必要时）等有关事项，并符合国家的有关规定。

2.5.6.6　操作说明书要求

操作说明书中必须至少包含安装场所的选择、试样流量、配管及配线、预热时间、使用方法（包括测定的准备及校正方法、校正液的配制方法、测定操作方法、测定停止时的处置）、维护检查（包括日常检查方法、定期检查方法、反应系统的清洗、故障时的对策）、其他使用上应注意的事项等内容。

同时，操作说明书应对安装场所的选择、试样流量、配管及配线、预热时间、使用方法（包括测定的准备及校正方法、校正液的配制方法、测定操作方法、测定停止时的处置）、维护检查、日常检查方法（包括定期检查方法、反应系统的清洗、故障时的对策）以及其他使用上应注意的事项进行说明。

2.5.6.7　校验要求

（1）日常校验。

重现性、漂移和响应时间校准周期为每月至少进行一次（采取现场校验的方式），既可自动校准也可手工校准。

（2）监督校验。对于已安装的连续监测系统须定期进行校验，并定期将校验结果报送相应的环境保护行政主管部门。定期校验工作由具有相应资质的监测机构承担。定期校验主要包括按环境监测技术规范进行现场比对测试 、对运行数据和日常运行记录的审核检查等。

2.6　水质重金属在线监测仪

2.6.1　重金属概述

重金属水污染是指相对密度在 4.5 以上的金属元素及其化合物在水中的浓度异常使得水质下降或恶化。相对密度在 4.5 以上的重金属有铜、铅、锌、镍、铬、镉、汞和非金属砷等。

污染水体的主要来源有：

矿山开采及选矿废水、矿渣等进入水体；

冶炼工业、矿石燃料燃烧产生的废水、废气和废渣等排入或降于水体；

电镀、仪表、涂料、玻璃、化工等企业排放的废水、废渣进入水体；

地表径流和农田排水等挟带吸附有重金属元素及其化合物的泥沙颗粒进入水体。

金属有机化合物（如有机汞、有机铅、有机砷、有机锡等）比相应的金属无机化合物的毒性要强得多；可溶态金属又比颗粒态金属的毒性要大；六价铬比三价铬毒性要大等。重金属在人体内能和蛋白质及各种酶发生强烈的相互作用，使它们失去活性，也可能在人体的某些器官中富集，如果超过人体耐受限度，会造成人体急性中毒 、亚急性中毒、慢性中毒等，对人体会造成很大的危害，例如，日本发生的水俣病（汞污染）和骨痛病（镉污染）等公害病都是由重金属污染引起的。重金属在大气、水体、土壤、生物体中广泛分布，而底泥往往是重金属的储存库和归宿。当环境变化时，底泥中的重金属形态将发生转化并释放出来从而造成污染。

重金属污染主要包括铅污染、镉污染、汞污染、铬污染、铬污染等。

（1）铅污染。

铅对水生生物的安全浓度为 0.16 mg/L，用含铅 0.1～4.4 mg/L 的水灌溉水稻和小麦时，作物中铅含量明显增加。

人体内正常的铅含量为 0.1 mg/L，如果含量超标，容易引起贫血，损害神经系统。而幼

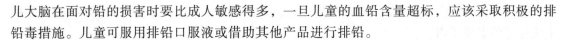

儿大脑在面对铅的损害时要比成人敏感得多，一旦儿童的血铅含量超标，应该采取积极的排铅毒措施。儿童可服用排铅口服液或借助其他产品进行排铅。

（2）镉污染。

水中含镉 0.1 mg/L 时，可轻度抑制地面水的自净作用，白鲢鱼在含镉大于 0.014 mg/L 时难以存活，用含镉 0.04 mg/L 的水进行灌溉时，土壤和稻米会遭受明显污染，农灌水中含镉 0.007 mg/L 时，即可造成污染。

正常人血液中的镉浓度小于 5 μg/L，尿中小于 1 μg/L。镉能够干扰骨中钙，如果长期摄入微量镉，会使骨骼严重软化，骨头寸断，引起骨痛病，同时还会引起胃脏功能失调，并干扰人体和生物体内含锌金属酶系统，导致高血压症发病几率上升。

（3）汞污染。

汞及其化合物属于剧毒物质，可在人体内蓄积，主要来源于仪表厂、食盐电解、贵金属冶炼、化妆品、照明用灯、齿科材料、燃煤、水生生物等。血液中的金属汞进入脑组织后，逐渐在脑组织中积累，达到一定的量时就会对脑组织造成损害，另外一部分汞离子则会转移到肾脏。

进入水体的无机汞离子可转变为毒性更大的有机汞，由食物链进入人体，引起全身中毒作用；易受害的人群包括女性尤其是准妈妈及好食海鲜人士；天然水中含汞极少，一般不超过 0.1 μg/L。正常人血液中的汞小于 5 ~ 10 mg/L，尿液中的汞浓度小于 20 mg/L。如果急性汞中毒，则会诱发肝炎和血尿。

（4）铬污染。

铬及其化合物主要来源于劣质化妆品原料、皮革制剂、金属部件镀铬部分，工业颜料以及鞣革、橡胶和陶瓷原料等。如人误食饮用，可致其腹部不适及出现腹泻等中毒症状，引起过敏性皮炎或湿疹，呼吸进入，则会对呼吸道有刺激和腐蚀作用，引起咽炎、支气管炎等。在水污染严重地区，经常接触或过量摄入者易得鼻炎、结核病、腹泻、支气管炎、皮炎等。

2.6.2　水质重金属检测方法

2.6.2.1　六价铬检测方法

（1）二苯碳酰二肼分光光度法（GB 7467—1987）。

该检测方法为国家标准《水质　六价铬的测定　二苯碳酰二肼分光光度法》（GB 7467—1987）中所规定的标准方法。

具体的检测方法是在酸性溶液中，六价铬与二苯碳肼反应生成紫红色化合物，于波长540 nm 处进行分光光度测定。

（2）流动注射—二苯碳酰二肼光度法（HJ 908—2017）。

检测方法为国家环境保护行业标准《水质　六价铬的测定　流动注射—二苯碳酰二肼光度法》（HJ 908—2017）中规定的标准方法。

具体的检测方法原理是在封闭的管路中，将一定体积的试样注入连续流动的酸性载液中，试样与试剂在化学反应模块中按特定的顺序和比例混合，在非完全反应的条件下，试样中的六价铬与二苯碳酰二肼生成紫红色化合物，进入流动检测池，于 540 nm 波长处测量吸光度。

在一定的范围内，试样中六价铬的浓度与其对应的吸光度呈线性关系。

参考工作流程如图 2.6-1 所示。

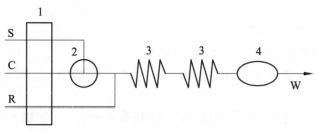

1—蠕动泵；2—注入阀；3—反应环；4—检测池（540 nm）；
S—试样；C—载液；R—显色剂；W—废液。

图 2.6-1　参考工作流程图

2.6.2.2　重金属汞检测方法

重金属汞检测时一般使用冷原子吸收分光光度法（HJ 597—2011）。

该方法为国家环境保护行业标准《水质　总汞的测定　冷原子吸收分光光度法》（HJ 597—2011）中规定的标准方法。

具体的检测方法是在加热条件下，用高锰酸钾和过硫酸钾在硫酸-硝酸介质中消解样品；或用溴酸钾-溴化钾混合剂在硫酸介质中消解样品；或在硝酸-盐酸介质中用微波消解仪消解样品。

消解后的样品中所含汞全部转化为二价汞，用盐酸羟胺将过剩的氧化剂还原，再用氯化亚将二价汞还原成金属汞。在室温下通入空气或氮气，将金属汞气化，载入冷原子吸收汞分析仪，于 253.7 nm 波长处测定响应值，汞的含量与响应值成正比。

2.6.2.3　重金属砷检测方法

（1）二乙基二硫代氨基甲酸银分光光度法（GB 7485—1987）。

该检测方法为国家标准《水质　总砷的测定　二乙基二硫代氨基甲酸银分光光度法》（GB 7485—1987）所规定的标准方法。

该方法是将锌与酸作用，产生新生态氢。在碘化钾和氯化亚锡存在的情况下，先使五价砷还原为三价，三价砷被初生态氢还原成砷化氢（胂），再用二乙基二硫代氨基甲酸银-三乙醇胺的氯仿液吸收胂，生成红色胶体银，最后在波长 530 nm 处，测量吸收液的吸光度。

（2）硼氢化钾-硝酸银分光光度法（GB 11900—1989）。

该检测方法为国家标准《水质　痕量砷的测定　硼氢化钾-硝酸银分光光度法》（GB 11900—1989）中的标准方法。

该检测方法是硼氢化钾（或硼氢化钠）在酸性溶液中产生新生态的氢，将试料中的砷转变为砷代氢，用硝酸-硝酸银-聚乙烯醇-乙醇溶液为吸收液，将其中银离子还原成单质银，使溶液呈黄色，在 400 nm 处测量吸光度。

化学反应式如下：

$$BH_4^- + H^+ + 3H_2O = 8(H) + H_3BO_3$$

$$2AS^{3+}+6(H) = 2ASH_3\downarrow$$

$$6Ag+AsH_3+3H_2O = 6Ag+H_3AsO_3+6 H^+$$

2.6.2.4　重金属铅检测方法

（1）原子吸收分光光度法（GB 7475—1987）。

该检测方法为国家标准《水质　铜、锌、铅、镉的测定　原子吸收分光光度法》（GB 7475—1987）标准方法。

该检测方法是将样品或消解处理过的样品直接吸入火焰，在火焰中形成的原子对特征电磁辐射产生吸收，将测得的样品吸光度和标准溶液进行比较，确定样品中被测元素的浓度。

（2）双硫腙分光光度法（GB 7470—1987）。

该检测方法为国家标准《水质　铅的测定　双硫腙分光光度法》（GB 7470—1987）中的标准方法。

该检测方法是在 pH 为 8.5 ~ 9.5 的氨性柠檬酸盐-氰化物的还原性介质中使铅与双硫腙形成可被氯仿萃取的淡红色的双硫腙铅螯合物，将萃取的氯仿混色液于 510 nm 波长下进行光度测量，从而求出铅的含量，其反应式如图 2.6-2 所示。

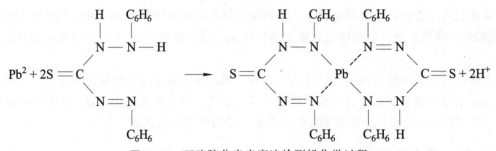

图 2.6-2　双硫腙分光光度法检测铅化学过程

2.6.2.5　重金属镉检测方法

对重金属镉的检测除使用国家标准《水质　铜、锌、铅、镉的测定　原子吸收分光光度法》（GB 7475—1987）中的方法外，还可使用双硫腙分光光度法（GB 7471—1987），该测定方法为国家标准《水质　镉的测定　双硫腙分光光度法》（GB 7471—1987）中的标准方法。

该检测方法是在强碱性溶液中，镉离子与双硫腙生成红色络合物，用氯仿萃取后，于 518 nm 波长处进行分光光度测定，从而求出镉的含量，其反应式如图 2.6-3 所示：

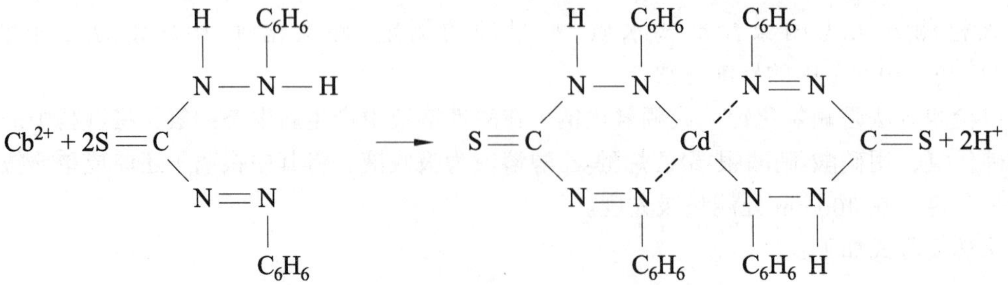

图 2.6-3　金属镉检测中的化学反应过程

2.6.2.6　总铬检测方法

该检测方法为国家标准《水质　总铬的测定》（GB 7466—1987）中规定的标准方法。

该检测方法是在酸性溶液中，试样的三价铬被高锰酸钾氧化成六价铬。六价铬与二苯碳酰二肼反应生成紫红色化合物，于波长 540 nm 处进行分光光度测定。

过量的亚硝酸钠又会被尿素分解。

2.6.3　水质重金属自动在线监测仪

2.6.3.1　六价铬水质自动在线监测仪（HJ 609—2019）

监测原理是在酸性溶液中，六价铬与二苯碳酰二肼反应生成紫红色化合物，于特定波长处测定其吸光度，查询标准工作曲线，计算出水样中六价铬的含量。

六价铬水质自动监测仪器的结构与多数水质自动监测仪器一致，由进样/计量单元、试剂贮存单元、分析单元、控制单元几个单元组成，具体如图 2.6-4 所示，功能分别如下：

① 进样/计量单元：包括水样、标准溶液、试剂等导入部分（含水样通道和标准溶液通道）和计量部分。

② 试剂贮存单元：用于存放仪器分析测试所需要的反应液、校正液、核查液等试剂的部分。

③ 分析单元：由反应模块和检测模块组成，完成对待测物质的自动在线分析的部分。

④ 控制单元：包括控制仪器运行的硬件和软件，即控制仪器采样、测试等过程中各部件运行，将测定值转换成电信号输出，完成数据处理、传输的部分。

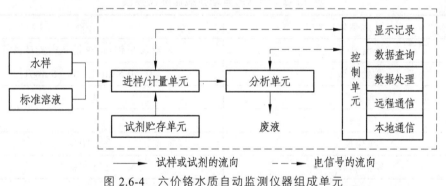

图 2.6-4　六价铬水质自动监测仪器组成单元

表 2.6-1　六价铬自动在线监测仪参数

分析方法：水质　六价铬的测定二苯碳酰二肼反应分光光度法 GB 7467
检测器：光度计
测量范围：六价铬：0～1.00 mg/L，0～2.00 mg/L，0～5.00 mg/L
准确度：±5%
重复性：≤5 %
分辨率：六价铬：0.001 mg/L
零点漂移：±5 % F.S.
量程漂移：±5 % F.S.

测量模式：连续测量、周期测量、定时测量、外部信号触发测量	
仪器校正：自动校正/手动校正	
校准间隔：自动校准的时间间隔，可人工选择	
清洗周期：根据实际情况任意选择	
消解时间：根据实际情况任意选择	
数据存储：实现一年的数据存储	
测量周期：10～30 min	
输出：2 路 4～20 mA 输出	
数字通讯：RS232/ RS485	
功耗：<100 W	
电源要求：（200±22）V AC；（50±2.5）Hz	
环境温度：15～45 ℃	

2.6.3.2　砷水质自动在线监测仪（HJ 764—2015）

水样中的砷在酸性条件下与氢离子反应生成砷化氢，通过吹气洗脱将砷化氢逐出并进入吸收液，吸收液与砷化氢生成黄色络合物，在 400 nm 的波长下测量吸光度 A，通过 A 值查询标准工作曲线，计算得出水样中砷化物的浓度。

表 2.6-2　砷水质自动在线监测仪参数

测量参数	总砷
检测原理	硼氢化钾-硝酸银分光光度法
测量范围	0～0.5 mg/L、0～5 mg/L
精密度	±5%
重现性	±5 %
准确度	±10%
零点漂移	±5%
量程漂移	<10%
检出限	0.002 mg/L
定量下限	0.01 mg/L
实际水样比对	≤10%
加标回收率	85%～115%
检测周期	<45 min
MTBF	≥720 h/次
最小维护周期	一周
环境要求	温度：5～35 ℃；湿度≤90%（不结露）
工作电源	电压（220±22）VAC 频率：50～60 Hz

2.6.3.3　汞水质自动在线监测仪（HJ 597—2011）

工作原理是总汞水质自动在线监测仪采用冷原子吸收分光光度法，测定结果和国家标准《水质　总汞的测定　冷原子吸收分光光度法》（HJ 597—2011）吻合，确保了水质监测数据的准确性和有效性。

仪器的基本组成如图 2.6-5 所示，主要包含以下几个单元：

① 进样/计量单元：包括水样、标准溶液、试剂等导入部分（含水样通道和标准溶液通道）和计量部分。

② 消解单元：将水样中汞单质及其化合物转化为汞离子的部分。

③ 分析单元：由反应模块和检测模块组成，完成对待测物质的自动在线分析的部分。

控制单元：包括系统控制的硬件和软件，控制仪器采样、测试等过程中各部件动作，将测定值转换成电信号输出，完成数据处理、传输的部分。

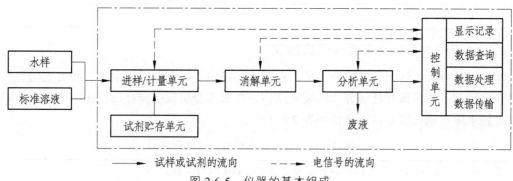

图 2.6-5　仪器的基本组成

2.6.3.4　铅水质自动在线监测仪（HJ 762—2015）

水样通过取样系统注入消解池中，先按顺序依次注入酸性药剂，然后混合液经加热消解，将不同价态的铅转化为二价铅，最后注入显色剂，经过反应后，在指定波长下根据显色颜色的深浅测定总铅的含量。铅水质自动在线监测仪参数如表 2.6-3 所示。

表 2.6-3　铅水质自动在线监测仪参数

方法依据：分光光度检测
量程：0.005～5 mg/L
测定下线：≤0.05 mg/L（示值误差 ±30%）
零点漂移：≤5.0%
量程漂移：≤10.0%
重复性：≤10%
直线性：±10.0%
示值误差： 标液浓度为 80% F.S.时：±5.0% 标液浓度为 50% F.S.时：±8.0% 标液浓度为 20% F.S.时：±10.0%

记忆效应： 80%→20%：±0.3 mg/L 20%→80%：±0.2 mg/L
实际水样比对试验： 水样浓度：<0.5 mg/L：≤0.05 mg/L 水样浓度：≥0.5 mg/L：≤10.0%
测量周期：测量周期为 30 min，据实际水样，可在 5～120 min 任意修改消解时间
采样周期：时间间隔（10～9 999 min 任意可调）和整点测量模式
校准周期：1～99 天任意间隔任意时刻可调
维护周期：一般每月一次，每次约 30 min
输出：RS-232，RS-485，4～20 mA（选配）
环境要求：温度可调的室内，建议温度+5～28 ℃；湿度≤90%（不结露）
电源：AC 220 V±20%，50 Hz±1%

2.6.3.5 镉水质自动在线自动监测仪

水样经消解后，转化成二价镉离子，在碱性环境中与显色剂反应生成一种有色络合物，可在一定波长下测定该有色络合物的吸光度值，并根据分析仪中储存的校正因数计算出镉的浓度，镉水质自动在线自动监测仪如表 2.6-4 所示。

表 2.6-4 镉水质自动在线自动监测仪参数

测量方法：水质 镉的测定双硫腙分光光度比色法（GB 7471—1987）
测试量程：0～0.2 mg/l，0～1.0 mg/L，量程自动切换
测试量程：0～20 mg/L（自动稀释后）
检测下线：0.005 mg/L
分辨：<0.001 mg/L
准确度：标准溶液<10%；水样<15%
重现度：<5%
测量周期：20 min，可设定
无故障运行时间：≥720 h/次
量程漂移：±5%F.S.
做样间隔：连续、1 h、2 h、…、24 h、触发、时间点
校正间隔：手动进行或按选定间隔和时间自动进行（1～7 天）
清洗间隔：手动进行或按选定间隔和时间自动进行（1～7 天）
保养间隔：>1 个月，每次约 1 h
试剂消耗：每套试剂约 720 个样
人机界面：7 寸、7 万色、800×480 分辨率、TFT 真彩色触摸屏
打印：预留打印机接口，可外接工业微型打印机（选配）

存储：2 万条数据，掉电不丢失，存满自动覆盖早数据（可增配 4 万条数据）
通信接口：1 路 RS-232 数字接口或 RS-485，支持 MODBUS 通信协议或自定义协议 　　　　　1 路模拟量 4～20 mA（20 mA 对应量程可调）
预处理系统：自清洗、反吹、过滤功能，保证样品具有良好代表性的同时，也避免了大型悬浮颗粒堵塞管路（选配）
通信接口：1 路 RS-232 数字接口或 RS-485，支持 MODBUS 通信协议或自定义协议 1 路模拟量 4～20 mA（20 mA 对应量程可调）
外形尺寸：900 mm×600 mm×450 mm 质量：50 kg
电源：AC 220 V±20%，50 Hz±1%
功率：500 W
环境温度：5～40 ℃
环境湿度：≤85%

2.6.3.6　总铬水质自动在线监测仪（HJ 798—2016）

在酸性溶液中，三价铬被高锰酸钾氧化成六价铬，过硫酸钾氧化消解液和水样在高温高压下，水样中的各种含氮化合物经过过硫酸钾的氧化消解转变成硝酸盐。

在酸性条件下，硝酸盐与显色剂络合反应，根据颜色的深浅与样品中的铬含量成正比的关系，能得到样品中的总铬含量。图 2.6-6 为一种水质氧在线监测仪。

表 2.6-5　总铬水质自动在线监测仪参数

方法依据：分光光度检测
量程：0～1/5/20 mg/L
测定下线：≤0.05 mg/L（示值误差±30%）
零点漂移：≤5.0%
量程漂移：≤10.0%
重复性：≤10%
直线性：±10.0%
示值误差： 标液浓度为 80% F.S. 时：±5.0% 标液浓度为 50% F.S. 时：±8.0% 标液浓度为 20% F.S. 时：±10.0%
记忆效应： 80%→20%：±0.3 mg/L 20%→80%：±0.2 mg/L
实际水样比对试验： 水样浓度：<0.5 mg/L：≤0.05 mg/L 水样浓度：≥0.5 mg/L：≤10.0%
测量周期：测量周期为 30 min，据实际水样，可在 5～120 min 任意修改消解时间
采样周期：时间间隔（10～9 999 min 任意可调）和整点测量模式
校准周期：1～99 天任意间隔任意时刻可调

维护周期：一般每月一次，每次约 30 min
输出：RS-232，RS-485，4～20 mA（选配）
环境要求：温度可调的室内，建议温度 5～28 ℃；湿度≤90%（不结露）
电源：AC 230±10% V，50±10% Hz，5 A

图 2.6-6　水质氧在线监测仪

第3章　空气在线监测设备原理分析

3.1　固定污染源烟气排放连续监测系统（CEMS）

3.1.1　烟气污染物概述

3.1.1.1　烟气污染物的定义与危害

烟气污染物主要是指烟尘颗粒物、SO_2 和 NO_x，烟气中的颗粒物被大量排入大气，造成空气污浊，使人的可视范围变窄，从而影响景观效果和人的心情，甚至会使交通事故数量增加。颗粒物中的 PM_{10}（Particulate Matter 10），即粒径小于等于 10 μm 的颗粒物为可吸入颗粒物，人体吸入后会导致喘息性支气管炎、慢性气管炎、肺功能下降等疾病，严重危害人体健康。

烟气中的 SO_2、NO_x 被大量排入大气，与大气中的 H_2O、O_2 发生反应，会生成硫酸、硝酸分子，是形成酸雨的主要原因。酸雨破坏了生态系统平衡，造成土壤酸化、营养成分流失、森林破坏、湖泊酸化、鱼类减少、重金属溶出，危害十分严重。

3.1.1.2　中国控制烟气污染物的历史

我国的大气污染形势较为严峻。随着经济社会的高速发展和人民生活水平的不断提高，我国煤炭消费量和机动车保有量快速上升。1990 年全国煤炭消耗量 10.52 亿吨，到 1995 年煤炭消耗量增至 12.8 亿吨，二氧化硫排放量达 2 370 万吨，居世界首位。由于我国部分地区仍用高硫煤，燃煤设备又未能采取脱硫措施，致使二氧化硫排放量不断增加，造成严重的环境污染。在总悬浮颗粒物污染仍然居于高位的同时，部分城市二氧化硫污染十分严重，氮氧化物污染持续增加，酸雨污染面积不断扩大，长江以南的广大地区降水酸度迅速升高，酸雨面积高达 300 多万平方千米。

面对严峻的大气污染形势，我国强化了对大气污染物排放总量的控制，我国科学技术部也布局了多项研究课题，分析大气污染成因，开发了大气污染控制技术，探索大气污染控制的途径。2000 年 4 月 29 日第九届全国人民代表大会常务委员会第十五次会议第一次修订《中华人民共和国大气污染防治法》，2001 年 3 月发布的《中华人民共和国国民经济和社会发展第十个五年计划纲要》提出要加强大气污染防治，实施"两控区"和重点城市大气污染控制工程，2005 年"两控区"二氧化硫排放量相比 2000 年减少 20%。2001 年 12 月《国家环境保护"十五"计划》进一步细化了总量控制目标，即到 2005 年，二氧化硫、尘（烟尘及工业粉尘）、化学需氧量、氨氮、工业固体废物等主要污染物排放量相比 2000 年减少 10%；酸雨控制区和二氧化硫控制区的二氧化硫排放量比 2000 年减少 20%，降水酸度和酸雨发生频率有所降低。

到 2013 年 9 月，计划经过五年努力，对全国空气质量进行总体改善，重污染天气出现的次数较大幅度减少；京津冀、长三角、珠三角等区域空气质量明显好转。具体要求为：到 2017 年，全国地级及以上城市 PM10 浓度相比 2012 年下降 10% 以上，空气质量优良的天数逐年提高；京津冀、长三角、珠三角等区域 $PM_{2.5}$ 浓度分别下降 25%、20%、15% 左右，其中北京市 $PM_{2.5}$ 年均浓度控制在 60 μg/m³ 左右（2017 年）。为了实现以上目标，"大气十条"提出加大综合治理力度，减少多污染物排放；调整优化产业结构，推动产业转型升级；加快企业技术改造，提高科技创新能力；加快调整能源结构，增加清洁能源供应；严格节能环保准入，优化产业空间布局；发挥市场机制作用，完善环境经济政策；健全法律法规体系，严格依法监督管理；建立监测预警应急体系，妥善应对重污染天气；明确政府、企业和社会的责任；动员全民参与环境保护等十大措施。

2015 年 8 月 29 日第十二届全国人民代表大会常务委员会第十六次会议第二次修订《大气污染防治法》（2016 年 1 月 1 日实施）。新修订的大气法有机衔接《环境保护法》，适应区域性复合型大气污染防治的需要，将"大气十条"实施以来行之有效的措施法制化，以改善环境空气质量为核心，明确了政府、监管者、排污者和公众的大气污染防治责任与义务，特别是各级人民政府目标责任制及其考核评价制度、重点区域大气污染联合防治、重污染天气应对等新内容，为大气污染防治提供了坚实的法律基础。将排放总量控制和排污许可由"两控区"扩展到全国，明确了总量指标分配、排污许可证发放的原则和程序，规定对超总量和未完成达标任务的地区实行区域限批，并约谈主要负责人。要求排污者达标排放和按（许可）证排放，杜绝自行排放监测数据作假。明确国家采取措施逐步降低煤炭消费比重，细化对多种污染物的协同控制措施，强化对新生产机动车、在用机动车、油品质量环保达标的监督管理。此外，还加强了建筑施工、物料运输等方面的扬尘污染防治措施。与 2000 年版的大气法相比，违法处罚力度大幅度提高。

2016 年 3 月发布的《国民经济和社会发展第十三个五年规划纲要》中，对大气污染防治提出 4 项约束性指标，即到 2020 年全国地级及以上城市空气质量优良天数达到 80% 以上，相比 2015 年 $PM_{2.5}$ 未达标的地级及以上城市的 $PM_{2.5}$ 浓度下降 18%，全国二氧化硫和氮氧化物排放量削减 15%，生态环境质量总体得到改善。

2021 年 11 月中共中央、国务院发布《关于深入打好污染防治攻坚战的意见》，要求深入打好蓝天保卫战，加大重点区域、重点行业结构调整和污染治理力度，构建省市县三级重污染天气应急预案体系，到 2025 年全国重度及以上污染天数比率控制在 1% 以内。聚焦臭氧污染，推进挥发性有机物和氮氧化物协同减排，同时实施清洁柴油车（机）行动，加强大气面源污染治理。

我国氮氧化物排放变化情况如图 3.1-1 所示。

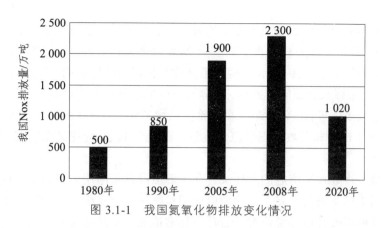

图 3.1-1　我国氮氧化物排放变化情况

我国主要气态污染物排放与火电发电量变化情况如图 3.1-2 所示。

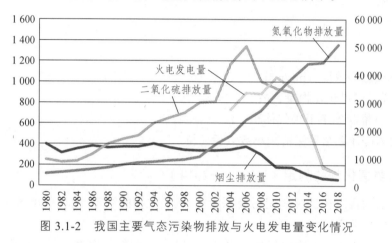

图 3.1-2　我国主要气态污染物排放与火电发电量变化情况

3.1.2　烟气污染物的监测方法

3.1.2.1　颗粒物的测定方法（HJ 836—2017）

该测定方法为国家标准《固定污染源废气　低浓度颗粒物的测定　重量法》（HJ 836—2017）中所规定的标准方法。

本方法采用烟道内过滤的方法，使用包含过滤介质的低浓度采样头，将颗粒物采样管由采样孔插入烟道中，利用等速采样原理抽取一定量的含颗粒物的废气，根据采样头上所捕集到的颗粒物量和同时抽取的废气体积，计算出废气中的颗粒物浓度。

采样前，在去离子水介质中用超声波清洗前弯管、密封铝圈和不锈钢托网，清洗 5 min 后再用去离子水冲洗干净，以去除各部件上可能吸附的颗粒物。将上述部件放置在烘箱内烘烤，烘烤温度 105～110 ℃，烘干至少 1 h。石英材质滤膜应烘焙 1 h，烘焙温度为 180 ℃ 或大于烟温 20 ℃（取两者较高的温度）。冷却后，将滤膜和不锈钢托网用密封铝圈同前弯管封装在一起，放入恒温恒湿设备平衡至少 24 h。

采样前称量，选定处理平衡后的采样头，在恒温恒湿设备内用天平称重，每个样品称量 2 次，每次称量间隔应大于 1 h，2 次称量结果间的最大偏差应在 0.20 mg 以内。记录称量结果，以 2 次称量的平均值作为称量结果。当同一采样头 2 次称量中的质量差大于 0.20 mg 时，可将相应采样头再平衡至少 24 h 后称量；如果第二次平衡后称量的质量同上次称量的质量差仍大于 0.20 mg，可将相应采样头再平衡至少 24 h 后称量；如果第三次平衡后称量的质量同上次称量的质量差仍大于 0.20 mg，在确认平衡称量仪器和操作正确后，此样品作废。

采样后处理，采样头运回实验室后，用蘸有丙酮的石英棉对采样头外表面进行擦拭清洗，清洗过程应在通风橱中进行。清洗后，在烘箱内烘烤采样头，烘烤温度为 105～110 ℃，时间为 1 h。待采样头干燥冷却后放入恒温恒湿设备平衡至少 24 h。应保证采样前后的恒温恒湿设备平衡条件不变。

采样后称量，将处理平衡后的采样头，在恒温恒湿设备内用天平称重，称重步骤和要求同上。采样前后采样头重量之差，即为所取的颗粒物量。应对称重后的采样头进行检查，检查是否存在滤膜破损或其他异常情况，若存在异常情况，则样品无效。

颗粒物浓度计算公式如下：

$$C_{nd} = \frac{M}{V_{nd}} \times 10^6 \qquad (3.1\text{-}1)$$

式中：C_{nd}——颗粒物浓度，mg/m³；

m——样品所得颗粒物量，g；

V_{nd}——标准状态下干采气体积，L。

颗粒物的浓度计算结果保留到小数点后一位。

3.1.2.2 氮氧化物的测定（HJ 693—2014）

该测定方法为国家标准《固定污染源废气 氮氧化物的测定 定电位电解法》（HJ 693—2014）中规定的标准方法。

抽取废气样品进入主要由电解槽、电解液和电极（包括三个电极，分别称为敏感电极、参比电极和对电极）组成的传感器。NO 或 NO₂ 通过渗透膜扩散到敏感电极表面，在敏感电极上发生氧化或还原反应，在对电极上发生还原或氧化反应。反应式如下：

$$NO + 2H_2O = HNO_3 + 3H^+ + 3e$$

$$NO_2 + 2H^+ + 2e = NO + H_2O$$

$$NO_2 + 2e = NO + O^{2-}$$

同时产生极限扩散电流 i。在一定的工作条件下，电子转移数 Z、法拉常数 F、气体扩散面积 S、扩散常数 D 和扩散层厚度 δ 均为常数，因此在一定范围内极限扩散电流 i 的大小与 NO 或 NO₂ 的浓度 ρ 成正比。

$$i = \frac{Z \cdot F \cdot S \cdot D}{\delta} \times \rho \qquad (3.1\text{-}2)$$

量程校准，仪器按标准中的步骤测定标准气体，若示值误差符合要求，仪器可用。否则，需校准。校准方法见标准 HJ 693—2014

样品测定，零点校准完毕后，将仪器的采样管前端置于排气筒中，堵严采样孔，使之不漏气。待仪器示值稳定后，记录示值，每分钟至少记录一次监测结果。取 5 ~ 15 min 平均值作为一次测定值。测定期间内，为保护传感器，应每测定一段时间后，依照仪器使用说明书用清洁的环境空气或氮气清洗传感器。

测定结束，取得测定结果后，将采样管置于清洁的环境空气或氮气中，使仪器示值回到零点附近。关机，切断电源，拆卸仪器的各部分连接，测定结束。

结果计算，NO_x 浓度等于 NO 浓度与 NO_2 浓度之和，按下式计算以 NO_2 计的标准状态（273K，101.325 kPa）下的质量浓度。

仪器示值以质量浓度表示时：

$$\rho_{NO_x} = \frac{46}{30} \times \rho_{NO} + \rho_{NO_2}$$ （3.1-3）

式中：ρ_{NO_x}——标准状态下干废气中 NO_x 质量浓度，mg/m^3；

　　　ρ_{NO}——标准状态下干废气中 NO 质量浓度，mg/m^3；

　　　ρ_{NO_2}——标准状态下干废气中 NO_2 质量浓度，mg/m^3。

仪器示值以体积浓度表示时：

$$\dot\rho_{NO_x} = \frac{46(\dot\rho_{NO} + \dot\rho_{NO_2})}{22.4}$$ （3.1-4）

式中：$\dot\rho_{NO_x}$——干废气中 NO 体积浓度，$\mu mol/mol$；

　　　$\dot\rho_{NO_2}$——干废气中 NO2 体积浓度，$\mu mol/mol$。

氮氧化物的浓度计算结果只保留整数位。当浓度计算结果较高时，保留三位有效数字。

3.1.2.3　二氧化硫的测定（HJ 57-2017）

该测定方法为国家标准《固定污染源废气　二氧化碳的测定　定电位电解法》（HJ 57—2017）中规定的标准方法。

抽取样品进入主要由电解槽、电解液和电极（敏感电极、参比电极和对电极）组成的传感器。二氧化硫通过渗透膜扩散到敏感电极表面，在敏感电极上发生氧化反应：

$$SO_2 + 2 H_2O = SO_4^{2-} + 4 H^+ + 2e$$

由此产生极限扩散电流 i。在规定工作条件下，电子转移数 Z、法拉第常数 F、气体扩散面积 S、扩散系数 D 和扩散层厚度 δ 均为常数，极限扩散电流 i 的大小与二氧化硫浓度 c 成正比，所以可由极限扩散电流 i 来测定二氧化硫浓度 c。

$$i = \frac{Z \cdot F \cdot S \cdot D}{\delta} \times c$$ （3.1-5）

依据相关标准测定废气中一氧化碳浓度，再根据测定结果判断是否可使用该标准测定废气中二氧化硫。样品测定过程中，应同步测定和记录废气中的一氧化碳浓度分钟数据。

将测定仪采样管前端置于排气筒中采样点上，堵严采样孔，使之不漏气。启动抽气泵，以测定仪规定的采样流量取样测定，待测定仪稳定后，按分钟保存测定数据，取连续 5 ~ 15 min

测定数据的平均值，作为一次测量值。一次测量结束后，依照仪器说明书的规定用零气清洗仪器。取得测量结果后，用零气清洗测定仪；待其示值回到零点附近后，关机断电，结束测定。

排气流量的计算，按标准 GB/T 16157 中的规定，计算标准状态（273 K，101.325 kPa）下干排气流量 Q_{sn}（m^3/h）。

二氧化硫浓度的计算，二氧化硫的浓度结果，应以标准状态下干烟气中的质量浓度表示。如果仪器示值以体积比浓度（v/v）表示时，应按下式进行换算：

$$\rho = 2.86 \times \omega \tag{3.1-6}$$

式中：ρ——标准状态下干烟气中二氧化硫的质量浓度，mg/m^3；

ω——被测气体中二氧化硫的体积比浓度，$\mu mol/mol$；

2.86——二氧化硫体积比浓度换算为标准状态下烟气中质量浓度的系数，g/L。

二氧化硫排放速率的计算式为：

$$G = \rho \times Q_{sn} \times 10^{-6} \tag{3.1-7}$$

式中：G——二氧化硫排放速率，kg/h；

ρ——标准状态下干烟气中二氧化硫的质量浓度，mg/m^3；

Q_{sn}——标准状态下干排气流量，m^3/h。

二氧化硫浓度结果应保留整数位。当高于 100 mg/m^3 时，保留 3 位有效数字。

3.1.3　烟气污染物的在线监测方法

3.1.3.1　固定污染源烟气排放连续监测系统（CEMS）定义

固定污染源烟气排放连续监测系统是指能够连续监测固定污染源颗粒物和（或）气态污染物排放浓度和排放量所需要的全部设备，简称 CEMS。

CEMS 是英文 Continuous Emission Monitoring System 的缩写，是指对大气污染源排放的气态污染物和颗粒物进行浓度和排放总量连续监测并将信息实时传输到主管部门的装置，被称为"烟气自动监控系统"，亦称"烟气排放连续监测系统"或"烟气在线监测系统"。CEMS 分别由气态污染物监测子系统、颗粒物监测子系统、烟气参数监测子系统和数据采集处理与通信子系统组成。气态污染物监测子系统主要用于监测气态污染物 SO_2、NO_x 等的浓度和排放总量；颗粒物监测子系统主要用来监测烟尘的浓度和排放总量；烟气参数监测子系统主要用来测量烟气流速、烟气温度、烟气压力、烟气含氧量、烟气湿度等，用于排放总量的计算和相关浓度的折算；数据采集处理与通信子系统由数据采集器和计算机系统构成，实时采集各项参数，生成各浓度值对应的干基、湿基及折算浓度，生成日、月、年的累积排放量，完成丢失数据的补偿并将报表实时传输到主管部门。烟尘测试由跨烟道不透明度测尘仪、β 射线测尘仪发展到插入式向后散射红外光或激光测尘仪以及前散射、侧散射、电量测尘仪等。根据取样方式不同，CEMS 主要可分为直接测量、抽取式测量和遥感测量 3 种技术。

烟气：指企业在生产过程中所产生的废气污染，包括：SO_2、NO_x、颗粒物、含氧量、温度、湿度、流量等。

排放：指企业把生产所产生的废气排放到大气中的过程。

连续：指企业的排放是一个连续的过程以及本系统的实时监控也是一个连续的过程。

监测：指本系统可以实时监测企业对排放的废气中的有害物质是否超标并同时向上级部门自动传输实时监测得出的数据。

系统：指本产品的硬件和控制软件是一个整体。

3.1.3.2　CEMS 的结构组成

CEMS 由颗粒物监测单元和（或）气态污染物 SO_2 和（或）NO_x 监测单元、烟气参数监测单元、数据采集与处理单元组成。系统测量烟气中颗粒物浓度、气态污染物 SO_2 和（或）NO_x 浓度、烟气参数（温度、压力、流速或流量、湿度、含氧量等），同时计算烟气中污染物排放速率和排放量，显示（可支持打印）和记录各种数据和参数，形成相关图表，并通过数据、图文等方式传输至管理部门。

CEMS 系统结构主要包括样品采集和传输装置、预处理设备、分析仪器、数据采集和传输设备以及其他辅助设备等。CEMS 组成结构示意图如图 3.1-3 所示。依据 CEMS 测量方式和原理的不同，CEMS 由上述全部或部分结构组成。

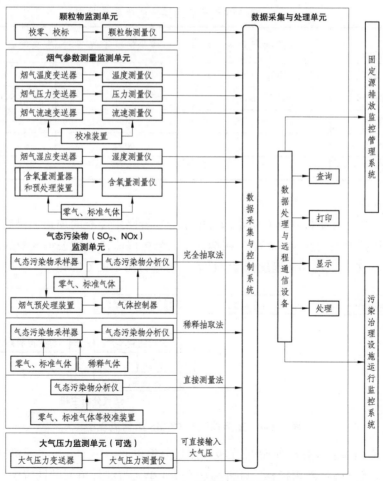

图 3.1-3　CEMS 组成结构示意图

样品采集和传输装置：样品采集和传输装置主要包括采样探头、样品传输管线、流量控制设备和采样泵等；采样装置的材料和安装应不影响仪器测量。一般采用抽取测量方式的CEMS均具备样品采集和传输装置。

预处理设备：预处理设备主要包括样品过滤设备和除湿冷凝设备等，预处理设备的材料和安装应不影响仪器测量。部分采用抽取测量方式的CEMS具备预处理设备。

分析仪器：分析仪器用于对采集的污染源烟气样品进行测量分析。

数据采集和传输设备：数据采集和传输设备用于采集、处理和存储监测数据，并能按中心计算机指令传输监测数据和设备工作状态信息。

辅助设备：采用抽取测量方式的CEMS，其辅助设备主要包括尾气排放装置、反吹净化及其控制装置、稀释零空气预处理装置以及冷凝液排放装置等；采用直接测量方式的CEMS，其辅助设备主要包括气幕保护装置和标气流动等效校准装置等。

3.1.3.3　气态污染物的在线监测

CEMS对气态污染物的检测按测量方式分可分为三类：抽取式监测系统、现场监测系统和遥测系统。CEMS对气态污染物的检测如表3.1-1所示。

表3.1-1　CEMS对气态污染物的检测分类表

分析方法 采样方式	直接抽取系统	稀释抽取系统	直接测量系统（插入式）
红外光吸收原理	SO_2，NO_x、CO、CO_2	—	—
紫外光吸收原理	SO_2、NO_x	—	SO_2、NOx
紫外荧光原理	—	SO_2	—
化学发光原理	—	NO_x	—
电化学原理	—	—	NOx

（1）直接抽取式。

烟气通过前端填有滤料并具有防止烟气中水分在管路中冷凝的加热、保温装置的采样管和导气管，整体控温在120～160℃，在烟气进入分析仪前快速除去烟气中的水分，把烟气温度冷却到≤15℃，或比环境温度低11℃后，再进行测定的CEMS。

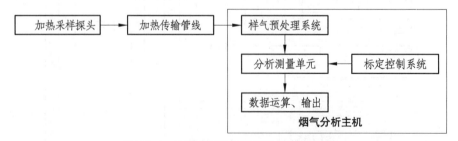

图3.1-4　直接抽取式CEMS结构流程图

直接抽取式CEMS具有红外/紫外光吸收测量分析单元，一个分析单元可同时测量SO_2、NO_x、CO_2、CO等气态污染物指标，可将测氧（O_2）单元与红外单元共同置于同一分析仪内，测量数据为标准状态下的干态烟气数值，可以直观显示数据，直接抽取式 CEMS 的样品气体传输必须采用加热管线（120 ℃ 以上），由于预处理系统复杂，必须要求密封性好。直接抽取系统可能会出现采样探头堵塞、采样管路漏气、加热系统失效、采样流量降低、除水系统和过滤元部件失效等故障。

直接抽取式 CEMS 结构图如图 3.1-5 所示。

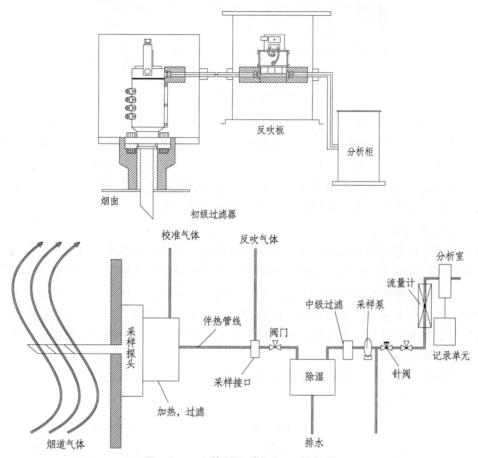

图 3.1-5　直接抽取式 CEMS 结构图

（2）稀释抽取式。

烟气通过前端填有滤料的"恒流稀释探头"和导气管，经纯净空气稀释的烟气进入分析仪进行测量的 CEMS。

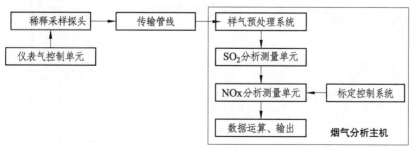

图 3.1-6　稀释抽取式 CEMS 结构流程图

为保证恒定的稀释比，稀释采样探头使用音速小孔。当系统能够满足设定的最小真空度要求时，音速小孔两端的压差将大于 0.46 倍，此时通过音速小孔的气体流量将是恒定的，温度压力的变化将不会影响稀释比。稀释抽取式 CEMS 采样系统结构图如图 3.1-7 所示。

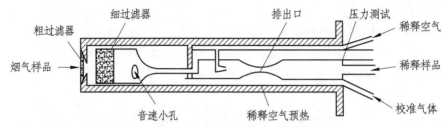

图 3.1-7　稀释抽取式 CEMS 采样系统结构图

稀释抽取式烟气 CEMS 一般用紫外荧光法测量 SO_2，用化学发光法测量 NO_x，需要多个分析监测单元组合，烟气中的氧含量需单独配置采样系统或采用直接测量法，测量的数据需要转换成标准状态下的干态烟气数值，其样品气体的传输不需要采用加热管线，探头稀释用空气需严格控制，探头稀释比例需要随时校准。稀释抽取系统常见故障包括采样探头堵塞、管路漏气、稀释比例不准确、采样流量降低、零气处理不纯净等。

（3）直接测量法。

由直接插入烟道或管道安装在探头前端的电化学或光电传感器或发射一束光穿过烟道或管道对烟气进行测量的 CEMS。通常采用差分吸收光谱原理的分析仪，不需要采样和预处理系统，结构简单。测量 NO_x 通常需要配置电化学法插入式仪表，测量氧含量时通常采用氧化锆直接测量法，测量数据需要转换成标准状态下的干态烟气数值，温度、压力的变化会显著影响分子吸收能量的效率，需要随时进行温度压力的修正，探头的防护十分重要，通常不能在线校准零漂和量漂。

遥测系统是由非色散成像遥测系统实现的无接触检测。

直接测量式 CEMS 结构图如图 3.1-8 所示。

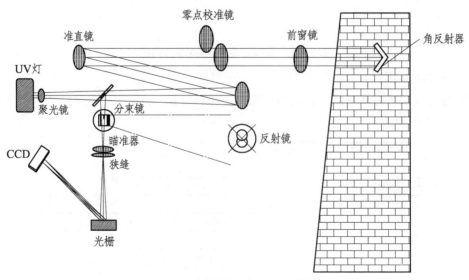

图 3.1-8　直接测量式 CEMS 结构图

3.1.3.4　颗粒物的在线监测

CEMS 对颗粒物的检测按测量方式分可分为 2 类：光透射法颗粒物监测仪、光散射法颗粒物监测仪。

光透射法颗粒物监测仪的原理为：来自光源的光束照射到含有待测颗粒的某一空间（测量区）内，光线被颗粒物阻挡能量减弱，经过一定光程之后照射到对射方向上的反射镜或光电接收器上，透射光经光电接收器转换后变为电信号，经放大器放大后，可根据光透射后光强度的变化规律计算出测量区内颗粒物的质量浓度。由于光透射法需检测光透过待测样品区域，透镜、反射镜、光电管直接接触待测样品，容易受到污染，为了避免污染或消除污染影响，需用较为复杂的洁净空气吹扫结构。

光散射法颗粒物监测仪测量准确、精度高、重复性好、测量速度快，为在线式直读测量方式，无须采样，可实时、连续给出颗粒物浓度的瞬时值，因此在固定污染源烟尘检测上较为普遍。光散射法的原理为：来自光源的光束照射到含有待测颗粒的某一空间（测量区）内，从而发生散射，散射光经光电接收器转换后变为电信号，经放大器放大后，可根据光散射理论计算出测量区内颗粒物的质量浓度。

光透射法颗粒物在线监测仪结构原理图如图 3.1-9 所示。

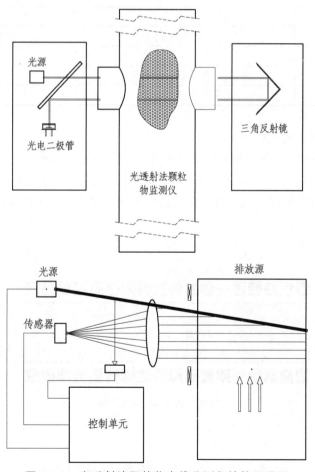

图 3.1-9　光透射法颗粒物在线监测仪结构原理图

颗粒物测量为典型的直接测量法，不需要采样系统，采用透镜方式配合吹扫空气结构后，探头不接触烟气，必须保证反吹空气幕 24 h 运转（停炉时也要运转），由于标准物质难以获得，出厂通常以滤光片进行标定，由于光投射或散射的特性，灰尘和水汽对颗粒物监测结果的影响较大，不适合在湿法净化设施后测量，除非再加热烟气到高于水的露点温度，颗粒物组成和粒径的变化都会影响这类分析仪的校准。

3.1.3.5　烟气参数的在线监测

烟气参数的在线监测方法如表 3.1-2 所示。

表 3.1-2　烟气参数的在线监测方法一览表

测量项目	测量原理	安装位置
氧含量	氧化锆法	烟道、抽取
	磁氧法	直接抽取采样
	原电池法	直接抽取采样
流速	皮托管差压法	插入式
	热线法	插入式
	超声波法	对穿式
湿度	电容法	插入式
	干湿氧法	烟道和抽取
温度	热电偶	插入式
	热电阻	插入式
压力	压阻感应片	直接测量

（1）含氧量检测（氧化锆法）。

氧化锆分析仪测量 O_2 依据的原理为：利用 ZrO_2 在高温（600 ℃）时的电解催化作用，形成烟气一侧的电极和与含有 O_2 的参考气体（通常为空气）接触的参考电极产生电位的不同，从而测量出烟气中氧气浓度。氧化锆法含氧量分析仪原理图如图 3.1-10 所示。

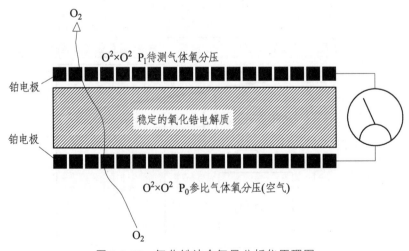

图 3.1-10　氧化锆法含氧量分析仪原理图

探头使用寿命：1~2 年。

氧化锆分析仪测量的是湿基氧的浓度，计算干基浓度时，必须知道水蒸气的含量，进行转换。

氧化锆法含氧量分析仪结构图如图 3.1-11 和 3.1-12 所示。

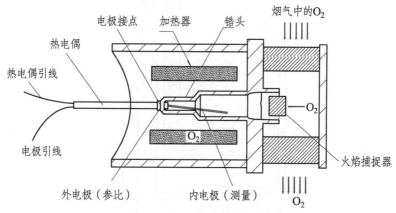

图 3.1-11　氧化锆法含氧量分析仪结构图（1）

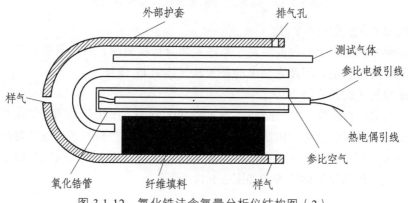

图 3.1-12　氧化锆法含氧量分析仪结构图（2）

（2）含氧量检测（磁氧法）。

顺磁氧分析仪利用氧气的顺磁性来测量 O_2 浓度。由于氧气分子是顺磁性的，检测氧含量时能够利用这种特性影响样品气体在分析仪中的流动方式，通常采用磁压法、热磁法、磁力矩法。它作为抽取系统的一个部件安装在气态污染物分析机柜内，共用系统的除尘、除湿系统。因为经过除湿后进行测量，因此它测量的是干基气体的 O_2 浓度。

磁氧法含氧量分析仪结构原理如图 3.1-13 所示。

（3）含氧量检测（原电池法）。

原电池式氧传感器由两个金属电极、电解质、扩散透气膜和外壳组成，两个金属电极中 Ag 为工作电极，Pb 为对电极。传感器工作时 O_2 通过扩散透气膜进入传感器，在工作电极上发生电化学反应，电池产生的电流正比于样品中的含氧量，可通过这个原理测量烟气中的含氧量。

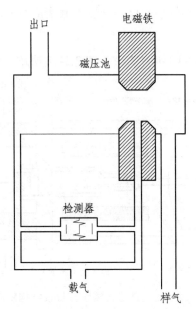

图 3.1-13　磁氧法含氧量分析仪结构原理图

传感器使用寿命：6~18个月。

它作为抽取系统的一个部件安装在气态污染物分析机柜内，共用系统的除尘、除湿系统。因为经过除湿后进行测量，因此它测量的是干基气体的 O_2 浓度。

（4）流速检测（皮托管法）。

皮托管，又名"空速管""风速管"，英文是 Pitot tube。皮托管是测量气流总压和静压以确定气流速度的一种管状装置，由法国 H.皮托发明而得名。严格地说，皮托管仅测量气流总压，又名总压管，同时测量总压、静压的才称风速管，但习惯上多把风速管称作皮托管。

皮托管法流速检测仪结构原理图如图 3.1-14 所示。

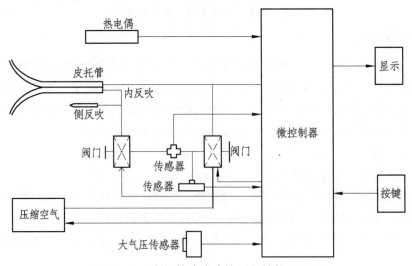

图 3.1-14　皮托管法流速检测仪结构原理图

（5）流速检测（超声波法）。

在流体中设置两个超声波传感器，他们既可发射超声波，又可接收超声波，一个装在管道的上游，一个装在下游，可通过超声波在流体中顺流和逆流方向传播时间差来计算烟气流速。连续监测中，在烟道或烟囱两侧各安装一个发射/接收器组成超声波流速连续测量系统，典型的角度为 30°～60°。超声波技术能够测量低至 0.03 m/s 的气流流速。安装时应避开有涡流的位置。超声波法流速检测仪结构原理图如图 3.1-15 所示。

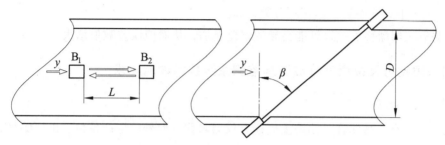

图 3.1-15　超声波法流速检测仪结构原理图

（6）流速检测（热线法）。

热平衡法流速测量仪是通过把加热体的热传输给流动的烟气进行工作的。气体借热空气对流从探头带走热度，导致探头冷却。气流流经探头的速度越快，探头冷却得越快。供给更多的电量维持传感器最初的温度，对于加热丝类型的传感器，气体的质量流量正比于供电量。需注意的是，水滴将引起热传感系统的测量误差，应当防止探头腐蚀和灰尘附着。

热线法流速检测仪结构原理图如图 3.1-16 所示。

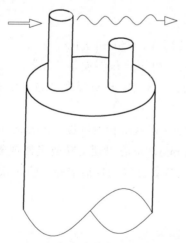

图 3.1-16　热线法流速检测仪结构原理图

（7）湿度检测（电容法）。

采用电容式传感器，探头直接插入烟道中，探头周围采用特制的过滤器进行保护。采用薄膜电容和 PT100 电阻组合专门设计的湿度传感器，利用水分的变化和电容值变化之间的关系直接测量水汽分压，利用 PT100 测量温度，可以准确测量高温烟气的水分含量，并专门根据 CEMS 烟气特点计算出体积百万分比浓度 ppmv。直接插入式测量，探头需要特殊防护。

（8）湿度检测（干湿氧法）。

通常利用插入式氧化锆探头直接测量烟道中的湿态氧含量，利用完全抽取法将烟气抽取后降温除湿，测量出干态氧含量，经计算后得出烟气湿度。

$$X_{SW} = 1 - X'_{O_2} / X_{O_2} \qquad (3.1-8)$$

式中：X'_{O_2}——湿烟气中氧的体积百分数，%；

X_{O_2}——干烟气中氧的体积百分数，%。

两台测氧仪器漂移不一致可能会导致误差叠加，从而使误差数值增大。

3.1.4 固定污染源烟气排放连续监测系统技术性能要求

3.1.4.1 技术要求

CEMS 应具有产品铭牌，铭牌上应标有仪器名称、型号、生产单位、出厂编号、制造日期等信息。

CEMS 仪器表面应完好无损，无明显缺陷，各零、部件连接可靠，各操作键、按钮使用灵活，定位准确。

CEMS 主机面板显示清晰，涂色牢固，字符、标识易于识别，不应有影响读数的缺陷。

CEMS 外壳或外罩应耐腐蚀、密封性能良好、防尘、防雨。

CEMS 在以下条件下应能正常工作：

① 室内环境温度：15 ~ 35 ℃；室外环境温度 – 20 ~ 50 ℃。

② 相对湿度：≤85%。

③ 大气压：（80 ~ 106）kPa。

④ 供电电压：AC（220 ± 22）V，（50 ± 1）Hz。

注：低温、低压等特殊环境条件下，仪器设备的配置应满足当地环境条件的使用要求。

绝缘电阻：在环境温度为 15 ~ 35 ℃，相对湿度≤85%条件下，系统电源端子对地或机壳的绝缘电阻不小于 20 MΩ。

绝缘强度：在环境温度为 15 ~ 35 ℃，相对湿度≤85%条件下，系统在 1 500 V（有效值）、50 Hz 正弦波实验电压下持续 1 min，不应出现击穿或飞弧现象。

系统应具有漏电保护装置，具备良好的接地措施，防止雷击等对系统造成损坏。

3.1.4.2 功能要求

（1）样品采集和传输装置要求。

样品采集装置应具备加热、保温和反吹净化功能。其加热温度一般在 120 ℃ 以上，且应高于烟气露点温度 10 ℃ 以上，其实际温度值应能够在机柜或系统软件中显示查询。

样品采集装置的材质应选用耐高温、防腐蚀和不吸附、不与气态污染物发生反应的材料，应不影响待测污染物的正常测量。

气态污染物样品采集装置应具备颗粒物过滤功能。其采样设备的前端或后端应具备便于更换或清洗的颗粒物过滤器，过滤器滤料的材质应不吸附和不与气态污染物发生反应，过滤器应至少能过滤 5 ~ 10 μm 粒径的颗粒物。

样品传输管线应长度适中。当使用伴热管线时应具备稳定、均匀加热和保温的功能；其设置加热温度一般在 120 ℃ 以上，且应高于烟气露点温度 10 ℃ 以上，其实际温度值应能够在机柜或系统软件中显示查询。

样品传输管线内包覆的气体传输管应至少为两根，一根用于样品气体的采集传输，另一根用于标准气体的全系统校准；CEMS 样品采集和传输装置应具备完成 CEMS 全系统校准的功能要求。

样品传输管线应使用不吸附和不与气态污染物发生反应的材料，其技术指标应符合表 3.1-3 的技术要求：

表 3.1-3　CEMS 样气加热传输管线技术要求

检测项目	技术要求
外观	加热采样管线粗细均匀，最小弯曲半径≤30cm
温度均匀性	各测试点温度与设定温度差值小于设定值的 10%
保温性能	加热线达到设定温度 120 ~ 220 ℃ 时，表面温度小于等于 55 ℃
气密性能	冷状态下加热管线气路耐压≥0.6 MPa

采样泵应具备克服烟道负压的足够抽气能力，并且保障采样流量准确可靠、相对稳定。

采用抽取测量方式的颗粒物 CEMS，其抽取采样装置应具备自动跟踪烟气流速变化调节采样流量的等速跟踪采样功能，等速跟踪吸引误差应不超过 ± 8%。

（2）预处理设备要求。

CEMS 预处理设备及其部件应方便清理和更换。

CEMS 除湿设备的设置温度应保持在 4 ℃ 左右（设备出口烟气露点温度应≤4 ℃），正常波动在 ±2 ℃ 以内，其实际温度数值应能够在机柜或系统软件中显示查询。

预处理设备的材质应使用不吸附和不与气态污染物发生反应的材料，其技术指标应符合表 3.1-4 的技术要求。

表 3.1-4　CEMS 样气冷凝除湿设备技术要求

检测项目	技术要求
稳定性能	冷凝器稳定后温度波动范围 ±2 ℃
脱水效率	当 5.0%<湿度≤10.0%时，脱水率≥85%； 当 10.0%<湿度≤15.0%时，脱水率≥90%； 当湿度>15.0%时，脱水率≥95%
SO_2 组分丢失率	湿度 15%条件下： SO_2 浓度≥250 μmol/mol（715 mg/m³）时，SO_2 丢失率≤5%； SO_2 浓度<250 μmol/mol（715 mg/m³）时，SO_2 丢失率≤8%； SO_2 浓度<50 μmol/mol（143 mg/m³）时，SO_2 丢失量≤5 μmol/mol（14 mg/m³）

除湿设备在除湿过程中产生的冷凝液应采用自动方式通过冷凝液收集和排放装置及时、顺畅排出。

为防止颗粒物污染气态污染物分析仪，在气体样品进入分析仪之前可设置精细过滤器；过滤器滤料应使用不吸附和不与气态污染物发生反应的疏水材料,过滤器应至少能过滤 0.5 ~ 2 μm 粒径的颗粒物。

（3）辅助设备要求。

CEMS 排气管路应规范敷设，不应随意放置，以防排放的尾气污染周围环境。

当室外环境温度低于 0 ℃ 时，CEMS 尾气排放管应配套有加热或伴热装置，确保排放尾气中的水分不冷凝或结冰，以防止尾气排放管堵塞和排气不畅。

CEMS 应配备定期反吹装置，用以定期对样品采集装置等其他测量部件进行反吹，避免出现由于颗粒物等累积造成的堵塞状况。

CEMS 应具有防止外部光学镜头和插入烟囱或烟道内的反射或测量光学镜头被烟气污染的净化系统（即气幕保护系统）；净化系统应能克服烟气压力，保持光学镜头的清洁；净化系统使用的净化气体应经过适当预处理以确保其不影响测量结果。

具备除湿冷凝设备的 CEMS，其除湿过程产生的冷凝液应通过冷凝液排放装置及时、顺畅排出。

具备稀释采样系统的 CEMS，其稀释零空气必须配备完备的气体预处理系统，主要包括气体的过滤、除水、除油、除烃以及除二氧化硫和氮氧化物等环节。

CEMS 机柜内部气体管路以及电路、数据传输线路等应规范敷设，同类管路应尽可能集中汇总设置；不同类型的管路或不同作用、方向的管路应采用明确标识加以区分；各种走线应安全合理，便于查找维护维修。

CEMS 机柜内应具备良好的散热装置，确保机柜内的温度符合仪器正常工作温度。应配备照明设备，便于日常维护和检查。

（4）校准功能要求。

CEMS 应能用手动和（或）自动方式进行零点和量程校准。

采用抽取测量方式的气态污染物 CEMS，应具备固定的和便于操作的标准气体全系统校准功能，即能够完成从样品采集和传输装置、预处理设备和分析仪器的全系统校准。

采用直接测量方式的气态污染物 CEMS，应具备稳定可靠和便于操作的标准气体流动等效校准功能，即能够通过内置或外置的校准池，完成对系统的等效校准。按照下列公式计算标准气体的等效浓度：

$$C_e = C_t \times \frac{L_c}{L \times 100} \tag{3.1-9}$$

式中：C_e——标准气体等效浓度，ppm（mg/m³）；

C_t——标准气体浓度标称值，ppm（mg/m³）；

L——光程，m；

L_c——校准池长度，cm。

（5）数据采集和传输设备要求。

应显示和记录超出其零点以下和量程以上至少 10%的数据值。当测量结果超出零点以下和量程以上 10%时，数据记录存储其最小或最大值。

应具备显示、设置系统时间和时间标签功能，数据为设置时段的平均值。

应能够显示实时数据，具备查询历史数据的功能，并能以报表或报告形式输出，相关日报表、月报表和年报表的格式要求见烟气排放连续监测平均值日报表、月报表和年报表。

应具备数字信号输出功能。

应具有中文数据采集、记录、处理和控制软件。数据采集记录处理要求如下：

① 由 CEMS 的控制功能协调整个系统的时序，系统能够将采集和记录的实时数据自动处理为 1 min 数据和小时数据。

② 至少每 5 s 采集一组系统测量的实时数据。主要包括：颗粒物测量一次物理量、气态污染物体积/实测质量浓度、烟气含氧量、烟气流速、烟气温度、烟气静压、烟气湿度等。

③ 至少每 1 min 记录存储一组系统测量的分钟数据，数据为该时段的平均值，主要包括：颗粒物一次物理量和质量浓度、气态污染物体积/质量浓度、烟气含氧量、烟气流速和流量、烟气温度、烟气静压、烟气湿度及大气压值。若测量结果有湿/干基不同转换数值，则应同时显示记录该测量值湿基和干基的测量数据。

④ 小时数据应包含本小时内至少 45 min 的分钟有效数据，数据为该时段的平均值；主要包括：颗粒物质量浓度（折算浓度）、颗粒物排放量、气态污染物质量浓度（折算浓度）、气态污染物排放量、烟气含氧量、烟气流量、烟气温度、烟气静压、烟气湿度和生产负荷等。小时数据记录表即为日报表。

⑤ 日数据应包含本日至少 20 h 的小时有效数据，数据为该时段的平均值，主要包括：颗粒物质量浓度和排放量、气态污染物质量浓度和排放量、烟气含氧量、烟气流量、烟气温度、烟气静压、烟气湿度和生产负荷等。日数据记录表即为月报表。

⑥ 月数据应包含本月至少 25 天（其中二月份至少 23 天）的日有效数据，数据均为该时段的平均值，主要包括：颗粒物排放量、气态污染物排放量、烟气含氧量、烟气流量、烟气温度、烟气静压、烟气湿度和生产负荷等。月数据记录表即为年报表。

⑦ 数据报表中应统计记录当日、当月、当年各指标数据的最大值、最小值和平均值。

⑧ 当 1 h 污染物折算浓度均值超过排放标准限值时，CEMS 应能发出并记录超标报警信息。

⑨ CEMS 日报表、月报表和年报表中的污染物浓度、烟气流量和烟气含氧量均为干基标准状态值。氮氧化物 NO_x 质量浓度均以 NO_2 计。

仪器掉电后，能自动保存数据。恢复供电后系统可自动启动，恢复运行状态并开始正常工作。

3.1.4.3　实验室性能指标检测

（1）气态污染物（含 O_2）监测单元。

响应时间：≤120 s。

重复性（相对标准偏差）：≤2%。

线性误差：不超过 ±2% 满量程。

24 h 零点漂移和量程漂移：不超过 ±2% 满量程。

一周零点漂移和量程漂移：不超过 ±3% 满量程。

环境温度在 15～35 ℃ 范围内变化，分析仪器读数的变化：不超过 ±5% 满量程。

进样流量变化±10%，分析仪器读数的变化：不超过±2%满量程。

供电电压变化±10%，分析仪器读数的变化：不超过±2%满量程。

依次通入表 3.1-5 中相应浓度的干扰成分气体，导致分析仪器读数变化的正干扰和负干扰：不超过±5%满量程。

表 3.1-5　实验室检测使用的干扰成分气体

气体类型	气体名称	浓度范围
干扰气体	CO	300 mg/m³
	CO_2	15%
	CH_4	50 mg/m³
	NH_3	20 mg/m³
	HCl	200 mg/m³

按照规定的振动条件和频率进行振动实验后，分析仪器读数的变化：不超过±2%满量程。

NO_x 分析仪器或 NO_2 转换器中 NO_2 转换为 NO 的效率：≥95%。

三台（套）分析仪器测量同一标准样品读数的相对标准偏差≤5%。

（2）颗粒物监测单元。

重复性（相对标准偏差）：≤2%。

24 h 零点漂移和量程漂移：不超过±2%满量程。

一周零点漂移和量程漂移：不超过±3%满量程。

环境温度在－20～50 ℃范围内变化，分析仪器读数的变化：不超过±5%满量程。

供电电压变化±10%，分析仪器读数的变化：不超过±2%满量程。

按照规定的振动条件和频率进行振动实验后，分析仪器读数的变化：不超过±2%满量程。

分析仪器满量程值≤50 mg/m³时，检出限≤1.0 mg/m³（满量程值>50 mg/m³时不做要求）。

3.1.4.4　污染物排放现场检测

（1）气态污染物 CEMS（含 O_2）。

气态污染物 CEMS：当系统检测 SO_2 满量程值≥100 μmol/mol，NO_x 满量程值≥200 μmol/mol 时，示值误差，不超过±5%标准气体标称值；当系统检测 SO_2 满量程值<100 μmol/mol，NO_x 满量程值<200 μmol/mol 时，示值误差，不超过±2.5%满量程。

O_2CMS：示值误差不超过±5%标准气体标称值。

气态污染物 CEMS（含 O_2）系统响应时间：≤200 s。

气态污染物 CEMS（含 O_2）24 h 零点漂移和量程漂移：不超过±2.5%满量程。

参比方法测量烟气中二氧化硫、氮氧化物排放浓度的平均值：平均值≥250 μmol/mol 时，CEMS 与参比方法测量结果相对准确度：≤15%；50 μmol/mol≤平均值<250 μmol/mol 时，CEMS 与参比方法测量结果平均值绝对误差的绝对值：≤20 μmol/mol；20 μmol/mol≤平均值<50 μmol/mol 时，CEMS 与参比方法测量结果平均值相对误差的绝对值：≤30%；平均值<20 μmol/mol 时，CEMS 与参比方法测量结果平均值绝对误差的绝对值：≤6 μmol/mol。

O_2CMS 与参比方法测量结果相对准确度：≤15%。

（2）颗粒物 CEMS。

颗粒物 CEMS 24 h 零点漂移和量程漂移：不超过 ± 2% 满量程。

颗粒物 CEMS 线性相关校准曲线应符合下列条件：

① 相关系数：≥ 0.85（当测量范围上限小于或等于 50 mg/m³ 时，相关系数 ≥ 0.75）；

② 置信区间：95% 的置信水平区间应落在由距校准曲线适合的颗粒物排放浓度限值 ± 10% 的两条直线组成的区间内。

③ 允许区间：允许区间应具有 95% 的置信水平，即 75% 的测定值应落在由距校准曲线适合的颗粒物排放浓度限值 ± 25% 的两条直线组成的区间内。

用参比方法测量烟气中颗粒物排放浓度的平均值：

① > 200 mg/m³ 时，CEMS 与参比方法比对测试结果平均值的相对误差：不超过 ± 15%；

② > 100 mg/m³，≤ 200 mg/m³ 时，CEMS 与参比方法测量结果平均值的相对误差：不超过 ± 20%；

③ > 50 mg/m³，≤ 100 mg/m³ 时，CEMS 与参比方法测量结果平均值的相对误差：不超过 ± 25%；

④ > 20 mg/m³，≤ 50 mg/m³ 时，CEMS 与参比方法测量结果平均值的相对误差：不超过 ± 30%；

⑤ > 10 mg/m³，≤ 20 mg/m³ 时，CEMS 与参比方法测量结果平均值的绝对误差：不超过 ± 6 mg/m³；

⑥ ≤ 10 mg/m³ 时，CEMS 与参比方法测量结果平均值的绝对误差：不超过 ± 5 mg/m³。

（3）烟气流速连续测量系统。

测量范围上限：≥ 30 m/s。

速度场系数精密度：速度场系数的相对标准偏差 ≤ 5%。

用参比方法测量烟气流速的平均值：

① > 10 m/s 时，CEMS 与参比方法测量结果平均值的相对误差：不超过 ± 10%；

② ≤ 10 m/s 时，CEMS 与参比方法测量结果平均值的相对误差：不超过 ± 12%。

（4）烟气温度连续测量系统。

CEMS 与参比方法测量结果平均值的绝对误差：不超过 ± 3 ℃。

（5）烟气湿度连续测量系统。

用参比方法测量烟气绝对湿度的平均值：

① > 5.0% 时，CEMS 与参比方法测量结果平均值的相对误差：不超过 ± 25%；

② ≤ 5.0% 时，CEMS 与参比方法测量结果平均值的绝对误差：不超过 ± 1.5%。

3.2　空气质量环境在线监测系统

3.2.1　空气质量环境监测概述

3.2.1.1　空气质量在线监测系统定义

空气质量环境监测系统采用单元网格布点管理的方式，按照"网定格、格定责、责定人"的理念，建立"横向到边、纵向到底"的区域网格化监控平台，应用、整合多项智慧环保技术，在全面掌握、分析污染源排放、气象因素的基础之上，采用因地制宜的灵活设点方法进行部署。实时统计各厂区、监测点的监测设备数据，并根据各监测点的环境条件及其污染情况，来分析与推测区域内整体的排放情况。实现对热点排放区域整体监控、污染物扩散趋势推算、排放源解析等功能，同时结合物联网、智能采集系统、地理信息系统、动态图表系统等先进技术，整合、共享、开发，建立全面化、精细化、信息化、智能化的区域环境在线监测平台，实现对控制污染源的无组织排放，减少大气污染等综合管理，为制定节能减排方案提供可靠的数据信息和科学的辅助管理决策。

大气网格化监测站是一种集数据采集、存储、传输和管理于一体的无人值守的空气环境质量监测站点。

大气网格化空气质量监测系统是由区域内若干大气网格化监测站组成的，可实现区域空气质量的在线自动监测，能全天候、连续、自动地监测环境空气中的二氧化硫、二氧化氮、臭氧、一氧化碳、$PM_{2.5}$、PM_{10}和有机挥发物的实时变化情况，迅速、准确地收集、处理监测数据，能及时、准确地反映区域环境空气质量状况及变化规律，为环保部门的环境决策、环境管理、污染防治提供翔实的数据资料和科学依据。

3.2.1.2　网格化空气质量监测产生的背景

由于大气环境的污染恶化和雾霾天气的增多，经济高速发展造成的环境污染已严重影响到生态经济可持续发展和人们的身心健康，国家环保消污减排的宏观方针早已不再是宣传口号，已切实落实到地方政策和规划建设中。

为贯彻落实《中华人民共和国环境保护法》和《中华人民共和国大气污染防治法》，参考环保部印发的《大气 $PM_{2.5}$ 网格化监测点位布设技术指南（试行）（征求意见稿）》等四项技术指南意见的函，"污染防治攻坚战"的热潮已在各地掀起，"想防治先了解"，所以，首当其冲的就是高密度网格化环境监测体系的部署建设。

网格化监测点位布设已有标准性的文件指导，但也存在区域化的差异，如何实现多种业态交叉污染监测管理，如何制定高排污热点网格区域的片区划分和治理标准，均是环保相关部门需重点关注的问题。

3.2.2　空气质量在线监测仪

3.2.2.1　大气网格化监测站

大气网格化监测站在提供 PM_{10}、$PM_{2.5}$、SO_2、NO_2、CO、O_3 等 6 项参数数据的基础上，可扩展对 VOCs、氯气、硫化氢、氨气等多种特征污染物进行监测，建立大气环境数据监测与分析系统。大气网格化监测站如表 3.2-1 所示。

表 3.2-1　大气网格化监测站参数

检测原理：CO，SO_2，NO_2，O_3 的检测为电化学；$PM_{2.5}$，PM_{10}，光散射；TVOC 的检测为 PID 光离子
传感器寿命：1～2 年
线性误差：≤ ±2%

零点漂移：±2%（F.S/年）
供电电压：12 V（配套系统采用太阳能供电电池）
信号输出：GPRS 信号（标配），RS-485 输出（选配）
每组信号输出间隔：60 s
传感器响应时间：30 s
温度环境：−20～60 ℃
湿度环境：5%～90%RH
安装方式：悬挂式，吊装
客体材料：铝材质
防护等级：IP65，TVS 8000 V 防雷、防浪涌、防突波保护
尺寸：长 55 cm（长）×46 cm（高）×32 cm（宽）
质量：20 kg

常见空气质量在线监测设备如图 3.2-1 所示。

图 3.2-1　常见空气质量在线监测设备

3.2.2.2　环境空气质量连续自动在线监测系统

环境空气质量连续自动在线监测系统实时监测环境空气中的 SO_2、NO_x、O_3、CO、颗粒物（$PM_{2.5}$、PM_{10}）等常规污染因子的浓度变化。

表 3.2-2　环境空气质量连续自动在线监测系统检测项目表

必测项目	选测项目
二氧化硫（SO_2）、二氧化碳（NO_2）、臭氧（O_3）、一氧化碳（CO）、颗粒物（PM_{10}）、颗粒物（$PM_{2.5}$）	总悬浮颗粒物（TSP）、氮氧化物（NOx）、铅（Pb）、苯并[a]芘（Bap）、氟化物（F）

环境空气质量连续自动在线监测系统可以监测以下因子：

（1）无机类刺激性废气：H_2S、NO_2/NO/NOx、CO、O_3 等。

（2）可吸入颗粒物：PM_{10}/$PM_{2.5}$。

（3）气象五参数：风速、风向、温度、湿度、气压。

（4）有机气体污染物：甲烷、总烃、非甲烷总烃、低碳醛酮、苯系物（苯、甲苯、二甲苯、乙苯、异丙苯）和部分卤代烃类。各气体和相应的检测方法如表 3.2-3 所示。

表 3.2-3　各气体和相应的检测方法

SO_2：紫外荧光法
NO_x：化学发光法
CO：非分光红外法
O_3：紫外吸收法
PM_{10}、$PM_{2.5}$：β 射线法
VOCs：GC+FID
SO_2：紫外荧光法

空气质量监测系统主要由采样系统、分析仪表、校准系统以及数据采集系统四部分组成。

（1）采集系统负责气体采样，包括采样管路、过滤器及采样泵等组件。

（2）校准系统用于校准分析仪表。

（3）分析仪表用于测量气态污染物和颗粒物污染物浓度。

空气质量监测系统结构图如图 3.2-2 所示。

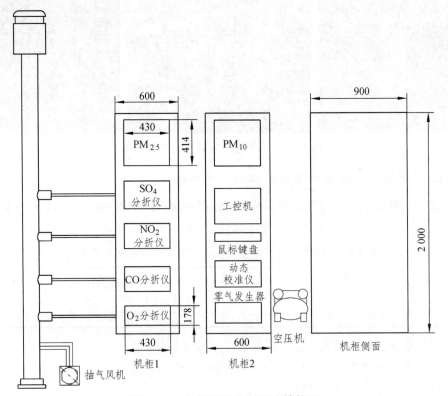

图 3.2-2　空气质量监测系统结构图

3.2.3　主要指标的检测方法和原理

（1）NO₂/NO/NOₓ 分析仪。

氮氧化物分析仪的基本工作原理是化学发光法，即 NO 与 O₃ 发生反应后吸收化学能，生成激发态的 NO₂*。

$$NO + O_3 = NO_2^* + O_2$$

激发态的 NO₂*不稳定，在返回基态的过程中以光量子的形式释放荧光，通过 PMT 测量荧光强度可以计算出 NO 的浓度。

$$NO_2^* = NO_2 + hv_{1\ 200nm}$$

NOₓ 的浓度（C_{NO_x}）通过钼转化将样气中的 NO₂ 全部转化成为 NO 后进行测量。

$$C_{NO_2} = C_{NOx} - C_{NO}$$

氮氧化物分析仪结构图如图 3.2-3 所示。

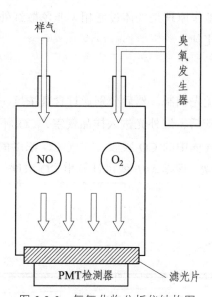

图 3.2-3　氮氧化物分析仪结构图

（2）SO₂ 分析仪。

二氧化硫分析仪使用紫外荧光法技术进行检测，光学系统主要由光源、气体室、PMT、参比检测器等组成，测量时，紫外光源发出 214 nm 的光，经过气体室激发 SO₂ 分析产生 330 nm 的荧光，荧光的强度与 SO₂ 浓度呈线性关系，参比检测器用来检测光源强度，PMT 检测荧光强度，根据参比检测器与 PMT 检测器的光强来计算 SO₂ 浓度。

二氧化硫分析仪结构图如图 3.2-4 所示。

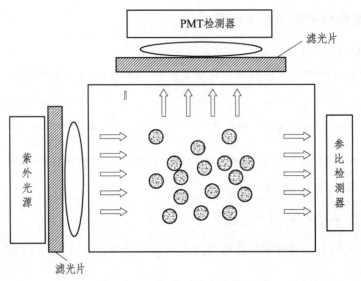

图 3.2-4　二氧化硫分析仪结构图

（3）CO 分析仪。

一氧化碳分析仪的基本工作原理是气体过滤相关非色散红外法：基于 CO 分子对红外光波的吸收符合 Beer-Lambert 定律。

$$I = I_0 e^{-\alpha L c} \tag{3.2-1}$$

含有特定波长的红外光优先调制，然后分别通过含高浓度一氧化碳气室、纯氮气气室，当红外光通过高浓度一氧化碳后，红外光进入样品气室，CO 不再吸收红外光；当通过纯氮气的后，红外光可以被样品气体中的 CO 吸收，样气 CO 浓度的信息被记录。通过解调电路得到测量信号 M 和参考信号 R，根据 M/R 便可计算出 CO 浓度。一氧化碳分析仪结构图如图 3.2-5 所示。

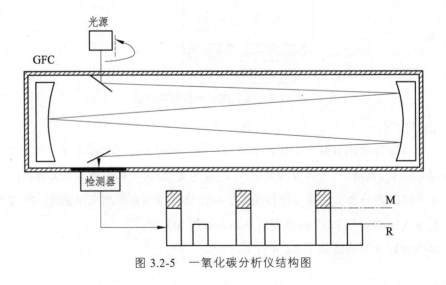

图 3.2-5　一氧化碳分析仪结构图

（4）O_3 分析仪。

紫外光度法臭氧分析仪的使用基于 Beer-Lamber 定律：

$$I = I_0 e^{-\alpha L c} \tag{3.2-2}$$

O_3 分子对波长 254 nm 的紫外光具有特征吸收，可直接测定紫外光通过空气样品后减弱的程度，吸收值与臭氧的浓度成一定比例。通过电磁阀使样品气体与不含臭氧的样品气体周期交替通过气体池测量吸收值，得到臭氧的浓度。臭氧分析仪结构图如图 3.2-6 所示。

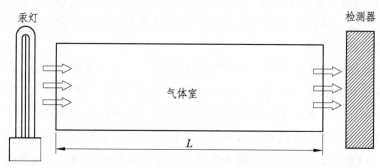

图 3.2-6　臭氧分析仪结构

（5）挥发性有机物在线分析仪。

FID 检测技术是有机气体检测的一项有效方法。首先通过色谱柱对不同化合物进行分离，分离后的有机气体被送入 FID 检测器，在检测器氢火焰的高温电离作用下，释放出自由离子和电子。电子在 FID 检测器的高压电场向一端电极移动，在收集极形成微弱电流，电流的大小与单位时间进入检测器的有机气体质量相关，在进样时间中采集到的信号总量，即反映了该有机气体的含量。

（6）$PM_{10}/PM_{2.5}$ 监测仪（β 射线法）。

基于大气颗粒物富集技术与 β 射线吸收法进行气体监测。仪器将动力学粒径小于 2.5（10）μm 的颗粒物自动富集在卷状滤膜上，采用低辐射的 C14 作为辐射源，辐射出的 β 射线穿过富集了污染物的滤膜后被检测器接收。检测器由光电倍增管、塑料闪烁体和计数器组成。根据检测器接收的 β 射线能量可以实现定量分析富集物的厚度，推算出空气中 $PM_{2.5(10)}$ 浓度。

3.2.4　空气质量环境在线监测参考标准规范

《环境空气气态污染物（SO_2、NO_2、O_3、CO）连续自动监测系统技术要求及检测方法》（IIJ 654　2013）。

《环境空气颗粒物（PM_{10} 和 $PM_{2.5}$）连续自动监测系统技术要求及检测方法》（HJ 653—2021）。

《环境空气气态污染物（SO2、NO2、O3、CO）连续自动监测系统安装验收技术规范》（HJ 193—2013）。

《环境空气颗粒物（PM_{10} 和 $PM_{2.5}$）连续自动监测系统安装和验收技术规范》（HJ 655—2013）。

《环境空气颗粒物（PM_{10} 和 $PM_{2.5}$）采样器技术要求及检测方法》（HJ 93—2013）。

3.3 挥发性有机物（VOCs）在线监测设备

3.3.1 挥发性有机物（VOCs）概述

VOCs 表示挥发性有机物，它是 Volatile Organic Compounds 三个单词第一个字母的缩写，总挥发性有机物有时也用 TVOC 来表示。

根据世界卫生组织（WHO）的定义，VOCs（volatile organic compounds）是在常温下，沸点 50～260 ℃ 的各种有机化合物。在我国，VOCs 是指常温下饱和蒸汽压大于 70 Pa、常压下沸点在 260 ℃ 以下的有机化合物，或在 20 ℃ 条件下，蒸汽压大于或者等于 10 Pa 且具有挥发性的全部有机化合物。

VOCs 通常分为非甲烷碳氢化合物（简称 NMHCs）、含氧有机化合物、卤代烃、含氮有机化合物、含硫有机化合物等几大类。VOCs 参与大气环境中臭氧和二次气溶胶的形成，其对区域性大气臭氧污染、PM2.5 污染具有重要的影响。大多数 VOCs 具有令人不适的特殊气味，并具有毒性、刺激性、致畸性和致癌作用，特别是苯、甲苯及甲醛等，会对人体健康造成很大的伤害。VOCs 是导致城市灰霾和光化学烟雾的重要前提物，主要来源于煤化工、石油化工、燃料涂料制造、溶剂制造与使用等过程，在室外，主要来自燃料燃烧和交通运输产生的工业废气、汽车尾气、光化学污染等；在室内，则主要来自燃煤和天然气等燃烧产物、吸烟、采暖和烹调等的烟雾，建筑和装饰材料、家具、家用电器、汽车内饰件生产、清洁剂和人体本身的排放等。在室内装饰过程中，VOCs 主要来自油漆、涂料和胶黏剂、溶剂型脱模剂。一般油漆中 VOCs 含量为 0.4～1.0 mg/m^3。由于 VOCs 具有强挥发性，一般情况下，油漆施工后的 10 h 内，可挥发出 90%，而溶剂中的 VOCs 则在油漆风干过程中只释放总量的 25%。

3.3.2 VOCs 在线监测设备

VOCs 在线监测系统由挥发性有机物监测子系统、烟气参数（温度、压力、流速、湿氧）监测子系统以及数据采集与处理子系统和辅助设备等构成。其中，挥发性有机物监测子系统又由采样探头、伴热管线、预处理单元、在线气相色谱仪、电控单元组成；烟气参数（温度、压力、流速、湿氧）监测子系统又由温压流一体监测仪、湿氧监测仪组成。

测量样气时由机柜内的高温真空泵抽取（样气要求全程高温在 120 ℃ 以上），经由高温采样探头、高温伴热管线、除尘过滤器后通入 VOCs 在线气相色谱仪进行测量，从而得到监测浓度。预处理单元、电控单元、VOCs 在线气相色谱仪、零气发生器安装于机柜内。

烟囱上安装温压流一体监测仪用于测量烟气温度、压力和流量，同时安装采样探头用于气体采样，样气由伴热管线引入分析小屋内的主系统进行非甲烷总烃、苯系物、湿度测定。主系统中安装 EXPEC 2000 VOC 系统监测软件用于监测和汇总温压流和气体浓度信息及工作状态信息，同时生成报表、存储数据、记录历史数据等，并与企业检测中心、网站、LED 显示屏和环保部门联网通信。

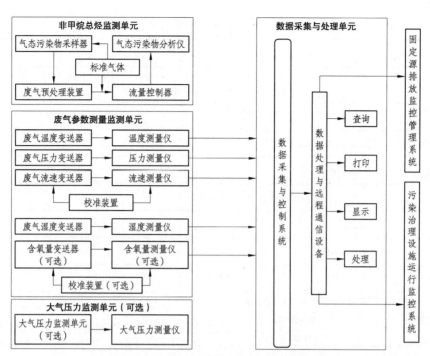

图 3.3-1   NMHC 在线监测仪组成结构图

（1）在线气相色谱仪（甲烷/非甲烷总烃/苯系物）。

VOCs 在线监测系统核心分析仪为在线气相色谱仪，可同时检测甲烷、非甲烷总烃和苯系物。在线气相色谱仪采用两阀四柱单氢火焰离子化检测器（FID）技术，可进行甲烷、非甲烷总烃和苯系物样品的同时检测。针对有机废气具有水汽含量高、浓度大、工况复杂等特点，仪器采用全程 175 ℃ 高温伴热样品传输、高温 FID 检测，可有效避免高浓度苯系物样品的损失。同时通过切割反吹技术，大大缩短了分析周期。

样品经内置过滤器过滤后，被采集到不同定量环中，通过载气作用将甲烷、总烃和苯系物定量环中的样品分别送入相应色谱柱中进行分离,分离后的组分依次进入 FID 检测器检测，得到准确的甲烷、总烃和苯系物定性定量分析结果。

在线气相色谱仪结构原理图如图 3.3-2 所示。

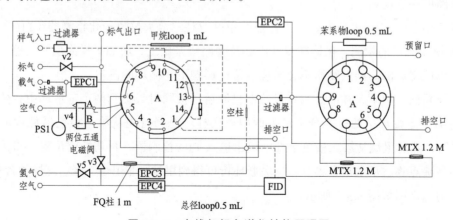

图 3.3-2   在线气相色谱仪结构原理图

表 3.2-4 在线气相色谱仪（甲烷/非甲烷总烃/苯系物）参数

性能和设计数据	数据
量程	甲烷（0.1～10 000）ppm；非甲烷总烃（0.05～100）ppm/（1～10 000）ppm（可定制）；苯（0.1～1 000）ppm（可定制）
检测能力	甲烷、非甲烷总烃、苯系物
检测器	高灵敏度 FID 检测器
检出限	0.05 ppm
分析周期	非甲烷总烃 ≤ 2 min，苯系物 ≤ 5 min
重现性	≤ 2%
零点漂移	≤ ±3%F.S.
量程漂移	≤ ±3%F.S.
气体消耗	零级空气：200 mL/min； 氢气：20 mL/min； 氮气：20 mL/min
采样方法	抽取式+全程高温伴热
分析方法	气相色谱法
环境温度限制	5～35 ℃
输出信号型式	RS-232/RS-485、4～20 mA
尺寸	19″标准机箱，高度 5U
功能：液晶显示，可自诊断报警、自动测量、自动积分、监测数据自动上传。具备色谱柱反吹功能，提高色谱柱使用寿命；具备 FID 检测器火焰自检功能，火焰熄灭后自动关闭氢气，保证系统安全	

（2）在线气相色谱仪（甲烷/非甲烷总烃）。

在线气相色谱仪，其技术路线采用国家标准规定的气相色谱法（FID 检测器），具有技术先进和准确可靠等优点。

在线气相色谱仪采用 120 ℃ 高温伴热，单阀双柱单氢火焰离子化检测器（FID）技术进行甲烷/非甲烷总烃的检测。仪器在双柱串联技术路线基础上，增加了样品反吹气路，可保证甲烷柱中甲烷之后的高沸点物质不会出现残留，影响下一循环的测定。

在采样泵的作用下，样品经内置过滤器过滤后，被同时采集到两个定量环中，然后，通过载气将两个定量环中的样品分别送入两根色谱柱。总烃首先从第一根色谱柱中流出进入 FID 检测器，然后甲烷从第二根色谱柱中流出进入 FID 检测器，再切换阀位置，将第二根色谱柱中的高沸点物质反吹出色谱柱。一次循环析可得到甲烷、非甲烷总烃、总烃的含量。FID 检测器结构原理图如图 3.3-3 所示。

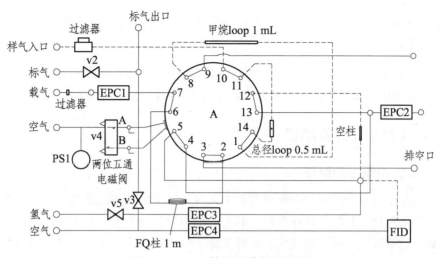

图 3.3-3　FID 检测器结构原理图

表 3.2-5　在线气相色谱仪（甲烷/非甲烷总烃）参数

性能和设计数据	数据
量程	甲烷（0.1~1 000）ppm；非甲烷总烃（0.05~100）ppm/（1~10 000）ppm（可定制）
检测器	高灵敏度 FID 检测器
检出限	甲烷：0.1 ppm 非甲烷总烃：0.05 ppm
分析周期	<2 min（甲烷/非甲烷总烃）
重现性	<2%
零点漂移	≤±3%F.S.
量程漂移	±3%F.S.
气体消耗	零级空气：200 mL/min； 氢气：20 mL/min；
采样方法	抽取式+全程高温伴热
分析方法	气相色谱法
环境温度限制	5~35 ℃
输出信号型式	RS-232/RS-485、4~20 mA
尺寸	19″标准机箱，高度5U
功能：液晶显示，可自诊断报警、自动测量、自动积分、监测数据自动上传。具备 FID 检测器火焰自检功能，火焰熄灭后自动关闭氢气，保证系统安全	

3.3.3　挥发性有机物在线监测参考标准规范

《固定污染源废气非甲烷总烃连续监测系统技术要求及检测方法》（HJ 1013—2018）

《固定污染源废气 总烃、甲烷和非甲烷总烃的测定 气相色谱法》（HJ 38—2017）

《污染物在线监控（监测）系统数据传输标准》（HJ 212—2017）

《固定污染源烟气（SO_2、NO_x、颗粒物）排放连续监测系统技术要求及检测方法》（HJ/T 76—2007）

《固定污染源烟气（SO_2、NO_x、颗粒物）排放连续监测技术规范》（HJ 75—2017）

《固定污染源废气非甲烷总烃连续监测技术规范》（HJ 1286—2023）

3.4 餐饮油烟在线监测仪

3.4.1 餐饮油烟污染概述

餐饮油烟是指餐饮业产生的以油烟气的形式排入环境的大气污染物。餐饮油烟根据其形态一般可分为颗粒物质和气体物质两类。其中，油烟颗粒物主要来源于烹饪过程中油脂的挥发凝结以及油脂食材的分解、裂解等，统称油烟，气体物质主要指挥发性有机物。进行油烟污染物排放控制时主要针对的就是这两类污染物。

研究表明，餐饮源排放的油烟颗粒物中，$PM_{2.5}$ 的质量浓度占到 PM_{10} 的 80% 以上，PM_{10} 的质量浓度占到 $PM_{2.5}$ 的 50% ~ 85%，说明餐饮源排放颗粒物主要为细颗粒物，直接对 $PM_{2.5}$ 产生贡献。

油烟中的 VOCs 可参与大气光化学反应，增强大气氧化性，同时为二次颗粒物的产生提供原料，其中的部分组分具有异味，餐饮业原料主要为肉禽类、果蔬类、饮品类等。

餐饮业的加工过程可以大致分为准备阶段、烹调阶段、结束阶段三个阶段，在准备阶段有洗菜、切菜、解冻食品等流程；烹调阶段主要有煎、炸、炒、烤、蒸、煮等流程；结束阶段主要有倾倒剩余食品，洗涤锅、碗、瓢、盆等器皿，进行地面清洗等流程。整个流程中，煎、炸、炒、烤等工艺都会产生油烟污染物。炒是中餐最为常用的烹饪方法。中餐炒菜时按油烟产生过程可分为热锅干锅、放油热油、食材入锅、翻炒颠勺、调味收尾、出锅几个阶段，每个阶段油烟成分有较大的变化。

3.4.2 餐饮油烟主要污染物及其危害

3.4.2.1 颗粒物

油烟对环境的污染物主要包括食物烹饪、加工过程中挥发的油脂、有机质及其加热分解或裂解的产物。从形貌特征上看，包括颗粒物及气态污染物 2 类。颗粒物分固态和液态 2 种，其主要存在状态为气溶胶细颗粒物；从粒径特征来看，各菜系中 $PM_1/PM_{2.5}$ 质量比为 0.66 ~ 0.85，餐饮行业烹饪过程主要散发粒径 <1 μm 的聚集态颗粒物，这类有机气溶胶颗粒与大气充分混合并长时间存在，可影响大气环境。$PM_{2.5}/PM_{10}$ 范围在 0.57 ~ 0.62，说明烹饪的同时产生了约 40% 的油烟粗颗粒，主要影响室内空气，在环境中短暂存留后重力沉降；从数浓度谱分布来看，餐饮业排放的油烟可吸入颗粒浓度谱呈单峰对数正态分布，峰值粒径为 63 ~ 109 nm，为积聚态分布，并且快餐排放的数量浓度最高，高达 5.43×10^6 个/cm^3。

油烟气溶胶细颗粒物主要对呼吸系统和心血管系统造成伤害，包括呼吸道受刺激、咳嗽、呼吸困难、降低肺功能、加重哮喘、导致慢性支气管炎、心律失常、非致命性的心脏病、心肺病患者的过早死。老人、小孩以及心肺疾病患者是细颗粒物污染的敏感人群。

3.4.2.2　挥发性有机物

VOCs 是挥发性有机化合物（Volatile Organic Compounds）的英文缩写，是指在常压下，沸点低于 260 ℃的各种有机化合物。在目前已确认的 900 多种室内化学物质和生物性物质中，VOCs 多达 350 种以上（>1 ppb），因此非常有必要对油烟中的 VOCs 组分进行鉴别和分析，以便评价相关化合物对人体健康和生态环境质量的影响。典型餐饮服务单位排放油烟废气中的 VOCs 组分在不同的菜系中各有不同，但主要特征污染物均含有丙烷、丁烷、异丁烷、乙醇、甲醛乙醛、丙酮/丙烯醛和丙醛，平均排放浓度均在 100 μg/m³ 以上，另外还有部分苯系物和卤代烃。实际监测证明，油烟中 VOCs 的组分占比动态范围较大，不同菜系、不同菜品、不同食材与配料、不同烹饪阶段、不同厨师等都会产生很大的影响，基于现有污染物监测技术、实施成本和环境影响评价等条件，采用监测非甲烷总烃的方式有助于标准的实施。

VOCs 中的芳香烃（如苯）和醛酮类（如甲醛）等化合物，具有致残、致畸、致癌等作用，被人长期吸入，会增加患白血病及恶性贫血等疾病的风险，急性吸入高浓度的 VOCs，会对中枢神经系统产生影响，甚至使人失去知觉。同时，VOCs 是形成 O_3 和 $PM_{2.5}$ 的前体物，VOCs 经阳光照射氧化后可生成 O_3，遇到合适的气候条件可形成光化学烟雾，产生灰霾，进而降低能见度水平，影响空气质量，危害人体及其他生物健康。另外，油烟中部分 VOCs 散发出的异味也对人们的正常生活造成干扰。

3.4.3　餐饮油烟污染的控制

（1）机械分离法。

按照分离油烟原理的不同，机械分离法可分为 3 类：第一类是通过重力使油烟粗颗粒分离出来，从而达到净化的目的，如空气沉降器；第二类是利用惯性使油烟颗粒发生碰撞而分离出来，多采用金属加工成折板式、滤网式、蜂窝波纹形的滤油格栅，有设备简单，阻力较小，能耗较低的优点；第三类是利用海绵、无纺布、活性炭、球形滤料、陶瓷、海泡石等材料的表面吸附原理开发的油烟分离技术。机械分离法的技术设备简单，实际使用时分离率为 40%~65%，既可单独使用，也可用于油烟的预处理。

（2）离心分离法。

离心分离法利用离心力分离净化油烟，按照设备形式不同可分为两类：第一类为动态离心，烟气中的油烟颗粒物在高速旋转金属丝网盘的碰撞截击下吸附于金属丝网，由于离心力的作用又沿着呈径向分布的金属丝被甩向网盘外围的集油槽后被收集起来，进而完成油烟的净化。该法无本体阻力，有一定的净化效果，不产生二次污染，拦截的废油可作为化工原料或生物柴油，目前常安置于集烟罩前端作预处理，有效减少了安全隐患，减少了排烟管道维护清洗频次，延长了风机和后端治理设备的使用寿命；第二类为旋风分离，即在油烟管道系统中增设旋风分离器，使气流发生旋转，利用旋转气流产生的离心力将油烟中的颗粒物分离出来，该法虽设备简单、压降小、成本较小，但油烟的去除效率不高，通常只有 50%~70%，难以分离油烟细颗粒物，且分离的油烟污染物易堆结且不易清洗，一般只作为净化工艺的预处理。

（3）湿式净化法。

湿式净化法是根据喷雾水膜除尘器的工作原理，以喷头喷洒水或其他净化液（水与一定量的表面活性剂、乳化剂的混合物）形成水膜、水雾的方式来吸收油烟，从而达到净化的目的。设备有两种类型：第一类是运水烟罩，通常安装在集烟罩的前端作为油烟初步清除设施，对直径>2 μm 的油烟颗粒有较高的去除效率，其油烟净化效率为 30%~40%，具有系统阻力小、无噪声污染、工程造价低等优点，第二类是洗涤塔，该型设备利用正反向喷雾，增设中间隔板等方式，甚至使用流化床，增加净化液与油烟的接触时间和接触面积，以达到净化效果，一般安装在后端。由于油烟雾滴的疏水性，在净化液中加入表面活性剂可改善油水混合性能，提高去除效率。洗涤塔的油烟净化效率可达 50%~70%，选用的洗涤液也对油烟异味有一定的去除效果，但洗涤塔会产生大量含油废水，需定期清洗并更换洗涤液，由于存在污水排放等二次污染问题，已基本不再使用。

（4）静电沉积法。

静电沉积法是利用油烟颗粒物在通过高压电场时荷电，并在电场力的作用下（当荷电微粒经过收尘区时）沉积下来，达到净化的目的。该法对油烟的去除效率较高，设备占地面积小，技术已趋于成熟并得到了广泛的应用。但静电式油烟净化设备使用后形成的油垢黏度较高，不易清洗，若用清洗剂清洗会导致二次污染，长期使用会在集尘极表面形成一层油膜层，使去除效率大幅下降。为解决维护清洗的问题，可采用模块化和分体抽屉式设计，委托第三方运营清洗维护也是可以采用的方式。从实践来看，采用静电沉积法的油烟治理设备处理后的洁净烟气完全可以达到国家餐饮业油烟排放标准要求，其油烟去除效率达到 90% 以上。

（5）物理吸附。

当前，我国餐饮服务单位数量大、覆盖面广、单体规模小，餐饮服务单位生产营业时间不连续，排放的油烟污染物浓度较低（相对其他工业行业而言）且属间歇式排放。因此，常用的工业 VOCs 治理技术，包括直接焚烧、催化燃烧、生物净化、光催化、资源回收等方法在餐饮油烟治理方面的实用性还需进一步地研究。考虑到治理效果和成本等因素，目前推荐以活性炭吸附作为油烟气态污染物（即 VOCs）的主要处理方式。

（6）复合净化法。

由于油烟废气的成分、特征复杂，每一种净化方法均有其优点和缺点，且差异较大，实践中为达到良好的去除效果，餐饮行业目前常采用由两种或多种净化技术相结合的复合净化方法。复合法的特点是适应性强、普及率高、净化效率高，油烟去除效率可达到 95%。目前最常用的是机械净化法与静电沉积法相结合的复合方法；此外，还有离心分离法与静电沉积相结合的复合方法。

3.4.4　餐饮油烟在线监测仪

餐饮油烟在线监测仪是一款拥有监测油烟实时值、温湿度实时值、颗粒物、非甲烷总烃、净化器运行状态、风机运行状态等多项功能的监测设备。

餐饮油烟在线监测仪是针对饮食业厨房油烟排放场合设计的，由油烟探头、传感器、控制板和显示屏等部分组成，用于监控油烟、颗粒物和非甲烷总烃等污染物的排放状况和过程参数，以及获取风机和净化器的运行电流和开关状态等数据，并可通过 RS-232/RS-485 或 4G/5G 网络等方式进行数据传输的设备。监控仪一般支持最多两路油烟排放烟道的污染物测量，满足油烟排放前后两端的污染物对比监测。

表 3.2-6　餐饮油烟在线监测仪各指标

项　目		指　标	
油烟排放参数检测	排放浓度	$0 \sim 20\ mg/m^3$	
	排放速度	$0 \sim 50\ m/s$	
	排放温度	$0 \sim 80\ ℃$	
油烟净化状态检测	输入电压	$90 \sim 264\ V\ AC$	
	输出信号	$3.3 \sim 5\ V\ DC$	
	输出电流	$0 \sim 600\ mA$	
	净化效率	$0 \sim 100\%$	
风机状态检测	检测范围	$110 \sim 380\ V\ AC$	
	输出信号	$5\ V\ DC$	
数据采集存储传输	通信接口	UART×1	
	通信方式	NB-IoT 版	HD-FDD：B3、B5、B8
		4G 版	频段：850/900/1 800/1 900 MHz
	网络协议	UDP	
长期可靠性		MTBF≥100 000 h	

（1）餐饮油烟在线监测系统组成。

餐饮油烟在线监测系统主要由电源模块、环境数据变送模块、数据采集与反馈控制模块、通信传输模块等组成。智能数据采集及反馈控制系统能够将环境中的指标浓度、温度、压力等多种环境指标数据化，结合监控应用，可以实现各环境指标的在线监测和相关设备运行状态的实时监测和控制，为环境保护提供可靠的数据支持。监控系统在线监控仪要求具有硬件结构简单、可靠性高、稳定性好、实时性高、使用寿命长等特点，从经济效益上要求其具有运行费用低、维护周期长、维护量小等显著特点。

传感技术方面，需要保证现场信息的完整性、准确性、实时性。

通信技术方面，智能化设备的通信必须具备可靠性和开放性，如支持现场总线、工业以太网，支持有线、无线，支持局域、广域等。

软件技术方面，实时监控与管理需要长期采集和存储大量的现场数据，需要开发相应的状态分析、故障诊断、预测预警、设备管理等应用软件。

餐饮油烟在线监控管理系统必须将无线传输技术、自动控制技术、防盗报警技术、数据库技术、软件技术与油烟治理设施检测技术结合，实时监控影响餐馆油烟排放的风机状态、净化器状态、出口浓度等相关参数，通过逻辑判断和智能分析，输出报警信号和控制命令，从而达到完善和提升整个城市油烟排放的预、报警能力，减少油烟超标排放造成的危害的目的。

（2）监控点位布设。

根据监控需求，按照国标《饮食业油烟排放标准》（GB 18483—2001）及环境保护行业标准《饮食业环境保护技术规范》（HJ 554—2010）、《饮食业油烟净化设备技术方法及检测技术规范（试行）》（HJ/T 62—2001）采样要求，进行采样点位布设（参照图 3.4-1）。

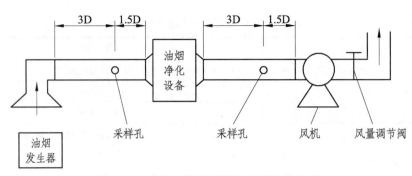

图 3.4-1　油烟在线监测设备采样点位布设

（3）监控设备组网及远程数据通信。

根据现场网络接入环境情况采用并发数据传输据通信模式。依托三大运营商手机网络，由各数据采集传输仪直接通过手机网络与云端远程服务器建立数据连接并进行数据交换通信，适用于现场 2G/3G/4G/NB-Iot 信号稳定的情况。

油烟在线监测设备数据传输及应用示意图如图 3.4-2 所示。

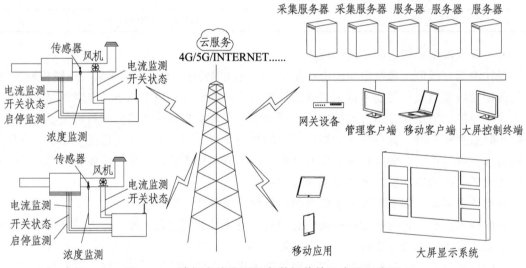

图 3.4-2　油烟在线监测设备数据传输及应用示意图

3.4.5　餐饮油烟在线监测参考标准规范

《饮食业油烟排放标准》（GB 18483—2001）

《饮食业环境保护技术规范》（HJ 554—2010）

《饮食业油烟净化设备技术方法及检测技术规范（试行）》（HJ/T 62—2001）

《污染物在线监控（监测）系统数据传输标准》（HJ 212—2017）

《固定污染源烟气（SO_2、NO_x、颗粒物）排放连续监测系统技术要求及检测方法》（HJ/T 76—2007）

《固定污染源烟气（SO_2、NO_x、颗粒物）排放连续监测技术规范》（HJ 75—2017）

第4章 环境在线监测数据传输与应用

4.1 在线监测数据传输技术

4.1.1 自动监测仪器的通信建立

4.1.1.1 串行通信

串行通信技术，是指通信双方按位进行，遵守时序的一种通信方式。串行通信中，将数据按位依次传输，每位数据占据固定的时间长度，即可使用少数几条通信线路就可以完成系统间交换信息，特别适用于计算机与计算机、计算机与外设之间的远距离通信。串行通信多用于系统间通信（多主控制系统）、设备间（主控设备与附属设备）、器件间（主控 CPU 与功能芯片）之间数据的串行传送，实现数据的传输与共享。

串行总线通信过程的显著特点是：通信线路少，布线简便易行，施工方便，结构灵活，系统间协商协议，自由度及灵活度较高，因此在电子电路设计、信息传递等诸多方面的应用越来越多。

串行通信是指计算机主机与外设之间以及主机系统与主机系统之间数据的串行传送。使用一条数据线，将数据一位一位地依次传输，每一位数据占据一个固定的时间长度。其只需要少数几条线就可以在系统间交换信息，特别适用于计算机与计算机、计算机与外设之间的远距离通信。

（1）RS-232 串行通信接口。

这一小节先介绍 RS-232 接口标准的相关内容，RS-232 接口符合美国电子工业联盟（EIA）制定的串行数据通信的接口标准，被广泛用于计算机串行接口外设连接，某些老式 PC 机上就配置有 RS-232 接口。

RS-232 的工作方式是单端工作方式，这是一种不平衡的传输方式，收发端信号的逻辑电平都是相对于信号地而言的，RS-232 最初是 DET（数字终端设备）和 DCE（数据通信设备）一对一通信，也就是点对点，一般用于全双工传送，也可以用于半双工传送。

此外，RS-232 是负逻辑，逻辑电平是 ±5 ~ ±15 V，传输距离短，只有 15 m，实际应用可以达到 50 m，但是再长的距离就须加调制了。

最初 RS-232 标准物理接口是 25 个引脚的，因为常用的是 9 个引脚,后来就基本采用 DB9 连接器了，下面我们来看一下 RS-232 的 DB9 连接器的引脚定义。

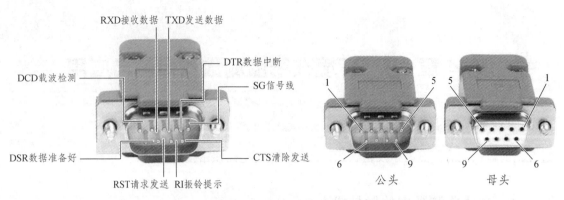

图 4.1-1　RS-232 接头外形

表 4.1-1　RS-232 接头针脚意义

外形	针脚	符号	输入/输出	说明
	1	DCD	输入	数据载波检测
	2	RXD	输入	接收数据
	3	TXD	输出	发送数据
	4	DTR	输出	数据终端准备好
	5	GND	—	信号地
	6	DSR	输入	数据装置准备好
	7	RTS	输出	请求发送
	8	CTS	输入	允许发送
	9	RI	输入	振铃指示

针脚	符号		符号	针脚
1	DCD		DCD	1
2	RXD		RXD	2
3	TXD		TXD	3
4	DTR		DTR	4
5	SGND		SGND	5
6	DSR		DSR	6
7	RTS		RTS	7
8	CTS		CTS	8
9	RI		RI	9

公头针脚定义　　　　　　　　　母头针脚定义

图 4.1-2　RS-232 串行通信接口定义

在 DB9 的 9 个引脚中，并不是所有的信号端都使用，比如说 RTS/CTS 只有在半双工方式中作发送和接收时的切换用，而在全双工方式中，因配置了双向通道所以不需要。一般来说，在全双工方式中 RS-232 标准接线只要三条线就足够了，两根数据信号线 TXD/RXD，一根信号地线 GND。双方连接的方式是将 TXD 和 RXD 交叉连接，信号地直接相接，然后将各自的 RTS/CTS，DSR/DTR 短接，将 DCD 和 RI 悬空就可以。

（2）RS-485 串行通信接口。

为改进 RS-232 通信距离短、速率低的缺点，EIA 在基于 RS-422 的基础上制定了 RS-485 接口标准。RS-485 是平衡发送和差分接收，因此具有抑制共模干扰的能力，它的最大传输距离为 1 200 m，实际可达 3 000 m，传输速率最高可达 10 Mbit/s。所以，一般在要求通信距离为几十米到上千米时，会广泛采用 RS-485 串行通信。

RS-485 采用半双工工作方式，允许在简单的一对屏蔽双绞线上进行多点、双向通信，不过任何时候只能有一点处于发送状态，因此，发送电路须由使能信号加以控制。

与 RS-232 不同的是，RS-485 的工作方式是差分工作方式，所谓差分工作方式，是指在一对双绞线中，一条定义为 A，一条定义为 B。通常情况下，发送驱动器 A、B 之间的正电平为 +2 ~ +6 V，是一个逻辑状态，负电平为 –2 ~ –6 V，是另一个逻辑状态，另有一个信号地 C。在 RS-485 中还有一个使能端，使能端用于控制发送驱动器与传输线的切断与连接。接收器与发送端作相同的规定，收发端通过平衡双绞线将 AA 与 BB 对应相连。

因为 RS-485 是半双工通信方式，必须有个信号来相互提醒，根据前面所说，其实就是通过使能端来转换发送和接收，这个使能端，可以认为是一个开关。当开关也就是使能端信号为 1 时，信号就输出，当使能端信号是 0 时，信号就无法输出。

RS-485 标准物理接口也是 9 个引脚，对于引脚定义有不同的标识，具体如下。

① 英式标识为 TDA（–）、TDB（+）、RDA（–）、RDB（+）、GND

② 美式标识为 Y、Z、A、B、GND。

③ 中式标识为 TXD（+）/A、TXD（–）/B、RXD（–）、RXD（+）、GND。

RS-485 两线一般定义为："A、B" 或 "Date+、Date-"，也就是我们即常说的 485+、485–。

具体还要根据厂家的使用信号针脚而定，有的 RS-485 也可能使用了 RTS 或 DTR 等针脚。下面就以西门子 S7-200PLC 中的 RS-485 口来看一下其 DB9 的引脚定义。

RS-485 串行通信接口定义如图 4.1-3 所示。

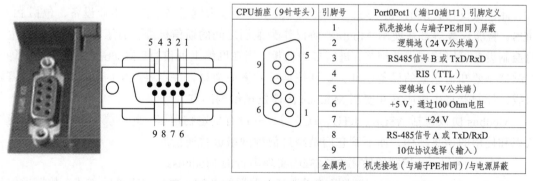

CPU插座（9针母头）	引脚号	Port0Pot1（端口0端口1）引脚定义
	1	机壳接地（与端子PE相同）屏蔽
	2	逻辑地（24 V公共端）
	3	RS485信号 B 或 TxD/RxD
	4	RIS（TTL）
	5	逻辑地（5 V公共端）
	6	+5 V，通过100 Ohm电阻
	7	+24 V
	8	RS-485信号 A 或 TxD/RxD
	9	10位协议选择（输入）
	金属壳	机壳接地（与端子PE相同）/与电源屏蔽

图 4.1-3　RS-485 串行通信接口定义

RS-232 和 RS-485 的区别，分别体现在通信距离不同、速率不同、逻辑电平不同等，具体如表 4.1-2 所示。

表 4.1-2　RS-232 和 RS-485 通信接口的区别

RS-232	RS-422		RS-485
通信距离 15 m	通信距离 1200 m		通信距离 1200 m
通信速率 20KB/S	通信速率 10 MB/S		通信速率 10 MB/S
1 对 1 通信	1 对 10 通信		1 对 32 通信
逻辑电平高	逻辑电平低		逻辑电平低
逻辑 1：负电压	逻辑 1：正电压		逻辑 1：正电压
最少 3 线制	最少 4 线制		最少 2 线制
PIN	通信定义		
	RS-232	RS-422	RS-485
1	DCD	TX −	DATA −
2	RX	TX +	DATA+
3	TX	RX+	NC
4	DTR	RX −	NC
5	GND	GND	GND
6	DSR	RTS −	NC
7	RTS	RTS+	NC
8	CTS	CTS +	NC
9	RI	CTS −	NC
10	NC	NC	NC

4.1.1.2　MODBUS 通讯协议

Modbus 协议最初是由 Modicon 公司开发出来的，在 1979 年末该公司成为施耐德自动化（Schneider Automation）部门的一部分，现在 Modbus 已经是工业领域全球最流行的协议。

此协议支持传统的 RS-232、RS-422、RS-485 和以太网设备。许多工业设备，包括 PLC、DCS、智能仪表等都在使用 Modbus 协议作为他们之间的通信标准。有了它，不同厂商生产的控制设备可以连成工业网络，进行集中监控。当在网络上通信时，Modbus 协议决定了每个控制器需要知道它们的设备地址，识别按地址发来的消息，决定要产生何种行动。如果需要回应，控制器将生成应答并使用 Modbus 协议发送给询问方。

Modbus 协议包括 ASCII、RTU、TCP 等，并没有规定物理层。此协议定义了控制器能够认识和使用的消息结构，而不管它们是经过何种网络进行通信的。

标准的 Modicon 控制器使用 RS-232C 实现串行的 Modbus。

Modbus 的 ASCII、RTU 协议规定了消息、数据的结构、命令和解答的方式，数据通信采用 Maser/Slave 方式，Master 端发出数据请求消息，Slave 端接收到正确消息后就可以发送数据到 Master 端以响应请求；Master 端也可以直接发消息修改 Slave 端的数据，实现双向读写。

Modbus 协议需要对数据进行校验，串行协议中除有奇偶校验外，ASCII 模式采用 LRC

校验，RTU 模式采用 16 位 CRC 校验，但 TCP 模式没有额外规定校验，因为 TCP 协议是一个面向连接的可靠协议。另外，Modbus 采用主从方式定时收发数据，在实际使用中如果某 Slave 站点断开后（如故障或关机），Master 端可以诊断出来，而当故障修复后，网络又可自动接通。因此，Modbus 协议的可靠性较好。

对于 Modbus 的 ASCII、RTU 和 TCP 协议来说，TCP 和 RTU 协议非常类似，只要把 RTU 协议的两个字节的校验码去掉，然后在 RTU 协议的开始加上 5 个 0 和一个 6 并通过 TCP/IP 网络协议发送出去即可。所以在这里仅介绍 Modbus 的 ASCII 和 RTU 协议。

表 4.1-3 是 ASCII 协议和 RTU 协议进行比较的结果。

表 4.1-3　ASCII 协议和 RTU 协议对比

协议	开始标记	结束标记	校验	传输效率	程序处理
ASCII	：（冒号）	CR，LF	LRC	低	直观，简单，易调试
RTU	无	无	CRC	高	不直观，稍复杂

通过比较可以看到，ASCII 协议和 RTU 协议相比拥有开始和结束标记，因此在进行程序处理时能更加方便，而且由于传输的都是可见的 ASCII 字符，所以进行调试时就更加的直观，另外它的 LRC 校验也比较容易。但是因为它传输的都是可见的 ASCII 字符，RTU 传输的数据每一个字节 ASCII 都要用两个字节来传输，比如 RTU 传输一个十六进制数 0xF9，ASCII 就需要传输 "F" "9" 的 ASCII 码 0x39 和 0x46 两个字节，这样它的传输的效率就比较低。所以一般来说，如果所需传输的数据量比较小，可以考虑使用 ASCII 协议，如果所需传输的数据量比较大，最好能使用 RTU 协议。

下面对两种协议的校验进行介绍。

（1）LRC 校验。

LRC 域是一个包含一个 8 位二进制值的字节。LRC 值由传输设备来计算并放到消息帧中，接收设备在接收消息的过程中计算 LRC，并将它和接收到消息中 LRC 域中的值比较，如果两值不等，说明有错误。

LRC 校验比较简单，它在 ASCII 协议中被使用，检测了消息域中除开始的冒号及结束的回车换行号外的内容。它仅仅是把每一个需要传输的数据按字节叠加后取反加 1。下面是它的 VC 代码：

```
BYTE GetCheckCode(const char * pSendBuf, int nEnd)//获得校验码
{
BYTE byLrc=0;
char pBuf[4];
int nData = 0;
for(i=1;  i<end;  i+=2) //i 初始为 1,避开"开始标记"冒号
{
//每两个需要发送的 ASCII 码转化为一个十六进制数
pBuf [0] = pSendBuf [i];
pBuf [1] = pSendBuf [i+1];
```

```
pBuf [2] = '\0';
sscanf(pBuf,"%x",& nData);
byLrc += nData;
}
byLrc = ~ byLrc;
byLrc ++;
return byLrc;
}
```

（2）CRC 校验。

CRC 域是两个字节，包含一个 16 位的二进制值。它由传输设备计算后加入消息中。接收设备重新计算收到消息的 CRC，并与接收到的 CRC 域中的值比较，如果两值不同，则有误。

CRC 是先调入一值是全"1"的 16 位寄存器，然后调用一过程将消息中连续的 8 位字节各当前寄存器中的值进行处理。仅每个字符中的 8Bit 数据对 CRC 有效，起始位和停止位以及奇偶校验位均无效。

CRC 产生过程中，每个 8 位字符都单独和寄存器内容相异或（XOR），结果向最低有效位方向移动，最高有效位以 0 填充。LSB 被提取出来检测，如果 LSB 为 1，寄存器单独和预置的值或一下，如果 LSB 为 0，则不进行。整个过程要重复 8 次。在最后一位（第 8 位）完成后，下一个 8 位字节又单独和寄存器的当前值相或。最终寄存器中的值，是消息中所有的字节都执行之后的 CRC 值。

CRC 添加到消息中时，低字节先加入，然后高字节。下面是它的 VC 代码：

```
WORD GetCheckCode(const char * pSendBuf, int nEnd)//获得校验码
{
WORD wCrc = WORD(0xFFFF);
for(int i=0;  i<nEnd;  i++)
{
wCrc ^= WORD(BYTE(pSendBuf[i]));
for(int j=0;  j<8;  j++)
{
if(wCrc & 1)
{
wCrc >>= 1;
wCrc ^= 0xA001;
}
else
{
wCrc >>= 1;
}
```

```
        }
    }
return wCrc；

    }
```

对于一条 RTU 协议的命令，可以简单地通过以下的步骤转化为 ASCII 协议的命令：

① 把命令的 CRC 校验去掉，并且计算出 LRC 校验取代。

② 把生成的命令串的每一个字节转化成对应的两个字节的 ASCII 码，比如 0x03 转化成 0x30，0x33（0 的 ASCII 码和 3 的 ASCII 码）。

③ 在命令的开头加上起始标记"："，它的 ASCII 码为 0x3A。

④ 在命令的尾部加上结束标记 CR，LF（0xD，0xA），此处的 CR，LF 表示回车和换行的 ASCII 码。

下面仅介绍 RTU 协议。对应的 ASCII 协议可以使用以上步骤来生成。

表 4.1-4 是 Modbus 支持的功能码。

表 4.1-4　Modbus 支持的功能码

功能码	名称	作用
01	读取线圈状态	取得一组逻辑线圈的当前状态（ON/OFF）
02	读取输入状态	取得一组开关输入的当前状态（ON/OFF）
03	读取保持寄存器	在一个或多个保持寄存器中取得当前的二进制值
04	读取输入寄存器	在一个或多个输入寄存器中取得当前的二进制值
05	强置单线圈	强置一个逻辑线圈的通断状态
06	预置单寄存器	把具体二进制装入一个保持寄存器
07	读取异常状态	取得 8 个内部线圈的通断状态，这 8 个线圈的地址由控制器决定
08	回送诊断校验	把诊断校验报文送从机，以对通信处理进行评鉴
09	编程（只用于 484）	使主机模拟编程器作用，修改 PC 从机逻辑
10	控询（只用于 484）	可使主机与一台正在执行长程序任务从机通信，探询该从机是否已完成其操作任务，仅在含有功能码 9 的报文发送后，本功能码才发送
11	读取事件计数	可使主机发出单询问，并随即判定操作是否成功，尤其是该命令或其他应答产生通信错误时
12	读取通信事件记录	可使主机检索每台从机的 Modbus 事务处理通信事件记录。如果某项事务处理完成，记录会给出有关错误
13	编程（184/384 484 584）	可使主机模拟编程器功能修改 PC 从机逻辑
14	探询（184/384 484 584）	可使主机与正在执行任务的从机通信，定期控询该从机是否已完成其程序操作，仅在含有功能 13 的报文发送后，本功能码才得发送
15	强置多线圈	强置一串连续逻辑线圈的通断
16	预置多寄存器	把具体的二进制值装入一串连续的保持寄存器

功能码	名称	作用
17	报告从机标识	可使主机判断编址从机的类型及该从机运行指示灯的状态
18	（884和MICRO 84）	可使主机模拟编程功能，修改PC状态逻辑
19	重置通信链路	发生非可修改错误后，使从机复位于已知状态，可重置顺序字节
20	读取通用参数（584 L）	显示扩展存储器文件中的数据信息
21	写入通用参数（584 L）	把通用参数写入扩展存储文件，或修改之
22～64	保留作扩展功能备用	—
65～72	保留以备用户功能所用	留作用户功能的扩展编码
73～119	非法功能	
120～127	保留	留作内部作用
128～255	保留	用于异常应答

在这些功能码中较常使用的是1、2、3、4、5、6号功能码，使用它们即可实现对下位机的数字量和模拟量的读写操作。

（1）读线圈状态（可续写数字量寄存器）。

计算机发送命令：[设备地址] [命令号01] [起始寄存器地址高8位] [低8位] [读取的寄存器数高8位] [低8位] [CRC校验的低8位] [CRC校验的高8位]

① 例：[11][01][00][13][00][25][CRC低][CRC高]。

意义如下：

<1>设备地址：在一个485总线上可以挂接多个设备，此处的设备地址表示想和哪一个设备通信。本例子中与17号设备（十进制的17是十六进制的11）通信。

<2>命令号01：读取数字量的命令号固定为01。

<3>起始地址高8位、低8位：表示想读取的开关量的起始地址（起始地址为0）。比如例子中的起始地址为19。

<4>寄存器数高8位、低8位：表示从起始地址开始读多少个开关量。例子中为37个开关量。

<5>CRC校验：是从开头一直校验到此之前。在此协议的最后再作介绍。此处需要注意，CRC校验在命令中的高低字节的顺序和其他的相反。

设备响应：[设备地址] [命令号01] [返回的字节个数][数据1][数据2]…[数据n][CRC校验的低8位] [CRC校验的高8位]

② 例：[11][01][05][CD][6B][B2][0E][1B][CRC低][CRC高]。

意义如下：

<1>设备地址和命令号和上面的相同。

<2>返回的字节个数：表示数据的字节个数，也就是数据1，2，…，n中的n的值。

<3>数据1，…，n：由于每一个数据是一个8位的数，所以每一个数据表示8个开关量的值，每一位为0表示对应的开关断开，为1表示闭合。比如本例子中，表示20号（索引号为19）开关闭合，21号断开，22闭合，23闭合，24断开，25断开，26闭合，27闭合…如

果询问的开关量不是 8 的整倍数，那么最后一个字节的高位部分无意义，置为 0。

<4>CRC 校验同上。

（2）读输入状态（只可读输入状态寄存器）。

和读取线圈状态类似，只是第二个字节的命令号不再是 1 而是 2。

（3）写数字量（线圈状态）。

计算机发送命令：[设备地址] [命令号 05] [需下置的寄存器地址高 8 位] [低 8 位] [下置的数据高 8 位] [低 8 位] [CRC 校验的低 8 位] [CRC 校验的高 8 位]

例：[11][05][00][AC][FF][00][CRC 低][CRC 高]。

意义如下：

<1>设备地址和上面的相同。

<2>命令号：写数字量的命令号固定为 05。

<3>需下置的寄存器地址高 8 位，低 8 位：表明了需要下置的开关的地址。

<4>下置的数据高 8 位，低 8 位：表明需要下置的开关量的状态。例子中为把该开关闭合。注意，此处只可以是[FF][00]表示闭合[00][00]表示断开，其他数值非法。

<5>注意此命令一条只能下置一个开关量的状态。

设备响应：如果成功，设备将把计算机发送的命令原样返回，如果失败则不响应。

（4）读保持寄存器（可读写模拟量寄存器）。

计算机发送命令：[设备地址] [命令号 03] [起始寄存器地址高 8 位] [低 8 位] [读取的寄存器数高 8 位] [低 8 位] [CRC 校验的低 8 位] [CRC 校验的高 8 位]。

例：[11][03][00][6B][00][03][CRC 低][CRC 高]。

意义如下：

<1>设备地址和上面的相同。

<2>命令号：读模拟量的命令号固定为 03。

<3>起始地址高 8 位、低 8 位：表示想读取的模拟量的起始地址（起始地址为 0）。比如本例子中的起始地址为 107。

<4>寄存器数高 8 位、低 8 位：表示从起始地址开始读多少个模拟量。本例子中为 3 个模拟量。注意，在返回的信息中一个模拟量需要返回两个字节。

设备响应：[设备地址] [命令号 03] [返回的字节个数][数据 1][数据 2]…[数据 n][CRC 校验的低 8 位] [CRC 校验的高 8 位]。

例：[11][03][06][02][2B][00][00][00][64][CRC 低][CRC 高]。

意义如下：

<1>设备地址和命令号和上面的相同。

<2>返回的字节个数：表示数据的字节个数，也就是数据 1，2，…，n 中的 n 的值。例子中返回了 3 个模拟量的数据，因为一个模拟量需要 2 个字节所以共 6 个字节。

<3>数据 1，…，n：其中[数据 1][数据 2]分别是第 1 个模拟量的高 8 位和低 8 位，[数据 3][数据 4]是第 2 个模拟量的高 8 位和低 8 位，以此类推。本例子中返回的值分别是 555，0，100。

<4>CRC 校验同上。

（5）读输入寄存器（只可读模拟量寄存器）。

和读取保存寄存器类似，只是第二个字节的命令号不再是 2 而是 4。

（6）写保持寄存器（单个模拟量寄存器）。

计算机发送命令：[设备地址] [命令号 06] [需下置的寄存器地址高 8 位] [低 8 位] [下置的数据高 8 位] [低 8 位] [CRC 校验的低 8 位] [CRC 校验的高 8 位]。

例：[11][06][00][01][00][03][CRC 低][CRC 高]。

意义如下：

<1>设备地址和上面的相同。

<2>命令号：写模拟量的命令号固定为 06。

<3>需下置的寄存器地址高 8 位，低 8 位：表明了需要下置的模拟量寄存器的地址。

<4>下置的数据高 8 位，低 8 位：表明需要下置的模拟量数据。比如本例子中就把 1 号寄存器的值设为 3。

<5>注意此命令一条只能下置一个模拟量的状态。

设备响应：如果成功，设备将把计算机发送的命令原样返回，如果失败则不响应。

4.1.2　数据传输方式和通信协议

4.1.2.1　TCP/IP 网络协议

TCP/IP 是"Transmission Control Protocol/Internet Protocol"的简写，中文译名为传输控制协议/互联网络协议，TCP/IP（传输控制协议/网间协议）是一种网络通信协议，它规范了网络上的所有通信设备，尤其是一个主机与另一个主机之间的数据往来格式以及传送方式。TCP/IP 既是 INTERNET 的基础协议，也是一种电脑数据打包和寻址的标准方法。在数据传送过程中，可以形象地将其理解为有两个信封，TCP 和 IP 就像是信封，要传递的信息被划分成若干段，每一段塞入一个 TCP 信封，并在该信封面上记录有分段号的信息，再将 TCP 信封塞入 IP 大信封，发送上网。在接收端，一个 TCP 软件包收集信封，抽出数据，按发送前的顺序还原，并加以校验，若发现差错，TCP 将会要求重发。因此，TCP/IP 在 INTERNET 中几乎可以无差错地传送数据。对普通用户来说，并不需要了解网络协议的整个结构，仅需了解 IP 的地址格式，即可与世界各地进行网络通信。

TCP/IP 协议并不依赖于特定的网络传输硬件，所以 TCP/IP 协议能够集成各种各样的网络。用户能够使用以太网（Ethernet）、拨号线路（Dial-up line）、X.25 网以及所有的网络传输硬件；TCP/IP 协议不依赖于任何特定的计算机硬件或操作系统，提供开放的协议标准，即使不考虑 Internet，TCP/IP 协议也获得了广泛的支持。采用统一的网络地址分配方案，使得整个 TCP/IP 设备在网中都具有唯一的地址。同时 TCP/IP 协议具有面向连接、可靠的数据传输的特点。目前，现场机与上位机数据传输几乎都采用 TCP/IP 网络通信协议。

4.1.2.2　网络接入方式

近年来，通信技术的不断更新，数据传输速度和质量得到极大提高，特别是光纤的接入，4G 通信网络的全面普及，5G 网络的逐渐应用，已造成或将造成上位机乃至现场机硬件设施的升级换代,特别是网络通信硬件设备的更新。《污染源在线自动监控监测系统数据传输标准》也不断进行修订,从 HJ/T 212—2005 中只涉及了 GPRS、CDMA、ADSL 网络接入方式,到 HJ 212—2017 标准中增加了"3G 网络接入方式""4G 网络接入方式""光纤"等网络接入方式。新标准中网络接入方式主要包括:GPRS、CDMA、ADSL、光纤、3G 网络(WCDMA、TD-SCDMA、CDMA2000)、PLC、4G 网络(TD-LTE、FDD-LTE)、WIMAX。

4.2　在线监控(监测)系统数据传输标准

4.2.1　标准适用范围

在线监控(监测)系统数据传输标准适用于污染物在线监控(监测)系统、污染物排放过程(工况)自动监控系统与监控中心之间的数据传输,规定了传输的过程及参数命令、交互命令、数据命令和控制命令的格式,给出了代码定义,本标准允许扩展,但扩展内容时不得与本标准中所使用或保留的控制命令相冲突。

本标准还规定了在线监控(监测)仪器仪表和数据采集传输仪之间的数据传输格式,同时给出了代码定义。

4.2.2　标准协议层次和结构

污染物在线监控(监测)系统从底层逐级向上可分为现场机、传输网络和上位机三个层次。上位机通过传输网络与现场机进行通信(包括发起、数据交换、应答等)。

污染物在线监控(监测)系统有两种构成方式:

(1)一台(套)现场机集自动监控(监测)、存储和通信传输功能为一体,可直接通过传输网络与上位机相互作用,如图 4.2-1 所示。

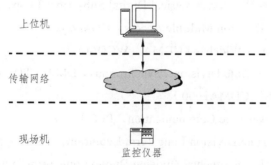

图 4.2-1　现场机直接与上位机通信

(2)现场有一套或多套监控仪器仪表,监控仪器仪表具有数字输出接口,连接到独立的数据采集传输仪,上位机通过传输网络与数采仪进行通信(包括发起、数据交换、应答等),如图 4.2-2 所示。

现场机与上位机通信接口应满足选定的传输网络的要求,在线监控(监测)系统数据传输标准不做限制。

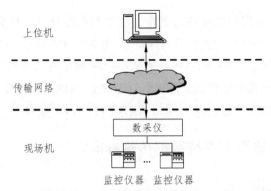

图 4.2-2　现场机通过数采仪与上位机通信

在线监控（监测）系统数据传输标准规定的数据传输协议对应于 ISO/OSI 定义的协议模型的应用层，在基于不同传输网络的现场机与上位机之间提供交互通信。其协议结构如图 4.2-3 所示。

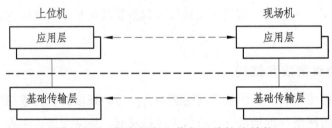

图 4.2-3　现场机与上位机通信协议结构

标准中的基础传输层建构在 TCP/IP 协议上，而 TCP/IP 协议适用于如下通信介质：

① 通用分组无线业务（General Packet Radio Service，GPRS）。

② 非对称数字用户环路（Asymmetrical Digital Subscriber Loop，ADSL）。

③ 码分多址（Code Division Multiple Access，CDMA）。

④ 宽频分码多重存取（Wideband CDMA，WCDMA）。

⑤ 时分同步 CDMA（Time Division - Synchronous CDMA，TD-SCDMA）。

⑥ 宽带 CDMA 技术（CDMA2000）。

⑦ 电力线通信（Power Line Communication，PLC）。

⑧ 分时长期演进（Time Division Long Term Evolution，TD-LTE）。

⑨ 频分双工长期演进（Frequency Division DuplexLong Term Evolution，FDD-LTE）。

⑩ 微波存取全球互通（Worldwide Interoperability for Microwave Access，WiMAX）。

由上述一种或多种通信介质构成本系统数据传输标准所称的传输网络。

本标准的应用层依赖于基础传输层，基础传输层采用 TCP/IP 协议（TCP/IP 协议有 4 层，即网络接口层、网络层、传输层、应用层），TCP/IP 协议建构在所选用的传输网络上，由 TCP/IP 协议中的网络接口层实现与传输网络的接口，本标准的应用层替代 TCP/IP 协议中的应用层（只用其三层），整个应用层的协议和具体的传输网络无关。本标准与通信介质无关。

4.2.3　通信协议

4.2.3.1　应答模式

完整的命令由请求方发起、响应方应答两部分组成，具体步骤如下：

（1）请求方发送请求命令给响应方；

（2）响应方接到请求后，向请求方发送请求应答（握手完成）；

（3）请求方收到请求应答后，等待响应方回应执行结果；如果请求方未收到请求应答，按请求回应超时处理；

（4）响应方执行请求操作；

（5）响应方发送执行结果给请求方；

（6）请求方收到执行结果，命令完成；如果请求方没有接收到执行结果，按执行超时处理。

4.2.3.2　超时重发机制

（1）请求回应的超时。

一个请求命令发出后在规定的时间内未收到回应，视为超时；超时后重发，重发超过规定次数后仍未收到回应视为通信不可用，通信结束；超时时间根据具体的通信方式和任务性质可自定义；超时重发次数根据具体的通信方式和任务性质可自定义。

（2）执行超时。

请求方在收到请求回应（或一个分包）后规定时间内未收到返回数据或命令执行结果，认为超时，命令执行失败，请求操作结束。缺省超时及重发次数定义（可扩充）如表 4.2-1 所示。

表 4.2-1　缺省超时及重发次数定义

通讯类型	缺省超时定义/s	重发次数
GPRS	10	3
CDMA	10	3
ADSL	5	3
WCDMA	10	3
TD-SCDMA	10	3
CDMA2000	10	3
PLC	10	3
TD-LTE	10	3
FDD-LTE	10	3
WIMAX	10	3

4.2.3.3　通信协议数据结构

所有的通信包都是由 ASCII 码（汉字除外，采用 UTF-8 码，8 位，1 字节）字符组成。

通信协议数据结构如图 4.2-4 所示。

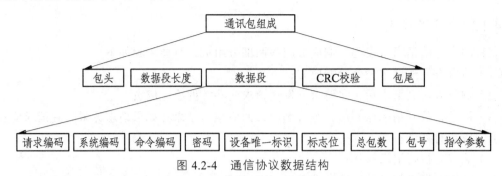

图 4.2-4　通信协议数据结构

（1）通信包结构组成。

通信包结构组成见表 4.2-2。

表 4.2-2　通信包结构组成

名　称	类型	长度	描述
包头	字符	2	固定为##
数据段长度	十进制整数	4	数据段的 ASCII 字符数，例如：长 255，则写为"0255"
数据段	字符	$0 \leqslant n \leqslant 1\ 024$	变长的数据，详见 HJ 212 标准原文 6.3.2 章节的表 3《数据段结构组成表》
CRC 校验	十六进制整数	4	数据段的校验结果，CRC 校验算法见标准中的附录 A。接收到一条命令，如果 CRC 错误，执行结束
包尾	字符	2	固定为<CR><LF>（回车、换行）

（2）数据段结构组成。

数据段结构组成见表 4.2-3，表中"长度"包含字段名称、"＝"、字段内容三部分内容。

表 4.2-3　数据段结构组成

名　称	类型	长度	描述
请求编码 QN	字符	20	精确到毫秒的时间戳：QN＝YYYYMMDDhhmmsszzz，用来唯一标识一次命令交互
系统编码 ST	字符	5	ST＝系统编码，系统编码取值详见 HJ 212 标准原文 6.6.1 章节的表 5《系统编码表》
命令编码 CN	字符	7	CN＝命令编码，命令编码取值详见 HJ 212 标准原文 6.6.5 章节的表 9《命令编码表》
访问密码	字符	9	PW＝访问密码
设备唯一标识 MN	字符	27	MN＝设备唯一标识，这个标识固化在设备中，用于唯一标识一个设备。MN 由 EPC-96 编码转化的字符串组成，即 MN 由 24 个 0~9，A~F 的字符组成 EPC-96 编码结构 表见下

EPC-96 编码结构			
名称	标头	厂商识别代码	对象分类代码	序列号
长度（比特）	8	28	24	36

续表

名　称	类　型	长度	描述
拆分包及应答标志 Flag	整数（0—255）	8	Flag＝标志位，这个标志位包含标准版本号、是否拆分包、数据是否应答。 | V5 | V4 | V3 | V2 | V1 | V0 | D | A | V5～V0：标准版本号；Bit：000000 表示标准 HJ 212—2017，000001 表示本次标准修订版本号。 A：命令是否应答，Dit：1——应答，0——不应答。 D：是否有数据包序号；Bit：1——数据包中包含包号和总包数两部分，0——数据包中不包含包号和总包数两部分。 示例：Flag＝7 表示标准版本为本次修订版本号，数据段需要拆分并且命令需要应答
总包数 PNUM	字符	9	PNUM 指示本次通信中总共包含的包数。 注：不分包时可以没有本字段，与标志位有关
包号 PNO	字符	8	PNO 指示当前数据包的包号。 注：不分包时可以没有本字段，与标志位有关
指令参数 CP	字符	$0 \leqslant n \leqslant 950$	CP＝&&数据区&&，数据区定义见 HJ 212 标准原文 6.3.3 章节

（3）数据区。

① 结构定义。

字段与其值用 ' ＝ ' 连接；在数据区中，同一项目的不同分类值间用 ',' 来分隔，不同项目之间用 ';' 来分隔。

② 字段名。

字段名要区分大小写，单词的首个字符为大写，其他部分为小写。

③ 数据类型。

C4：表示最多 4 位的字符型字符串，不足 4 位按实际位数；

N5：表示最多 5 位的数字型字符串，不足 5 位按实际位数；

N14.2：用可变长字符串形式表达的数字型，表示 14 位整数和 2 位小数，带小数点，带符号，最大长度为 18；

YYYY：日期年，如 2016 表示 2016 年；

MM：日期月，如 09 表示 9 月；

DD ：日期日，如 23 表示 23 日；

hh：时间小时；

mm：时间分钟；

ss ：时间秒；

zzz：时间毫秒。

④ 字段对照表。

字段对照表如表 4.2-4 所示，表中"宽度"仅包含该字段的内容长度。

表 4.2-4　字段对照表

字段名	描述	字符集	宽度	取值及描述
SystemTime	系统时间	0—9	N14	YYYYMMDDhhmmss
QnRtn	请求回应代码	0—9	N3	取值详见 HJ 212 标准原文 6.6.3 章节的表 7《请求命令返回表》
ExeRtn	执行结果回应代码	0—9	N3	取值详见 HJ 212 标准原文 6.6.2 章节的表 6《执行结果定义表》
RtdInterval	实时采样数据上报间隔	0—9	N4	单位为秒, 取值 $30 \leqslant n \leqslant 3\,600$
MinInterval	分钟数据上报间隔	0—9	N2	单位为分钟, 取值 1、2、3、4、5、6、10、12、15、20、30 注:在一套系统中,分钟数据上报间隔只能设置一个值
RestartTime	数采仪开机时间	0—9	N14	YYYYMMDDhhmmss
xxxxxx-SampleTime	污染物采样时间	0—9	N14	YYYYMMDDhhmmss
xxxxxx-Rtd	污染物实时采样数据	0—9	--	"xxxxxx"是污染因子编码,污染监测因子编码取值详见 HJ 212 附录 B
xxxxxx-Min	污染物指定时间内最小值	0—9	--	
xxxxxx-Avg	污染物指定时间内平均值	0—9	--	污水、烟气污染物计算方式参照 HJ 212 附录 D
xxxxxx-Max	污染物指定时间内最大值	0—9	--	
xxxxxx-ZsRtd	污染物实时采样折算数据	0—9	--	—
xxxxxx-ZsMin	污染物指定时间内最小折算值	0—9	--	
xxxxxx-ZsAvg	污染物指定时间内平均折算值	0—9	--	污水、废气污染物计算方式参照 HJ 212 附录 D
xxxxxx-ZsMax	污染物指定时间内最大折算值	0—9	--	—
xxxxxx-Flag	监测仪器数据标记	A—Z/0—9	C1	参见 HJ 212 标准原文 6.6.4 章节的表 8《数据标记表》
xxxxxx-EFlag	监测仪器扩充数据标记	A—Z/0—9	C4	在线监控(监测)仪器仪表设备自行定义
xxxxxx-Cou	污染物指定时间内累计值	0—9	--	污水、烟气污染物计算方式参照 HJ 212 附录 D
SBxxx-RS	污染治理设施运行状态的实时采样值	0—9	N1	污染治理设施运行状态取值 0:关闭,1:运行,2:校准,3:维护,4:报警,5:反吹等;污染治理设施运行情况与限产、停产等减排措施之间的逻辑关系,在上位机软件中根据现场实际情况进行确定
SBxxx-RT	污染治理设施一日内的运行时间	0—9	N2.2	xxx 为设备号,单位为小时,取值 $0 \leqslant n \leqslant 24$
xxxxxx-Data	噪声监测时间段内数据	0—9	N3.1	—

续表

字段名	描述	字符集	宽度	取值及描述
xxxxxx-DayData	噪声昼间数据	0—9	N3.1	昼间的时间区间由当地人民政府按当地习惯和季节变化划定
xxxxxx-NightData	噪声夜间数据	0—9	N3.1	夜间的时间区间由当地人民政府按当地习惯和季节变化划定
PolId	污染因子的编码	0—9/a—z	C6	取值见 HJ 212 附录 B
BeginTime	开始时间	0—9	N14	YYYYMMDDhhmmss
EndTime	截止时间	0—9	N14	YYYYMMDDhhmmss
DataTime	数据时间信息	0—9	N14	YYYYMMDDhhmmss，在使用分钟数据命令 2051、小时数据命令 2061、日数据命令 2031、2041，时间标签为测量开始时间；在使用实时数据命令 2011、2021等，时间标签为数据采集的时刻
NewPW	新密码	0—9/a—z/A—Z	C6	
OverTime	超时时间	0—9	N2	单位为秒，取值 $0<n\leq99$ 之间
ReCount	重发次数	0—9	N2	取值范围为 $0<n\leq99$
VaseNo	采样瓶编号	0—9	N2	取值范围为 $0<n\leq99$
CstartTime	设备采样起始时间	0—9	N6	hhmmss
Ctime	采样周期	0—9	N2	单位为小时，取值 $0<n\leq24$ 之间
Stime	出样时间	0—9	N4	单位为分钟，取值 $0<n\leq120$ 之间
xxxxxx-Info	现场端信息	—	—	"xxxxxx" 是现场端信息编码，详见 HJ 212 附录 B 表 B.10
InfoId	现场端信息编码	0—9/a—z	C6	取值见 HJ 212 附录 B 表 B.10
xxxxxx-SN	在线监控（监测）仪器仪表编码	0—9/A—F	C24	采用 EPC-96 编码转化的字符串组成，由 24 个 0~9，A~F 的字符组成

注：污染物（折算）实时值、（折算）最大值、（折算）最小值、（折算）平均值等根据实际的污染物监测范围及精度来决定所上传字符的宽度，同时污染物（折算）实时值、（折算）最大值、（折算）最小值、（折算）平均值的计量单位应该保持一致

4.2.4　编码规则

本标准涉及的监测因子有三类，第一类是污染物因子，第二类是工况监测因子，第三类是现场端信息。污染物因子编码采用相关国家和行业标准 GB 3096—2008、HJ 524—2009、HJ 525—2009 进行定义，工况监测因子和现场端信息编码定义如下。

4.2.4.1　工况监测因子编码规则

工况监测因子编码格式采用六位固定长度的字母数字混合格式组成。字母代码采用缩写

码，数字代码用阿拉伯数字表示，采用递增的数字码。工况监测因子编码规则如图 4.2-5 所示。

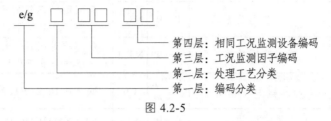

图 4.2-5

第一层：编码分类，采用 1 位小写字母表示，'e'表示污水类、'g'表示烟气类。

第二层：处理工艺分类编码，表示生产设施和治理设施处理工艺类别，采用 1 位阿拉伯数字或字母表示，即 1—9、a—b，具体编码参见标准原文附录 B 中的表 B.4《污水排放过程（工况）监控处理工艺表》和表 B.6《烟气排放过程（工况） 监控处理工艺表》。

第三层：工况监测因子编码，表示监测因子或一个监测指标在一个工艺类型中代码，采用 2 位阿拉伯数字表示，即 01—99，每一种阿拉伯数字表示一种监测因子或一个监测指标。

第四层：相同工况监测设备编码，采用 2 位阿拉伯数字表示，即 01—99，默认值为 01，同一处理工艺中，有多个相同监测对象时，数字码编码依次递增。

4.2.4.2 现场端信息编码规则

现场端信息编码格式采用六位固定长度的字母数字混合格式。字母代码采用缩写码，数字代码用阿拉伯数字表示，采用递增的数字码。现场端信息编码规则如图 4.2-6 所示。

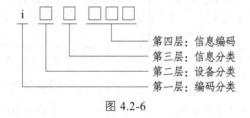

图 4.2-6

第一层：编码分类，采用 1 位小写字母表示，'i'表示设备信息。

第二层：设备分类，表示现场设备的分类，采用 1 位阿拉伯数字或小写字母表示，即 1—5 或 a—z，具体编码参见 HJ 212 标准原文附录 B 中的表 B.8《现场端设备分类编码表》。

第三层：信息分类，表示信息分类，如日志、状态、参数等，采用 1 位阿拉伯数字或小写字母表示，即 1—5 或 a—z，具体编码参见 HJ 212 标准原文附录 B 中表 B.9《现场端信息分类的编码表》。

第四层：信息编码，表示现场设备的具体信息，采用 3 位阿拉伯数字或小写字母表示，即 001—zzz。现场端信息编码参见标准原文附录 B 中表 B.10《现场端信息编码表》。

4.2.5 通讯流程

4.2.5.1 请求命令（三步或三步以上）

请求命令流程图见图 4.2-7。

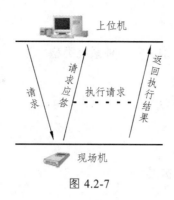

图 4.2-7

4.2.5.2　上传命令（一步或两步）

上传命令流程图见图 4.2-8。

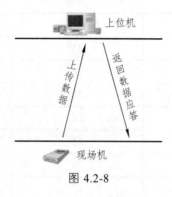

图 4.2-8

4.2.5.3　通知命令（两步）

通知命令流程分为现场机通知上位机命令和上位机通知现场机命令两步，现场机通知上位机命令流程如图 4.2-9 所示。

上位机通知现场机命令流程图如图 4.2-10 所示。

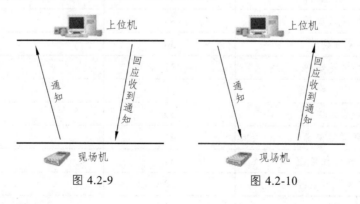

图 4.2-9　　　　　　　　　　　图 4.2-10

4.2.6　代码定义

4.2.6.1　系统编码（可扩充）

对应"通信协议数据结构"中的系统编码。

（1）类别划分。

系统编码分为四类，每个类别表示一种系统类型：

10～29 表示环境质量类别；

30～49 表示环境污染源类别；

50～69 表示工况类别；

91～99 表示系统交互类别；

A0～Z9 用于未知系统编码扩展。

（2）系统编码方法。

系统编码（见表 4.2-5）由两位取值 0～9、A～Z 的字符表示。

表 4.2-5　系统编码

系统名称	系统编码	描述
地表水质量监测	21	
空气质量监测	22	
声环境质量监测	23	
地下水质量监测	24	
土壤质量监测	25	
海水质量监测	26	
挥发性有机物监测	27	
大气环境污染源	31	
地表水体环境污染源	32	
地下水体环境污染源	33	
海洋环境污染源	34	
土壤环境污染源	35	
声环境污染源	36	
振动环境污染源	37	
放射性环境污染源	38	
工地扬尘污染源	39	
电磁环境污染源	41	
烟气排放过程监控	51	
污水排放过程监控	52	
系统交互	91	用于现场机和上位机的交互

4.2.6.2　执行结果定义（可扩充）

执行结果定义如表 4.2-6 所示。

表 4.2-6　执行结果定义

编号	描述	备注
1	执行成功	
2	执行失败，但不知道原因	
3	命令请求条件错误	
4	通讯超时	
5	系统繁忙不能执行	
6	系统故障	
100	没有数据	

4.2.6.3　请求命令返回（可扩充）

请求命令返回如表 4.2-7 所示。

表 4.2-7　请求命令返回

编号	描述	备注
1	准备执行请求	
2	请求被拒绝	
3	PW 错误	
4	MN 错误	
5	ST 错误	
6	Flag 错误	
7	QN 错误	
8	CN 错误	
9	CRC 校验错误	
100		未知错误

4.2.6.4　数据标记（可扩充）

数据标记如表 4.2-8 所示。

表 4.2-8　数据标记

数据标记	标记说明
N	在线监控（监测）仪器仪表工作正常
F	在线监控（监测）仪器仪表停运
M	在线监控（监测）仪器仪表处于维护期间产生的数据
S	手工输入的设定值
D	在线监控（监测）仪器仪表故障
C	在线监控（监测）仪器仪表处于校准状态
T	在线监控（监测）仪器仪表采样数值超过测量上限
B	在线监控（监测）仪器仪表与数采仪通信异常

4.2.6.5 命令编码（可扩充）

对应"通信协议数据结构"中的命令编码。

（1）类别划分。

共有四类命令（即请求命令、上传命令、通知命令和交互命令），命令编码分为以下四组：

1000～1999 表示初始化命令和参数命令编码。

2000～2999 表示数据命令编码。

3000～3999 表示控制命令编码。

9000～9999 表示交互命令编码。

（2）命令编码方法。

命令编码用 4 位阿拉伯数字表示，如表 4.2-9 所示。

表 4.2-9 命令编码

命令名称	命令编码		命令类型	描述
	上位向现场	现场向上位		
初始化命令				
设置超时时间及重发次数	1000		请求命令	用于上位机设置现场机的超时时间及重发次数，超时时间及重发次数参考取值参见标准原文表1《缺省超时时间及重发次数定义表》
预留初始化命令				预留命令范围 1001—1010
参数命令				
提取现场机时间	1011		请求命令	用于提取现场机的系统时间
上传现场机时间		1011	上传命令	用于上传现场机时间
设置现场机时间	1012		请求命令	用于设置现场机的系统时间
现场机时间校准请求		1013	通知命令	用于向上位机发送现场机时间校准请求
提取实时数据间隔	1061		请求命令	提取实时数据间隔
上传实时数据间隔		1061	上传命令	上传实时数据间隔
设置实时数据间隔	1062		请求命令	指定实时数据间隔
提取分钟数据间隔	1063		请求命令	提取分钟数据间隔
上传分钟数据间隔		1063	上传命令	上传分钟数据间隔
设置分钟数据间隔	1064		请求命令	设置分钟数据间隔
设置现场机密码	1072		请求命令	用于设置现场机的密码
预留参数命令				预留命令范围 1073—1999
数据命令				
实时数据				
取污染物实时数据	2011		请求命令	用于启动现场机上传实时数据
上传污染物实时数据		2011	上传命令	用于现场机上传污染物实时数据
停止察看污染物实时数据	2012		通知命令	用于停止现场机实时数据上传

续表

命令名称	命令编码		命令类型	描述
	上位向现场	现场向上位		
设备状态				
取设备运行状态数据	2021		请求命令	用于启动现场机上传污染治理设施运行状态
上传设备运行状态数据		2021	上传命令	用于现场机上传污染治理设施运行状态
停止察看设备返行状态	2022		通知命令	用于停止现场机上传污染治理设施运行状态
日数据				
取污染物日历史数据	2031		请求命令	用于上位机提取现场机的污染物日历史数据
上传污染物日历史数据		2031	上传命令	用于现场机上传污染物日历史数据
取设备运行时间日历史数据	2041		请求命令	用于上位机提取现场机的设备运行时间日历史数据
上传设备运行时间日历史数据		2041	上传命令	用于现场机上传设备运行时间日历史数据
分钟数据				
取污染物分钟数据	2051		请求命令	用于上位机提取现场机的污染物分钟历史数据
上传污染物分钟数据		2051	上传命令	用于现场机上传污染物分钟历史数据
小时数据				
取污染物小时数据	2061		请求命令	用于上位机提取现场机的污染物小时历史数据
上传污染物小时数据		2061	上传命令	用于现场机上报污染物小时历史数据
其他数据				
上传数采仪开机时间		2081	上传命令	用于现场机自动上报数采仪开机时间
预留数据命令				预留命令范围 2082—2999
控制命令				
零点校准量程校准	3011		请求命令	用于上位机启动在线监控（监测）仪器仪表的零点校准和量程校准
即时采样	3012		请求命令	用于上位机启动在线监控（监测）仪器仪表即时采样
启动清洗/反吹	3013		请求命令	用于上位机启动水在线监控（监测）仪器仪表清洗或启动烟气在线监控（监测）仪器仪表反吹
比对采样	3014		请求命令	用于上位机启动在线监控（监测）仪器仪表比对采样
超标留样	3015		请求命令	用于上位机启动在线监控（监测）仪器仪表留样
上传超标留样信息		3015	上传命令	用于现场机上传在线监控（监测）仪器仪表的超标留样信息
设置采样时间周期	3016		请求命令	用于上位机设置在线监控（监测）仪器仪表的采样时间周期
提取采样时间周期	3017		请求命令	用于上位机提取在线监控（监测）仪器仪表的采样时间周期
上传采样时间周期		3017	上传命令	用于现场机上传在线监控（监测）仪器仪表的采样时间周期
提取出样时间	3018		请求命令	用于上位机提取查询在线监控（监测）仪器仪表的出样时间

续表

命令名称	命令编码		命令类型	描述
	上位向现场	现场向上位		
上传出样时间		3018	上传命令	用于现场机上传在线监控（监测）仪器仪表的出样时间
提取设备唯一标识	3019		请求命令	用于上位机提取在线监控（监测）仪器仪表的设备唯一标识
上传设备唯一标识		3019	上传命令	用于现场机上传在线监控（监测）仪器仪表的设备唯一标识。在线监控（监测）仪器仪表发生更换时，上传在线监控（监测）仪器仪表设备唯一标识
提取现场机信息	3020		请求命令	用于上位机提取现场机信息
上传现场机信息		3020	上传命令	用于现场机上传现场机信息，或现场机信息变化时，上报现场机信息
设置现场机参数	3021		请求命令	用于上位机设置现场机的参数
预留控制命令				预留命令范围 3022—3999
交互命令				
请求应答		9011		用于现场机回应接收的上位机请求命令是否有效
执行结果		9012		用于现场机回应接收的上位机请求命令执行结果
通知应答	9013	9013		回应通知命令
数据应答	9014	9014		数据应答命令
预留交互命令				预留命令范围 9015—9999

4.2.7　数采仪与监控中心初始化通信流程

数采仪与监控中心首次联接时，监控中心应对数采仪进行设置，具体操作如下：

① 数采仪时间校准。

② 超时数据与重发次数设置。

③ 实时数据上报时间间隔设置。

④ 分钟数据上报时间间隔设置。

⑤ 实时数据是否上报设置。

⑥ 污染治理设备运行状态是否上报设置。

4.3　在线监控（监测）仪器仪表与数采仪的通信方式

在线监控（监测）仪器仪表与数采仪之间采用 RS485 串行通信标准实现数据通信。

4.3.1　在线监控（监测）仪器仪表与数采仪的电气接口标准

推荐在线监控（监测）仪器仪表与数采仪采用两线制的 RS485 接口，关于 RS485 接口的电气标准，参照 RS485 工业总线标准。

在线监控（监测）仪器仪表和数采仪的 RS485 接口应明确标明"RS485+""RS485－"等字样，以指示接线方法。

4.3.2　在线监控（监测）仪器仪表与数采仪的串行通信标准

4.3.2.1　串行通信总线结构

在线监控（监测）仪器仪表与数采仪通信总线的结构为一主多从，如图 4.2-11 所示。

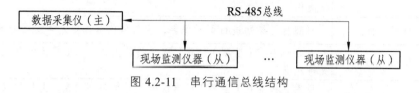

图 4.2-11　串行通信总线结构

4.3.2.2　串行通信传输协议

本标准推荐在线监控（监测）仪器仪表与数采仪的通信协议采用 Modbus RTU 标准。

Modbus RTU 协议定义了一个与下层通信层无关的简单协议数据单元（PDU）。串行链路上的 Modbus RTU 帧如图 4.2-12 所示。（引用 GB/T 19582—2008）

图 4.2-12　Modbus RTU 串行链路 PDU

① 在 Modbus RTU 串行链路上，地址字段只含有从机地址。

② 功能码指示指令要执行何种操作，功能码的后续数据是请求或响应数据字段。

③ 差错检验字段是"报文内容"数据进行"循环冗余校验"计算所得结果，采用 CRC16 循环冗余校验算法。

4.3.3　串行通信传输内容（可扩充）

串行通信传输内容如表 4.2-10 所示。

表 4.2-10　串行通信传输内容

序号	命令	说明
1	实时数据采集	采集在线监控（监测）仪器仪表瞬时数据
2	工作状态采集	采集在线监控（监测）仪器仪表工作状态
3	提取参数	提取在线监控（监测）仪器仪表的工作参数
4	设置参数	设置在线监控（监测）仪器仪表的工作参数
5	提取日志	提取在线监控（监测）仪器仪表运行日志
6	时间校准	对在线监控（监测）仪器仪表工作时间进行校准
7	清洗	对在线监控（监测）仪器仪表发送清洗指令，对进样管路及测量主体部件进行清洁润洗工作，以保障测量数据的准确性，由具体仪器仪表确定是否支持此操作

序号	命令	说明
8	反吹	对在线监控（监测）仪器仪表发送反吹指令，采用高压气体对测量回路定期自动进行吹扫，确保测量回路的畅通，由具体仪器仪表确定是否支持此操作
9	超标留样	对超标污染物进行留样保存，由具体仪器确定是否支持此操作
10	零点校准	对在线监控（监测）仪器仪表进行零点校准，由具体仪器仪表确定是否支持此操作
11	设置采样时间周期	设置在线监控（监测）仪器仪表的采样时间周期，由具体仪器仪表确定是否支持此操作
12	提取采样时间周期	提取在线监控（监测）仪器仪表的采样时间周期，由具体仪器仪表确定是否支持此操作
13	比对采样	采用参比（标准）方法，与自动监测法在企业正常生产下实施同步采样分析操作，由具体仪器仪表确定是否支持此操作
14	量程校准	对在线监控（监测）仪器仪表量程进行校准，由具体仪器仪表确定是否支持此操作
15	即时采样	只针对间隔采样的在线监控（监测）仪器仪表，由具体仪器仪表确定是否支持此操作
16	提取出样时间	提取在线监控（监测）仪器仪表的污染物数据出样时间，由具体仪器仪表确定是否支持此操作

第5章 在线监测设备的安装调试

5.1 水污染源在线监测设备安装调试

5.1.1 水污染源在线监测设备安装准备

5.1.1.1 企业排污信息收集及在线监测设备选型

对排污企业基本情况进行调查收集，确定要安装的水污染源在线监测仪器基本情况，填写企业排污及在线监测设备情况表。

表 5.1-1 企业排污及在线监测设备情况表

企业排污及在线监测设备情况表

填报单位：XXXXXX

1. 排污企业基本情况

企业名称				
地址			邮政编码	
联系人		固定电话	移动电话	
主要产品情况	产品		设计生产能力	实际产量
企业生产状况（季度正常运行天数）				
废水处理工艺				
设计处理能力/（t/d）				
实际处理能力/（t/d）				
废水排放去向				
纳污水体功能区类别				
环评批复对在线设备要求及文号				

2. 在线监测设备基本情况

监测参数	pH	COD_{Cr}	NH_3-N	TP	TN	流量	其他
设备型号							
出厂编号							
生产商							
集成商							
生产许可证编号							
适用性检测报告编号							
方法原理							
定量下限/（mg/L）	—					—	
测定量程/（mg/L）	—					—	
运营单位							

3. 现场安装情况表

企业名称				
排污口位置	东经： 度 分 秒； 北纬： 度 分 秒			
	与边界距离			
排污口规范化情况	形状		水面宽度	
	流量计类型		测流段长度	
	排污口处是否有环保图形标志			
监控站房情况	与排污口距离		面积及高度	
	是否有防漏、防尘、通风、消防、接地、避雷等措施			
	电源电压		供电功率	
	是否有照明电源		是否有浪涌保护器	
	是否有总开关		是否独立控制仪器	
废液回收	是否回收		时间间隔	
	处理单位			

5.1.1.2　水污染源在线监测设备规划

按照水污染源在线监测系统组成示意图规划要安装的在线监测设备，一般主要由四部分组成：流量监测单元、水质自动采样单元、水污染源在线监测仪器、数据控制单元以及相应的建筑设施等。水污染源在线监测系统组成如图 5.1-1 所示。

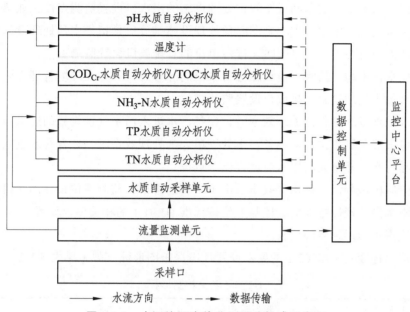

图 5.1-1　水污染源在线监测系统组成示意图

注：根据污染源现场排放水样的不同，COD_{Cr} 参数的测定可以选择 COD_{Cr} 水质自动分析仪或 TOC 水质自动分析仪，TOC 水质自动分析仪通过转换系数报 COD_{Cr} 的监测值，并参照 COD_{Cr} 水质自动分析仪的方法进行安装、调试、试运行、运行维护等。

5.1.2　水污染源在线监测系统建设要求

5.1.2.1　水污染源排放口

（1）排放口设置。

按照标准 HJ 91.1 中的布设原则选择水污染源排放口位置。排放口应满足现场采样和流量测定的要求，原则上设在厂界内，或厂界外不超过 10 m 的范围内。污水排放管道或渠道监测断面应为矩形、圆形、梯形等规则形状。测流段水流应平直、稳定、有一定水位高度。用暗管或暗渠排污的，须设置一段能满足采样条件和流量测量的明渠。

污水面在地面以下超过 1 m 的排放口，应配建取样台阶或梯架。监测平台面积应不小于 1 m²，平台应设置不低于 1.2 m 的防护栏。排放口应按照标准 GB 15562.1 的要求设置明显标志；应加强日常管理和维护，确保监测人员的安全；应经常进行排放口的清障、疏通工作；应保证污水监测点位场所通风、照明正常；产生有毒有害气体的监测场所应强制设置通风系统，并安装相应的气体浓度安全报警装置。经生态环境主管部门确认的排放口不得随意改动。因生产工艺或其他原因需变更排放口时，须按相关规范要求重新确认。

（2）监测点位设置。

在污染物排放（控制）标准规定的监控位置设置监测点位。对于环境中难以降解或能在动植物体内蓄积，对人体健康和生态环境产生长远不良影响，具有致癌、致畸、致突变的，根据环境管理要求确定的应在车间或生产设施排放口监控的水污染物，在含有此类水污染物的污水与其他污水混合前的车间或车间预处理设施的出水口设置监测点位，如果含此类水污染物的同种污水实行集中预处理，则车间预处理设施排放口是指集中预处理设施的出水口。如在环境管理方面有要求，还可同时在排污单位的总排放口设置监测点位。

对于其他水污染物，监测点位设在排污单位的总排放口。如在环境管理方面有要求，还可同时在污水集中处理设施的排放口设置监测点位。

监测污水处理设施的整体处理效率时，在各污水进入污水处理设施的进水口和污水处理设施的出水口设置监测点位；监测各污水处理单元的处理效率时，在各污水进入污水处理单元的进水口和污水处理单元的出水口设置监测点位。

排污单位应雨污分流，雨水经收集后由雨水管道排放，监测点位设在雨水排放口；如环境管理要求雨水经处理后排放的，监测点位按标准 HJ 91.1 的相关要求设置。

（3）环境保护图形标志牌设置。

排放口依照标准 GB 15562.1 的要求设置环境保护图形标志牌（见表 5.1-2）。

表 5.1-2　环境保护图形标志牌

提示图形符号	警告图形符号	名称	功能
		污水排放口	表示污水向水体排放

5.1.2.2　流量监测单元

需测定流量的排污单位，根据地形和排水方式及排水量大小，应在其排放口上游能包含全部污水束流的位置，修建一段特殊渠（管）道的测流段，以满足测量流量、流速的要求。

一般可安装三角形薄壁堰、矩形薄壁堰、巴歇尔槽等标准化计量堰（槽）。标准化计量堰（槽）的建设应保证：能够清除堰板附近堆积物，能够进行明渠流量计比对工作。

管道流量计的建设应保证：管道及周围应留有足够的长度及空间以满足管道流量计的计量检定和手工比对。

5.1.2.3　监测站房

应建有专用监测站房,新建监测站房面积应满足不同监控站房的功能需要并保证水污染源在线监测系统的摆放、运转和维护,使用面积应不小于 15 m²,站房高度不低于 2.8 m,推荐方案如图 5.1-2 所示。

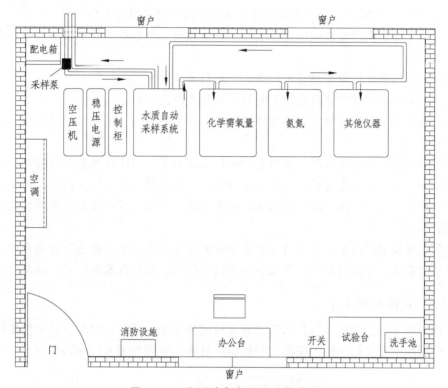

图 5.1-2　监测站房布局图(推荐)

监测站房应尽量靠近采样点,与采样点的距离应小于 50 m。

应安装空调和冬季采暖设备,空调具有来电自启动功能,具备温湿度计,保证室内清洁,环境温度、相对湿度和大气压等应符合 GB/T 17214 的要求。

监测站房内应配置安全合格的配电设备,能提供足够的电力负荷,功率≥5 kW,站房内应配置稳压电源。

监测站房内应配置合格的给、排水设施,使用符合实验要求的用水清洗仪器及有关装置。

监测站房应配置完善规范的接地装置和避雷措施、防盗和防止人为破坏的设施,接地装置安装工程的施工应满足 GB 50169 的相关要求,建筑物防雷设计应满足 GB 50057 的相关要求。

监测站房应配备灭火器箱、手提式二氧化碳灭火器、干粉灭火器或沙桶等,按消防相关要求布置。

监测站房不应位于通信盲区,应能够实现数据传输。

监测站房的设置应避免对企业安全生产和环境造成影响。

监测站房内、采样口等区域应安装视频监控设备。

5.1.2.4 水质自动采样单元

水质自动采样单元具有采集瞬时水样及混合水样，混匀及暂存水样、自动润洗及排空混匀桶，留样等功能。

pH 水质自动分析仪和温度计应原位测量或测量瞬时水样。

COD_{Cr}、TOC、NH_3-N、TP、TN 水质自动分析仪应测量混合水样。

水质自动采样单元的构造应保证将水样不变质地输送到各水质分析仪中，应有必要的防冻和防腐设施。

水质自动采样单元应设置混合水样的人工比对采样口。

水质自动采样单元的管路宜设置为明管，并标注水流方向。

水质自动采样单元的管材应采用优质的聚氯乙烯（PVC）、三丙聚丙烯（PPR）等不影响分析结果的硬管。

采用明渠流量计测量流量时，水质自动采样单元的采水口应设置在堰槽前方，合流后充分混合的场所，并尽量设在流量监测单元标准化计量堰（槽）取水口头部的流路中央，采水口朝向与水流的方向应一致，减少采水部前端的堵塞。采水装置宜设置成可随水面的涨落而上下移动的形式。

采样泵应根据采样流量、水质自动采样单元的水头损失及水位差进行合理选择。应使用寿命长、易维护的，并且对水质参数没有影响的采样泵，安装位置应便于采样泵的维护。

5.1.2.5 数据控制单元

数据控制单元可协调统一运行水污染源在线监测系统，采集、储存、显示监测数据及运行日志，向监控中心平台上传污染源监测数据，具体示意图如图 5.1-3 所示。

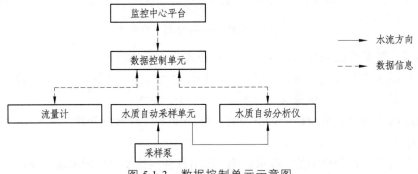

图 5.1-3 数据控制单元示意图

数据控制单元可控制水质自动采样单元采样、送样及留样等操作。

数据控制单元触发水污染源在线监测仪器进行测量、标液核查和校准等操作。

数据控制单元读取各个水污染源在线监测仪器的测量数据，并实现实时数据、小时均值和日均值等项目的查询与显示，并通过数据采集传输仪上传至监控中心平台。

数据控制单元记录并上传的污染源监测数据，上报数据应带有时间和数据状态标识。具体参照标准 HJ 355—2019 中第 6.2 条的要求保证数据采集传输仪的在线监测仪器与监控中心平台时间一致；数据采集传输仪应在 COD_{Cr}、TOC、NH_3-N、TP、TN 水质自动分析仪测定完成后开始采集分析仪的输出信号，并在 10 min 内将数据上报平台，监测数据个数不小于污水累计排放小时数。水质自动分析仪存储的测定结果的时间标记应为该水质自动分析仪从混匀桶内开始采样的时间，数据采集传输仪上报数据时报文内的时间标记与水质自动分析仪测量结果存储的时间标记保持一致；水质自动分析仪和数据采集传输仪应能存储至少一年的数据。

数据传输应符合标准 HJ 212 的规定，上报过程中如出现数据传输不通的问题，数据采集传输仪应对未传输成功的数据做记录，下次传输时自动将未传输成功的数据进行补传。

数据控制单元可生成、显示各水污染源在线监测仪器监测数据的日统计表、月统计表和年统计表，具体格式见表 5.1-3、表 5.1-4、表 5.1-5。

表 5.1-3　水污染源在线监测系统日统计表

年　　　月　　　日

污染源名称：　　　　　　　　　　　　污染源编号：

参数 时间	pH 值	COD_{Cr} /（mg/L）	$NH_3\text{-}N$ /（mg/L）	TP /（mg/L）	TN /（mg/L）	小时流量 /m³	累计流量 /m³	备注
00～01 时								
01～02 时								
02～03 时								
03～04 时								
04～05 时								
05～06 时								
06～07 时								
07～08 时								
08～09 时								
09～10 时								
10～11 时								
11～12 时								
12～13 时								
13～14 时								
14～15 时								
15～16 时								
16～17 时								
17～18 时								
18～19 时								
19～20 时								
20～21 时								
21～22 时								
22～23 时								
23～24 时								
有效日均值								
最大值								
最小值								
总量								

表 5.1-4　水污染源在线监测系统月统计表

年　　　月　　　日

污染源名称：　　　　　　　　　　污染源编号：

参数\时间	pH 值	COD$_{Cr}$ /（mg/L）	NH$_3$-N /（mg/L）	TP /（mg/L）	TN /（mg/L）	累计流量 /m^3	备注
1 日							
2 日							
3 日							
4 日							
5 日							
6 日							
7 日							
8 日							
9 日							
10 日							
11 日							
12 日							
13 日							
14 日							
15 日							
16 日							
17 日							
18 日							
19 日							
20 日							
21 日							
22 日							
23 日							
24 日							
25 日							
26 日							
27 日							
28 日							
29 日							
30 日							
31 日							
有效月均值							
最大值							
最小值							
总量							

表 5.1-5   水污染源在线监测系统年统计表

年   月   日

污染源名称：　　　　　　　　　　　　　污染源编号：

参数 时间	pH 值	COD$_{Cr}$ /（mg/L）	NH$_3$-N /（mg/L）	TP /（mg/L）	TN /（mg/L）	累计流量 /m^3	备注
1 月							
2 月							
3 月							
4 月							
5 月							
6 月							
7 月							
8 月							
9 月							
10 月							
11 月							
12 月							
年均值							
最大值							
最小值							
总量							

5.1.3   水污染源在线监测仪器安装要求

5.1.3.1   基本要求

工作电压为单相 AC（220±22）V，频率为（50±0.5）Hz。

数据传输协议遵循 RS-232、RS-485，具体要求满足标准 HJ 212 的规定。

水污染源在线监测系统中所采用的仪器设备应符合国家有关标准和技术要求（见表 5.1-6）。

表 5.1-6   水污染源在线监测仪器技术要求

序号	水污染源在线监测仪器	技术要求出自的标准
1	超声波明渠污水流量计	HJ 15
2	电磁流量计	HJ/T 367
3	化学需氧量（COD$_{Cr}$）水质自动分析仪	HJ 377
4	氨氮（NH3-N）水质自动分析仪	HJ 101
5	总氮（TN）水质自动分析仪	HJ/T 102
6	总磷（TP）水质自动分析仪	HJ/T 103
7	pH 水质自动分析仪	HJ/T 96
8	水质自动采样器	HJ/T 372
9	数据采集传输仪	HJ 477

5.1.3.2 其他要求

水污染源在线监测仪器的各种电缆和管路应加保护管,保护管应在地下铺设或空中架设,空中架设的电缆应附着在牢固的桥架上,并在电缆、管路以及电缆和管路的两端设立明显标识。电缆线路的施工应满足 GB 50168 的相关要求。

各仪器应落地或壁挂式安装,有必要的防震措施,保证设备安装牢固稳定。在仪器周围应留有足够空间,方便仪器维护。其他要求参照仪器相应说明书的相关内容,并应满足 GB 50093 的相关要求。

必要时(如南方的雷电多发区),仪器和电源应设置防雷设施。

5.1.3.3 流量计的选择和安装

(1)明渠流量计。

用明渠测流量时,在明渠上安装量水堰槽。量水堰槽把明渠内流量的大小转成液位的高低。利用超声波传感器测量量水堰槽内的水位,再按相应量水堰槽的水位-流量关系反算出流量。采用明渠流量计测定流量,应按照标准 JJG 711、CJ/T 3008.1、CJ/T 3008.2、CJ/T 3008.3 等技术要求修建或安装标准化计量堰(槽),并通过计量部门检定。

应根据测量流量范围选择合适的标准化计量堰(槽),根据计量堰(槽)的类型确定明渠流量计的安装点位,具体要求如表 5.1-7 所示。巴歇尔槽构造如图 5.1-4 所示。

表 5.1-7 计量堰(槽)的选型及流量计安装点位

序号	堰槽类型	测量流量范围(m³/s)	流量计安装点位
1	巴歇尔槽	$0.1 \times 10^{-3} \sim 93$	应位于堰槽入口段(收缩段)1/3 处
2	三角形薄壁堰	$0.2 \times 10^{-3} \sim 1.8$	应位于堰板上游(3~4)倍最大液位处
3	矩形薄壁堰	$1.4 \times 10^{-3} \sim 49$	应位于堰板上游(3~4)倍最大液位处

(2)巴歇尔槽。

根据现场最大瞬时排水量通过查表 5.1-8、表 5.1-9 选择合适的巴歇尔槽,确定需要选择的流量槽"序号",再根据所查到的槽号,按槽的最大宽度——表中的"B1"规范排放的渠宽,即排水渠的宽度不能小于"B1"。

按照巴歇尔槽的安装示意图(见图 5.1-5)进行安装,巴歇尔槽中心线应与行近渠槽中心线重合。顺直的行近渠槽长度应不小于 5 倍的行近渠槽宽度。巴歇尔槽进口和出口段应加以防护。上游护底长一般为 $4 h_{max}$,下游护底长度为 $6 \sim 8 h_{max}$(h_{max} 为实测最大水头值)。量水堰槽通水后,水的流态要自由流,巴歇尔槽的淹没度要小于"巴歇尔槽参数"的临界淹没度。

堰体施工允许偏差:喉道宽度(b)允许相对偏差为宽度的 0.2%,最大偏差值 ≤0.01 m。喉道的水平长度允许相对偏差为水平长度的 0.1%,堰高的允许相对偏差为设计堰高的 1.0%,最大偏差值 ≤0.02 m。

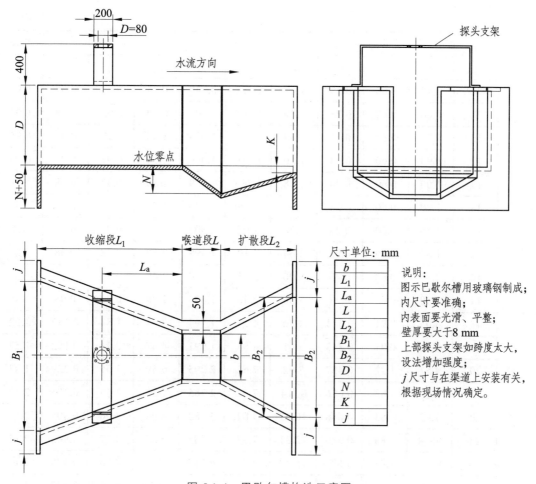

图 5.1-4　巴歇尔槽构造示意图

尺寸单位：mm

b
L_1
L_a
L
L_2
B_1
B_2
D
N
K
j

说明：
图示巴歇尔槽用玻璃钢制成；
内尺寸要准确；
内表面要光滑、平整；
壁厚要大于8 mm
上部探头支架如跨度太大，
设法增加强度；
j 尺寸与在渠道上安装有关，
根据现场情况确定。

　　巴歇尔量水槽砌筑或安装在行近渠道末端，进口段底面为水平面，侧壁与底面垂直；要求行近渠道、静水井和槽体均不得漏水；下游渠道紧接出口段处，应做加固处理；在最大流量通过时，槽体和渠道不受损坏。

表 5.1-8　巴歇尔槽构造尺寸　　　　　　　　　　　　单位：m

类　别	序号	喉道段			收缩段			扩散段			墙高
		b	L	N	B_1	L_1	La	B_2	L_2	K	D
小　型	1	0.025	0.076	0.029	0.167	0.356	0.237	0.093	0.203	0.019	0.23
	2	0.051	0.114	0.043	0.214	0.406	0.271	0.135	0.254	0.022	0.26
	3	0.076	0.152	0.057	0.259	0.457	0.305	0.178	0.305	0.025	0.46
	4	0.152	0.305	0.114	0.400	0.610	0.407	0.394	0.610	0.076	0.61
	5	0.228	0.305	0.114	0.575	0.864	0.576	0.381	0.457	0.076	0.77
标准型	6	0.25	0.60	0.23	0.78	1.325	0.883	0.55	0.92	0.08	0.80
	7	0.30	0.60	0.23	0.84	1.350	0.902	0.60	0.92	0.08	0.95

类别	序号	喉道段			收缩段			扩散段			墙高
		b	L	N	B_1	L_1	La	B_2	L_2	K	D
标准型	8	0.45	0.60	0.23	1.02	1.425	0.948	0.75	0.92	0.08	0.95
	9	0.60	0.60	0.23	1.20	1.500	1.0	0.90	0.92	0.08	0.95
	10	0.75	0.60	0.23	1.38	1.575	1.053	1.05	0.92	0.08	0.95
	11	0.90	0.60	0.23	1.56	1.650	1.099	1.20	0.92	0.08	0.95
	12	1.00	0.60	0.23	1.68	1.705	1.139	1.30	0.92	0.08	1.0
	13	1.20	0.60	0.23	1.92	1.800	1.203	1.50	0.92	0.08	1.0
	14	1.50	0.60	0.23	2.28	1.95	1.303	1.80	0.92	0.08	1.0
	15	1.80	0.60	0.23	2.64	2.10	1.399	2.10	0.92	0.08	1.0
	16	2.10	0.60	0.23	3.00	2.25	1.504	2.40	0.92	0.08	1.0
	17	2.40	0.60	0.23	3.36	2.40	1.604	2.70	0.92	0.08	1.0
大型	18	3.05	0.91	0.343	4.76	4.27	1.794	3.68	1.83	0.152	1.22
	19	3.66	0.91	0.343	5.61	4.88	1.991	4.47	2.44	0.152	1.52
	20	4.57	1.22	0.457	7.62	7.62	2.295	5.59	3.05	0.229	1.83
	21	6.10	1.83	0.686	9.14	7.62	2.785	7.32	3.66	0.305	2.13
	22	7.62	1.83	0.686	10.67	7.62	3.383	8.94	3.96	0.305	2.13
	23	9.14	1.83	0.686	12.31	7.93	3.785	10.57	4.27	0.305	2.13
	24	12.19	1.83	0.686	15.48	8.23	4.785	13.82	4.88	0.305	2.13
	25	15.24	1.83	0.686	18.53	8.23	5.776	17.27	6.10	0.305	2.13

表 5.1-9　巴歇尔槽水位-流量公式

类别	序号	喉道宽度 b/m	流量公式 $Q = Chan$ /（L/S）	水位范围 h/m		流量范围 Q/（L/S）		临界淹没度 /%
				最小	最大	最小	最大	
小型	1	0.025	$60.4\ ha^{1.55}$	0.015	0.21	0.09	5.4	0.5
	2	0.051	$120.7\ ha^{1.55}$	0.015	0.24	0.18	13.2	0.5
	3	0.076	$177.1\ ha^{1.55}$	0.03	0.33	0.77	32.1	0.5
	4	0.152	$381.2\ ha^{1.54}$	0.03	0.45	1.50	111.0	0.6
	5	0.228	$535.4\ ha^{1.53}$	0.03	0.60	2.5	251	0.6
标准型	6	0.25	$561\ ha^{1.513}$	0.03	0.60	3.0	250	0.6
	7	0.30	$679\ ha^{1.521}$	0.03	0.75	3.5	400	0.6
	8	0.45	$1\ 038\ ha^{1.537}$	0.03	0.75	4.5	630	0.6
	9	0.60	$1\ 403\ ha^{1.548}$	0.05	0.75	12.5	850	0.6
	10	0.75	$1\ 772\ ha^{1.557}$	0.06	0.75	25.0	1 100	0.6

续表

类别	序号	喉道宽度 b/m	流量公式 $Q = \text{Chan}/(L/S)$	水位范围 h/m		流量范围 $Q/(L/S)$		临界淹没度/%
				最小	最大	最小	最大	
标准型	11	0.90	$2\,147\,ha^{1.565}$	0.06	0.75	30.0	1 250	0.6
	12	1.00	$2\,397\,ha^{1.569}$	0.06	0.80	30.0	1 500	0.7
	13	1.20	$2\,904\,ha^{1.577}$	0.06	0.80	35.0	2 000	0.7
	14	1.50	$3\,668\,ha^{1.586}$	0.06	0.80	45.0	2 500	0.7
	15	1.80	$4\,440\,ha^{1.593}$	0.08	0.80	80.0	3 000	0.7
	16	2.10	$5\,222\,ha^{1.599}$	0.08	0.80	95.0	3 600	0.7
	17	2.40	$6\,004\,ha^{1.605}$	0.08	0.80	100.0	4 000	0.7
大型	18	3.05	$7\,463\,ha^{1.6}$	0.09	1.07	160.0	8 280	0.8
	19	3.66	$8\,859\,ha^{1.6}$	0.09	1.37	190.0	14 680	0.8
	20	4.57	$10\,960\,ha^{1.6}$	0.09	1.67	230.0	25 040	0.8
	21	6.10	$14\,450\,ha^{1.6}$	0.09	1.83	310.0	37 970	0.8
	22	7.62	$17\,940\,ha^{1.6}$	0.09	1.83	380.0	47 160	0.8
	23	9.14	$21\,440\,ha^{1.6}$	0.09	1.83	460.0	56 330	0.8
	24	12.19	$28\,430\,ha^{1.6}$	0.09	1.83	600.0	74 700	0.8
	25	15.24	$35\,410\,ha^{1.6}$	0.09	1.83	750.0	93 040	0.8

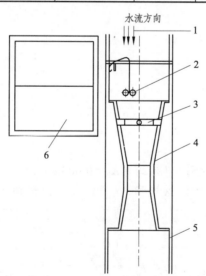

1—水流方向；2—明渠浮子采样器；3—超声波传感器；4—巴歇尔流量槽；
5—排污渠渠壁；6—仪器站房。

图 5.1-5　巴歇尔槽现场安装平面示意图

（3）薄壁堰。

薄壁堰是在明渠中安装的标准量水堰槽，依靠产生的节流作用，使明渠内的流量与液位有固定的对应关系。可利用超声波传感器测量量水堰槽内的水位，然后根据流量公式计算出相应的流量。

薄壁堰主要有三种构造，包括三角形薄壁堰、矩形薄壁堰和等宽薄壁堰。

三角形薄壁堰应采用耐腐蚀、耐水流冲刷、不变形的材料精确加工而成；堰口附近应加工到相当于辗平的金属板的光滑表面。当最大流量小于 40 L/s 时，建议采用三角形薄壁堰，具体构造如图 5.6 所示。

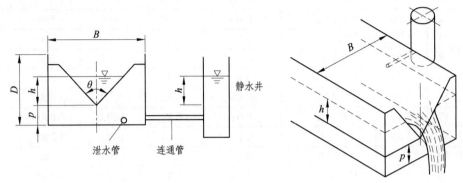

图 5.1-6 三角形薄壁堰构造示意图

三角形薄壁堰水位-流量公式参见下式：

$$Q = C_e \frac{8}{15} tg \frac{a}{2} (2g)^{1/2} h_e^{5/2} \qquad (5.1\text{-}1)$$

$$h_e = h + Kh$$

式中：Q——实测流量，m^3/s；

C_e——流量系数；

α——三角形缺口夹角；

h_e——有效液位，m；

h——实测液位，m；

K_h——液位修正系数；

当 $\alpha = 90$ 时，C_e 可通过查图 5.7 得到，$K_h = 0.000\,85$ m；

当 $\alpha \neq 90$ 时，C_e 可通过查图 5.8 得到；K_h 可查图 5.9 得到。

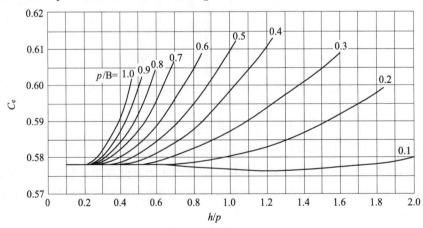

图 5.1-7 流量系数 C_e 图（$\alpha = 90°$）

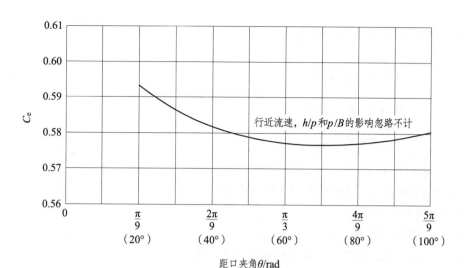

图 5.1-8　流量系数 C_e 和缺口夹角 α 的关系曲线图

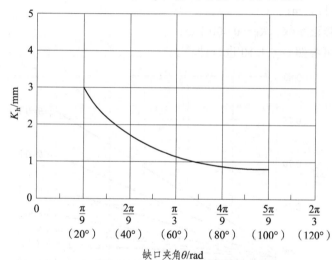

图 5.1-9　K_h 值和缺口夹角 α 的关系曲线图

矩形薄壁堰的堰板与河底边墙应垂直，堰顶和缺口两侧应光滑平整，相当于轧制的薄金属板的表面，宜用耐锈蚀的金属制作。当上游渠道较短，且最大流量大于 40 L/s 时，建议采用矩形薄壁堰。具体构造如图 5.1-10 所示。

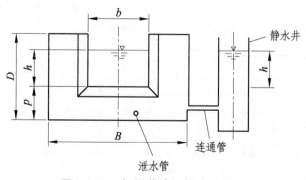

图 5.1-10　矩形薄壁堰构造示意图

矩形薄壁堰水位-流量公式参见下式：

$$Q = C_e \frac{2}{3}\sqrt{2g}\, b_e h_e^{\frac{3}{2}}$$ （5.1-2）

$$b_e = b + K_b$$

$$h_e = h + K_h$$

式中：Q——实测流量，m^3/s；

$\quad\ C_e$——流量系数，可通过查图 5.1-11 得到；

$\quad\ b_e$——有效堰口宽度，m；

$\quad\ b$——实测堰口宽度，m；

$\quad\ K_b$——宽度修正系数，可通过查图 5.1-12 得到；

$\quad\ h_e$——有效液位，m；

$\quad\ h$——实测液位，m；

$\quad\ K_h$——液位修正系数，$K_h = 0.000\ 1$ m；

其中流量系数可参照表 5.1-10 进行计算。

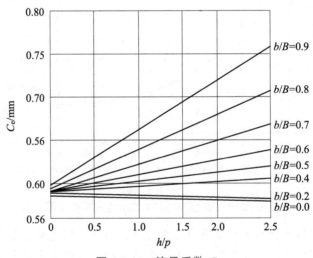

图 5.1-11　流量系数 C_e

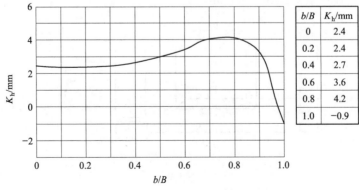

图 5.1-12　K_b 与 b/B 的关系曲线图

表 5.1-10　矩形堰流量系数表

b/B	C_D	b/B	C_D
0.9	$0.598 + 0.064\ h/p$	0.5	$0.592 + 0.010\ h/p$
0.8	$0.596 + 0.045\ h/p$	0.4	$0.591 + 0.005\ 8\ h/p$
0.7	$0.594 + 0.030\ h/p$	0.2	$0.589 - 0.001\ 8\ h/p$
0.6	$0.593 + 0.018\ h/p$	0.0	$0.587 - 0.002\ 3\ h/p$

等宽薄壁堰应采用耐腐蚀、耐水流冲刷、不变形的材料精确加工而成。具体构造如图 5.1-13 所示。

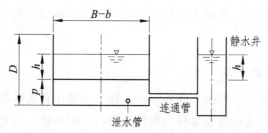

图 5.1-13　等宽薄壁堰构造示意图

等宽薄壁堰水位-流量公式参见下式：

$$Q = C_e \frac{2}{3}\sqrt{2g}\,bh_e^{3/2} \tag{5.1-3}$$

$$C_e = 0.602 + 0.083\ hp$$

$$h_e = h + 0.001\ 2$$

式中：Q——实测流量，$\mathrm{m^3/s}$；

　　　C_e——流量系数；

　　　h_e——有效液位，m；

　　　h——实测液位，m。

自由流与淹没流如图 5.1-4 所示。

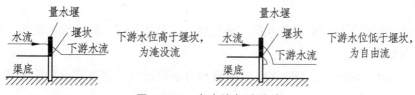

图 5.1-14　自由流与淹没流

薄壁堰应垂直安装在顺直的、槽壁光滑的和渠底水平的矩形行近渠槽内；行近渠槽顺直段长度应大于水面宽度的 10 倍；矩形缺口中垂线应与行近渠槽中心线相重合；量水堰槽通水后，水的流态要呈自由流；三角堰、矩形堰下游水位要低于堰坎；堰顶高程应大于堰体下游

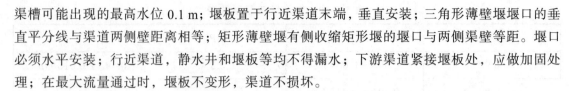

渠槽可能出现的最高水位 0.1 m；堰板置于行近渠道末端，垂直安装；三角形薄壁堰堰口的垂直平分线与渠道两侧壁距离相等；矩形薄壁堰有侧收缩矩形堰的堰口与两侧渠壁等距。堰口必须水平安装；行近渠道，静水井和堰板等均不得漏水；下游渠道紧接堰板处，应做加固处理；在最大流量通过时，堰板不变形，渠道不损坏。

（4）管道电磁流量计。

采用管道电磁流量计测定流量，应按照标准 HJ/T 367 等技术要求进行选型、设计和安装，并通过计量部门检定。

电磁流量计在垂直管道上安装时，被测流体的流向应自下而上，在水平管道上安装时，两个测量电极不应在管道的正上方和正下方位置。流量计上游直管段长度和安装支撑方式应符合设计文件要求。管道设计应保证流量计测量部分管道水流时刻满管。

流量计应安装牢固稳定，有必要的防震措施。仪器周围应留有足够空间，方便仪器维护与比对。

5.1.3.4 水质自动采样器

水质自动采样器具有采集瞬时水样和混合水样、冷藏保存水样的功能。

水质自动采样器具有远程启动采样、留样及平行监测功能，记录瓶号、时间、平行监测等信息。

水质自动采样器采集的水样量应满足各类水质自动分析仪润洗、分析需求。

5.1.3.5 水质自动分析仪

应根据企业废水实际情况选择合适的水质自动分析仪。应根据所登记的企业实际排放废水浓度选择合适的水质自动分析仪现场工作量程，参照标准 HJ 355—2019 中 5.1 的内容对仪器运行参数进行设置，量程上限应设置为现场执行的污染物排放标准限值的 2～3 倍。当实际水样排放浓度超出量程设置要求时，应按要求进行人工监测。

针对模拟量采集时，应保证数据采集传输仪的采集信号量程设置、转换污染物浓度量程设置与在线监测仪器设置的参数一致。

安装高温加热装置的水质自动分析仪，应避开可燃物和严禁烟火的场所。

水质自动分析仪与数据控制系统的电缆连接应可靠稳定，并尽量缩短信号传输距离，减少信号损失。

水质自动分析仪工作所必需的高压气体钢瓶，应稳固固定，防止钢瓶跌倒，有条件的站房可以设置钢瓶间。

COD_{Cr}、TOC、NH_3-N、TP、TN 水质自动分析仪可自动调节零点和校准量程值，两次校准时间间隔不小于 24 h。

根据企业排放废水实际情况，水质自动分析仪可安装过滤等前处理装置，经过前处理装置所安装的过滤等前处理装置时应防止过度过滤，过滤后实际水样比对结果满足表 5.1-11 中的要求。

表 5.1-11 水污染源在线监测仪器调试期性能指标

仪器类型	调试项目		指标限值
明渠流量计	液位比对误差		12 mm
	流量比对误差		±10%
水质自动采样器	采样量误差		±10%
	温度控制误差		±2 ℃
COD$_{Cr}$水质自动分析仪/TOC水质自动分析仪	24 h 漂移	20%量程上限值	±5% F.S.
		80%量程上限值	±10% F.S.
	重复性		≤10 %
	示值误差		±10 %
	实际水样比对	COD$_{Cr}$<30 mg/L（用浓度为 20～25 mg/L 的标准样品替代实际水样进行试验）	±5 mg/L
		30 mg/L≤实际水样 COD$_{Cr}$<60 mg/L	±30 %
		60 mg/L≤实际水样 COD$_{Cr}$<100 mg/L	±20 %
		实际水样 COD$_{Cr}$≥100 mg/L	±15 %
NH3-N 水质自动分析仪	24 h 漂移	20%量程上限值	±5% F.S.
		80%量程上限值	±10% F.S.
	重复性		≤10 %
	示值误差		±10 %
	实际水样比对	实际水样氨氮<2 mg/L（用浓度为 1.5 mg/L 的标准样品替代实际水样进行试验）	±0.3 mg/L
		实际水样氨氮≥2 mg/L	±15 %
TP 水质自动分析仪	24 h 漂移	20%量程上限值	±5% F.S.
		80%量程上限值	±10% F.S.
	重复性		≤10 %
	示值误差		±10 %
	实际水样比对	实际水样总磷<0.4 mg/L（用浓度为 0.3 mg/L 的标准样品替代实际水样进行试验）	±0.06 mg/L
		实际水样总磷≥0.4 mg/L	±15 %
TN 水质自动分析仪	24 h 漂移	20%量程上限值	±5% F.S.
		80%量程上限值	±10% F.S.
	重复性		≤10 %
	示值误差		+10 %
	实际水样比对	实际水样总氮<2 mg/L（用浓度为 1.5 mg/L 的标准样品替代实际水样进行试验）	±0.3 mg/L
		实际水样总氮≥2 mg/L	±15 %
pH 水质自动分析仪	示值误差		±0.5
	24 h 漂移		±0.5
	实际水样比对		±0.5

5.1.4 水污染源在线监测仪器调试

5.1.4.1 基本要求

在完成水污染源在线监测系统的建设之后，需要对流量计、水质自动采样器、水质自动分析仪进行调试，并联网上报数据。

数据控制单元的显示结果应与测量仪表一致，可方便查阅标准 HJ 353—2019《水污染源在线监测系统（COD_{Cr}、NH_3-N 等）安装技术规范》中规定的各种报表。

明渠流量计采用标准 HJ 354—2019 中 6.3 规定的方法进行流量比对误差和液位比对误差测试。

水质自动采样器采用标准 HJ 354—2019 中 6.3 规定的方法进行采样量误差和温度控制误差测试。

水质自动分析仪应根据排污企业排放浓度选择量程，并在该量程下按照规定方法进行 24 h 漂移、重复性和示值误差的测试，按照标准 HJ 354—2019 中 6.3 规定的方法进行实际水样比对测试。

5.1.4.2 调试方法

（1）24 h 漂移测试。

COD_{Cr} 水质自动分析仪、TOC 水质自动分析仪、NH_3-N 水质自动分析仪、TP 水质自动分析仪、TN 水质自动分析仪按照下述方法测定 24 h 漂移。

按照说明书调试仪器，待仪器稳定运行后，水质自动分析仪以离线模式，导入浓度值为现场工作量程上限值 20%、80% 的标准溶液，以 1 h 为周期，连续测定 24 h。在两种浓度下，分别取前 3 次测定值的算术平均值为初始测定值 x_0，按照公式计算后续测定值 x_i 与初始测定值 x_0 的变化幅度相对于现场工作量程上限值的百分比 RD，取绝对值最大 RD_{max} 为 24 h 漂移。

$$RD = \frac{x_i - x_0}{A} \times 100\% \qquad (5.1\text{-}4)$$

式中：RD——漂移，%；

    x_i——第 i（$i \geqslant 3$）次测定值，mg/L；

    x_0——前三次测量值的算术平均值，mg/L；

    A——工作量程上限值，mg/L。

pH 水质自动分析仪参照下述方法测定 24 h 漂移。

按照说明书调试仪器，待仪器稳定运行后，将 pH 水质自动分析仪的电极浸入 pH = 6.865（25 ℃）的标准溶液，读取 5 min 后的测量值为初始值 x_0，连续测定 24 h，每隔 1 h 记录一个测定瞬时值 x_i，按照公式（2）计算后续测定值 x_i 与初始测定值 x_0 的误差 D，取绝对值最大 D_{max} 为 24 h 漂移。

$$D = x_i - x_0 \qquad (5.1\text{-}5)$$

式中：D——漂移；

    x_i——第 i 次测定值；

x_0——初始值。

（2）重复性测试。

按照说明书调试仪器，待仪器稳定运行后，水质自动分析仪以离线模式，导入浓度值为现场工作量程上限值 50%的标准溶液，以 1 h 为周期，连续测定该标准溶液 6 次，按公式计算 6 次测定值的相对标准偏差 S_r，即为重复性。

$$S_r = \frac{\sqrt{\dfrac{1}{n-1}\sum\limits_{i=1}^{n}(x_i-\overline{x})^2}}{\overline{x}} \times 100\%$$　　　　　（5.1-6）

式中：S_r——相对标准偏差，%；

　　　$\overline{x}$——n 次测量值的算术平均值，mg/L；

　　　n——测定次数，6；

　　　x_i——第 i 次测量值，mg/L。

（3）示值误差测试。

按照说明书调试仪器，待仪器稳定运行后，水质自动分析仪（pH 自动分析仪除外）以离线模式，分别导入浓度值为现场工作量程上限值 20%和 80%的标准溶液，以 1 h 为周期，连续测定每种标准溶液各 3 次，按照公式计算 3 次仪器测定值的算术平均值与标准溶液标准值的相对误差ΔA，两个结果的最大值ΔA_{max} 即为示值误差。

$$\Delta A = \frac{\overline{x} - B}{B} \times 100\%$$　　　　　（5.1-7）

式中：ΔA——示值误差，%；

　　　B——标准溶液标准值，mg/L；

　　　$\overline{x}$——3 次仪器测量值的算术平均值，mg/L。

pH 水质自动分析仪的电极浸入 pH = 4.008 的标准溶液，连续测定 6 次，按照公式计算 6 次测定值的算术平均值与标准溶液标准值的误差 A，即为示值误差。

$$A = \overline{x} - B$$　　　　　（5.1-8）

式中：A——示值误差；

　　　B——标准溶液标准值；

　　　$\overline{x}$——6 次仪器测量值的算术平均值。

5.1.4.3　调试指标

各水污染源在线监测仪器指标符合标准 HJ 254—2019 中 5.10 要求的调试效果，TOC 水质自动分析仪的调试参照 COD_{Cr} 水质自动分析仪执行。

根据调试情况按照规范要求如实编制水污染源在线监测系统调试报告，如表 5.1-12 所示。

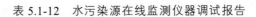

表 5.1-12　水污染源在线监测仪器调试报告

水污染源在线监测仪器调试报告

编制单位：XXXXXX

1. 水污染源在线监测仪器 24 h 漂移考核表

项目		COD_{Cr} /（mg/L）	NH_3-N /（mg/L）	TP /（mg/L）	TN /（mg/L）	pH 值	其他参数
标准溶液浓度							
测定时间							
测定结果	1						
	2						
	3						
	4						
	5						
	6						
	7						
	8						
	9						
	10						
	11						
	12						
	13						
	14						
	15						
	16						
	17						
	18						
	19						
	20						
	21						
	22						
	23						
	24						
初始值							
最大值							
24 h 漂移							
是否合格							

2. 水污染源在线监测仪器重复性考核表

内容		COD_{Cr} /（mg/L）	NH$_3$-N /（mg/L）	TP /（mg/L）	TN /（mg/L）	pH 值	其他参数
校准（正）液浓度							
测定时间							
测定结果	1						
	2						
	3						
	4						
	5						
	6						
平均值							
标准偏差（%）							
相对标准偏差（%）							
是否合格							

3. 水污染源在线监测仪器示值误差考核表

内容		COD_{Cr} /（mg/L）	NH3-N/ （mg/L）	TP /（mg/L）	TN /（mg/L）	pH 值	其他参数
校准（正）液浓度							
测定时间							
测定结果	1						
	2						
	3						
	4						
	5						
	6						
平均值							
示值误差							
是否合格							

4. 水污染源在线监测仪器实际水样比对考核表

内容		COD$_{Cr}$ /（mg/L）	NH3-N /（mg/L）	TP /（mg/L）	TN /（mg/L）	pH 值	其他参数
实验室标准方法测定值							
测定时间							
测定结果	1						
	2						
	3						
	4						
	5						
	6						
平均值							
误差							
是否合格							

5. 明渠流量计比对考核表

内容		液位比对试验		流量比对试验	
标准方法测定值					
测定时间					
测定结果	1			1	
	2				
	3			2	
	4				
	5			3	
	6				
平均值					
误差					
是否合格					

6. 水质采样器比对考核表

内容		采样量误差	温度控制误差
测定时间			
测定结果	1		
	2		
	3		
	4		
	5		
	6		
平均值			
误差			
是否合格			

5.1.5　水污染源在线监测仪器的试运行

调试完成后，应根据实际水污染源排放特点及建设情况，编制水污染源在线监测系统运行与维护方案以及相应的记录表格。

试运行期间应按照所制定的运行与维护方案及标准 HJ 355 相关要求进行作业；试运行期间应保持对水污染源在线监测系统连续供电，连续正常运行 30 天。

因排放源故障或在线监测系统故障等造成运行中断，在排放源或在线监测系统恢复正常后，重新开始试运行。

试运行期间数据传输率应不小于 90%，确认数据控制系统已经和水污染源在线监测仪器正确连接，并开始向监控中心平台发送数据。

试运行完成后编制水污染源在线监测系统试运行报告，如表 5.1-13 所示。

表 5.1-13　水污染源在线监测系统试运行报告

水污染源在线监测系统试运行报告

编制单位：XXXXX

1. 水污染源在线监测仪器试运行情况记录表

设备名称：		试运行天数：		其中正常运行天数：
序号	停机日期	停机原因简述	备注	签名
1				
2				
3				
4				
…				
设备名称：		试运行天数：		其中正常运行天数：
序号	停机日期	停机原因简述	备注	签名
1				
2				
3				
4				
…				

2. 水污染源在线监测仪器故障记录表

序号	设备名称	故障出现时间	故障现象	故障排除时间	解决办法及处理结果	故障率	是否合格
1							
2							

5.2 地表水在线监测设备的安装调试

5.2.1 地表水水质自动监测项目选择与仪器性能要求

地表水水质自动监测系统建设主要包括：站址选择、站房建设、水站各单元和数据平台等的建设。

5.2.1.1 监测项目选择

根据监测目的、水质特点确定监测项目，分为必测项目和选测项目，如表 5.2-1 所示。对于选测项目，应根据水体特征污染因子、仪器设备适用性、监测结果可比性以及水体功能进行确定。仪器不成熟或其性能指标不能满足当地水质条件的项目不应作为自动监测项目。

表 5.2-1　地表水水质自动监测站必测项目与选测项目

水体	必测项目	选测项目
河流	常规五参数、高锰酸盐指数、氨氮、总磷、总氮	挥发酚、挥发性有机物、油类、重金属、粪大肠菌群、流量、流速、流向、水位等
湖、库	常规五参数、高锰酸盐指数、氨氮、总磷、总氮、叶绿素 a	挥发酚、挥发性有机物、油类、重金属、粪大肠菌群、藻类密度、水位等

5.2.1.2 仪器性能要求

水质自动监测系统各仪器性能指标应符合或优于表 5.2-2 的要求，仪器性能核查按照表 5.2-2 的要求执行。

表 5.2-2　水质自动监测系统仪器性能指标技术要求

监测项目	检测方法	检出限	精密度	准确度	稳定性		标准曲线相关系数	加标回收率	实际水样比对
					零点漂移	量程漂移			
pH	电极法	—	—	±0.1	—	±0.1	—	—	±0.1
水温/℃	电极法	—	—	±0.2	—	±0.2	—	—	±0.2
溶解氧/（mg/L）	电极法	—	—	±0.3	±0.3	±0.3	—	—	±0.3
电导率/（μs/cm）	电极法	—	±1%	±1%	±1%	±1%	—	—	±10%
浊度/NTU	电极法	—	±5%	±5%	±3%	±5%	—	—	±10%
氨氮/（mg/L）	电极法	0.1	±5%	±10%	±5%	±5%	≥0.995	80%~120%	②
	光度法	0.05	±5%	±5%	±5%	±5%	≥0.995	80%~120%	
高锰酸盐指数/（mg/L）	电极法、光度法	1	±5%	±10%	±5%	±5%	≥0.995	—	②
总有机碳/（mg/L）	干式、湿式氧化法	0.3	±5%	±5%	±5%	±5%	≥0.999	80%~120%	②
总氮/（mg/L）	光度法	0.1	±10%	±10%	±5%	±10%	≥0.995	80%~120%	②
总磷/（mg/L）	光度法	0.01	±10%	±10%	±5%	±10%	≥0.995	80%~120%	②
生化需氧量/（mg/L）	微生物膜法	2	±10%	±10%	±5%	±10%	≥0.995	80%~120%	②
其他污染指标	—	①	③						

注：① 须优于 GB 3838 规定的标准限值（GB 3838 表 1 中的指标须优于 I 类标准限值）。

② 当 $C_x > B_{IV}$，比对实验的相对误差在 20%以内；

当 $B_{II} < C_x \leqslant B_{IV}$，比对实验的相对误差在 30%以内；

当 $4DL < C_x \leqslant B_{II}$，比对实验的相对误差在 40%以内；

当自动监测数据和实验室分析结果双方都未检出，或有一方未检出且另一方的测定值低于 B I 时，均认定对比实验结果合格；

式中：C_x——仪器测定浓度；

B——GB 3838 表 1 中相应的水质类别标准限值；

$4DL$——测定下限。

③ 须满足仪器出厂技术指标要求

5.2.2　站址选择

站址选择原则包括建站可行性、水质代表性、监测长期性、系统安全性和运行经济性。为确保水质自动监测系统的长期稳定运行，所选取的站址应具备良好的交通、电力、清洁水、通信、采水点距离、采水扬程、枯水期采水可行性和运行维护安全性等建站基础条件。

所选取站点的监测结果能代表监测水体的水质状况和变化趋势。河流监测断面一般选择在水质分布均匀、流速稳定的平直河段，距上游入河口或排污口的距离大于 1 km，原则上与原有的常规监测断面一致或者相近，以保证监测数据的连续性。湖库断面要有较好的水力交换，所在位置能全面反映被监测区域湖库水质真实状况，避免设置在回水区、死水区以及容易产生淤积和水草生长处。

（1）站址选择必须考虑下列基本原则：

① 基本条件的可行性：具备土地、交通、通信、电力、清洁水及地质等良好的基础条件；

② 水质的代表性：根据监测的目的和断面的功能，具有较好的水质代表性。

③ 站点的长期性：不受城市、农村、水利等建设的影响，具有比较稳定的水深和河流宽度，能够保证系统长期运行。

④ 系统的安全性：水站周围环境条件安全、可靠。

⑤ 运行维护的经济性：便于日常运行维护和管理。

（2）为确保系统长期稳定运行，选择的建站位置必须满足以下基础条件：

① 交通方便，到达水站的时间一般不超过 4 h。

② 有可靠的电力保证且电压稳定，供应电压应满足 380 V，设备电压应满足 220 V ± 10%，容量不低于 15 000 W。

③ 具有自来水或可建自备井水源，水质符合生活用水要求。

④ 通讯条件良好，且通信线路或无线网络质量符合数据传输要求。

⑤ 采水点距站房距离一般不超过 300 m，枯水期时不超过 350 m，且有利于铺设管线及保温设施。

⑥ 最低水面与站房的高度差不超过采水泵的最大扬程。

⑦ 断面常年有水，河道摆幅应小于 30 m，采水点水深不小于 1 m，保证能采集到水样，采水点最大流速一般应低于 3 m/s，以有利于采水设施的建设和运行维护，保证安全。

5.2.3　站房建设

站房建设根据站点的现场环境、建设周期、监测仪器设备安装条件等实际情况，采用固定站房、简易式站房、小型式站房、水上固定平台站、水上浮标（船）站等方式进行系统建设。站房的设计与施工结合地质结构、水位、气候等周边环境状况进行，同时做好防雷、抗震、防洪、防低温、防鼠害、防火、防盗、防断电及视频监控等措施。站房配套设计有废液处理和生活污水收集设施。

固定式站房的建设包括用于承载系统仪器设备的主体建筑物及外部保障条件。主体建筑物由仪器间、质控间和值守人员生活间组成。外部保障条件是指引入清洁水、通电、通讯和开通道路以及平整、绿化和固化站房所辖范围的土地。

简易式站房和小型式站房适用于占地面积有限、地理情况复杂、项目建设周期较短、有移址或调整监测断面需求的水站建设。站房设计尺寸应满足仪表及系统集成装置的安装要求，站房宜采用轻型材料，具备恒温、隔热、防雨和报警等功能。

水上固定平台站和水上浮标（船）站是将监测仪器集成于平台上，并配备太阳能、风能等供电设备，具备警示防撞和报警等功能的一种监测系统。

5.2.3.1　站房主体建设技术要求

仪器间面积不小于 60 m²，其中用于安装仪器的单面连续墙面净长度不小于 10 m，质控间面积不小于 30 m²，值守人员生活间面积不小于 20 m²，其他用房可根据实际需要进行安排。

仪器间：室内地面铺设防水、防滑材料，站房地朝着有排水孔的方向有一定的坡度，可使室内积水排出。仪器间内设有专用清洁水源管道，接口总管径不小于 DN20，并装有截止阀。不具备使用自来水条件的地方使用井水，但需在站房顶部或站房内距地面 2 m 的位置，建高位水箱并装备自动补水系统，水箱容积为 2 m³ 左右，井水中泥沙含量高时增配过滤设备。

质控间：配有防酸碱化学实验台，台上可以放置实验室比对仪器，台下有工作柜，便于放置试剂，并且配备实验凳及上下水、洗手池等。

值守人员生活间：为便于值守人员在水站工作，应配备卫生间。

同时，站房基础结构设计应满足以下要求：

① 根据当地地质情况进行设计和建设，遇软弱地基时做相应的地基处理。

② 使用砖混结构或框架结构，耐久年限不少于 50 年。

③ 地面标高能够抵御 50 年一遇的洪水，站房内净空高度不低于 2.7 m。

④ 站房周围是水泥混凝土地面，站房外地面平整，周围干净整洁，有利于排水，并有适当绿化。

⑤ 站房外形设计因地制宜，外观美观大方，结构经济实用，在风景区应与周边景物协调一致。

⑥ 通往水站应有硬化道路，路宽不低于 3 m，且与干线公路相通，站房前有适量空地，保证车辆停放和物资运输。

⑦ 应确保防雷系统、地线系统、采水设施、给排水等与站房建设同步进行。

⑧ 站房、仪器、电气系统等的专用接地装置，接地电阻不大于 4 Ω 并进行等电位连接。

⑨ 所征地域的区域图、平面图（1∶500 或 1∶1 000）应存档。

站房取暖、防雷抗震等安全设计应满足以下要求：

① 仪器间内配备空调和采暖设备，室内温度控制在 18～28 ℃，湿度在 60% 以内。空调应具有来电自动复位功能，采暖设备用于防止冬季停电造成系统损坏。

② 根据当地抗震设防烈度进行抗震设计。

③ 配备烟感及火焰报警，内置消防灭火器材。

④ 配备防雷系统，并采取防盗、防鼠害等安全措施。

5.2.3.2　配套设施建设技术要求

（1）供电设施。

水站的供电电源是交流 380 V、三相四线制，频率 50 Hz，容量不低于 15 000 W，供电电源电压在接至站房内总配电箱处时，电压下降值小于 5%，电源电路供电平稳，电压波动和频率波动符合国家及行业有关规定。

电源线引入方式符合相关的国家标准，站房内部电源线实施屏蔽，穿墙时预埋穿墙管。设置站房总配电箱，箱中有电表及空气总开关。在总配电箱处进行重复接地，确保零、地线分开，其间相位差为零，并在此采取电源防雷措施。从总配电箱引入单独一路三相电源到仪器间，并在指定位置配置自动监测系统专用动力配电箱。照明、空调及其他生活用电（220 V）、稳压电源和采水泵供电（220 V）分相使用。动力电容量：仪器设备及控制用电为两相（220 V）10 000 W 左右，仪器间空调及站房照明、生活用电为两相（220 V）5 000 W，如有其他用电需求，可适量考虑增加供电能力。

仪器间配备充足照明设备，且照明设备配有控制开关；在空调安装的就近位置配备专用空调插座，同时在仪器间每个墙面依据需求设有 2 ~ 3 个多用插座，方便临时用电。电源动力线、通信线、信号线应相互屏蔽，以免产生电磁干扰。

（2）通讯设施。

水站往往所处地理位置多样，能够提供的通信方式也不同，要求通信系统有足够的灵活性。优先考虑使用有线通信，受地域条件限制时，可选择无线通信。靠近站房时，通信电缆无飞线，穿墙时，预埋穿墙管，并做好接地。

（3）给排水设施。

样品水：采水管路进入站房的位置靠近仪器安装的墙面下方，并设保护套管，保护套管高出地面 50 mm。

排水：站房内所有排水均汇入排水总管道，并经外排水管道排入相应排水点，排水总管径不小于 DN150，以保证排水畅通。排水管出水口高于河水最高洪水水位，并且设在采水点下游。站房内设置一个供仪器设备专用的排水管道接口，采用总管径不小于 DN 25 的管线，排水管道高出地面 50 mm。另外需要注意采取防冻措施。

辅助用水：站房内引入自来水或井水，水量瞬时最大流量不大于 3 m^3/h，压力不小于0.5 kg/cm^2，每次清洗用量不大于 1 m^3，站房外区域有雨水排出系统，避免站房外地面积水。

（4）生活污水收集设施。

站房应配套设计生活污水化粪池，并要求与站房土建同步施工。

（5）不间断电源设施。

不间断电源供电系统应满足自动监测仪器、通信等设备能够在停电工作模式下 2 h 内正常运行，包括分析仪器的排空、清洗及数据采集控制系统的运行等。备用电源供电时应避免空调在室温较低时制热运行，确保监测仪器优先用电。

5.2.4 水站各单元建设

5.2.4.1 采配水单元

采配水单元是保证整个系统正常运转、获取正确数据的关键部分，必须保证所提供的水样可靠、有效，包括采水单元、预处理单元和配水单元。

（1）采水单元。

采水单元包含采水方式、采水泵、采水管路铺设等。

采水单元的功能是在任何情况下确保将采水点水样引至仪器间内，并满足其他设备需要。采水单元应具备连续和间歇的工作模式。

采用双泵/双管路交替式采水方式，一用一备，在控制系统中设置自动诊断故障及自动切换泵工作功能。当一路出现故障时，通过控制系统及时切断该水泵的电源，并同时能够自动切换到另一路进行工作，以满足整个系统不间断监测要求。

采水泵选用质量优良的潜水泵或自吸泵，坚固耐用，维护维修方便，且可有效防止堵塞。采水泵流量保证在 3 t/h 以上，采水量完全满足系统选用的仪表需求及未来扩展监测参数的需要，采水泵具有停电后来电再启动的自动恢复功能。

采水管路均采用保温措施，采样管与电缆置于同一套管内，埋地部分埋入冻土层以下或安装于水泥堰槽内，按规定实施保温、防冻、防冰凌措施，管路外部安装保温套管进行隔热处理，外部套管保护应具有极好的物理化学稳定性。

采水管路采用可拆洗式，具备反冲洗功能。管路采用可拆卸式以防止采样管堵塞并便于泥沙沉积后的清洗；采水管道上设反冲洗旁路排放口，可以通过控制系统来控制其进行自动反冲洗或由清洗泵使用化学试剂清洗液对采样管道全程进行自动反冲洗，且通过气动阀的切换完成高压振荡空气进样管路冲洗，清洗过程中不对环境造成污染，并且设计有专门的双层防藻结构，防止成块藻类进入管路和附着在采水头上，管路清洗配置在线除泥沙装置和除藻清洗装置，系统用化学试剂清洗管道后应使用大量清水对管道进行漂洗，采水时管道中没有残存药液，不得影响项目的监测，以保证测量的准确性，比色法仪器进口水质浊度控制在 20 NTU 以下。

采水口加设防止进水口淤积和漂浮物堵塞、防止仪器设备和采水仪器受到撞击而损坏或影响系统运行及防盗的防护装置。

采水装置以采水浮筒为例，浮筒应采用不锈钢骨架，玻璃钢表面材质制造，浮筒上有 2 个根据潜水泵直径和深度设计的圆柱空间，水泵维护时，可以打开防盗锁轻易地将水泵取出，而不必移动浮筒。采水安装平台两边各设圆管导轨，插入水中，采水浮筒可沿导轨上下浮动。无论水位如何变化，采水浮筒均保证采水深度始终为水面下 0.5～1.0 m，保证在汛期和枯水期能正常工作而不被损坏；设有必要的保温、防冻、防腐、防压、防淤、防撞和防盗措施，并对采水设备和设施进行必要的固定。

（2）配水单元。

配水单元直接向自动监测仪器供水，其提供的水质、水压和水量均须满足自动监测仪器的要求。

常规五参数自动监测仪使用原水。根据仪器对水样的要求，水样进入配水单元后，一部分水样按照最短采水距离原则不经过任何预处理，直接送入常规五参数测量池中，五参数测量仪器的安装遵循与水体距离最近的原则，池内保证水流稳定持续，水位恒定。

预留多个仪器扩展接口，可方便系统升级。各仪器配水管路采用并联采水方式，各仪器的管路内径、提水流量、流速均可单独调节并分别配备压力表。配水系统各支路满足其仪器的需水量要求外，需留有 2~3 套常规监测仪器的接口。

系统设计有正反向清洗泵、计量泵、高压空气擦洗管路、臭氧除藻等，可以以多种清洗方式结合达到最佳的清洗效果，清洗过程中不对环境造成污染。

配水管线设计合理，流向清晰，便于维护，当仪器发生故障时，能够在不影响其他仪器正常工作的前提下进行维修或更换。

管材机械强度及化学稳定性好、寿命长、便于安装维护，不会对水样水质造成影响。

（3）预处理单元。

预处理单元为不同监测项目配备预处理装置，以满足分析仪器对水样的沉降时间和过滤精度等要求。

在保证水样代表性的前提下，预处理单元对水样进行一系列处理来消除干扰自动监测仪器的因素，以保证分析系统的连续长时间可靠运行，不能采用拦截式过滤装置。由于预处理单元关系到整个分析系统的可靠性，预处理单元中所采用的阀门应为高质量的电动球阀。

预处理系统采用初级过滤和精密过滤相结合的方法，水样经初级过滤后，消除其中较大的杂物，再进一步进行自然沉降（经过滤沉淀的泥沙定期排放），然后经精密膜过滤进入分析仪表。精密过滤采用旁路设计，根据不同仪表的具体要求选定，并与分析仪表共同组成分析单元。

预处理系统主要由沉降池、过滤、安全保障等部分组成。各部分结合可以达到理想的除沙效果，管路内径、提水流量、流速满足测站内仪器分析需要，并留有 2~3 台常规监测仪器的接口。预处理系统在系统停电恢复后，能够按照采集控制器的控制时序自动启动。可以根据不同仪器采取恰当的过滤措施，特别情况下，酌情选择精密过滤器对水样进行二次处理。

在不违背标准分析方法的情况下，可以通过过滤达到预沉淀的效果，也可以通过预沉淀替代过滤操作。处理后的水样既要消除杂物对监测仪器的影响，又不能失去水样的代表性。过滤系统的清洗维护周期一般为 3 个月，过滤系统具备自动清洗、排沙、除藻功能。水样通过采水管道被输送到沉砂池中，通过静置使较大颗粒物下沉至池底，池底设有排放阀，每次测量周期结束后均会对沉降池残留水样进行排空和清洗，为下一周期水样的进入做好准备。

预处理单元的自动清洗和除藻功能，一般由系统控制自动完成，清洗过程既可以是现场人工操作，也可以是远程控制。每个测量周期结束后，高压气体对过滤器进行反冲洗，除去吸附在过滤器表面的黏着物、藻类和泥沙。

5.2.4.2　控制单元

控制单元是控制系统各个单元协调工作的指挥中心系统，采用一体化机柜设计，机柜内集成控制单元的全部设备。

控制单元完成水质自动监测系统的控制工作，与数据平台进行通信，向数据平台发送指令或接收数据平台指令，控制单元具有系统断电或断水时的保护性操作和自动恢复功能。

控制单元应能保证长期无人值守运行的体系结构，控制软件可与数据平台现有的远程控制软件完全兼容。

控制单元的核心部件包括可编程逻辑控制器（PLC）、工控机、外围设备执行器件及电路、隔离变压器、软件等。

当现场控制单元停电或者损坏不运转的时候，整个系统仍然能正常通信，平均无故障时间（MTBF）不小于 10 000 h。

5.2.4.3　检测单元

检测单元是水质自动监测系统的核心部分，由满足各检测项目要求的自动监测仪器组成。仪器的选择原则为仪器测定精度满足水质分析要求且符合国家规定的分析方法要求。
所选择的仪器配置合理，性能稳定；运行维护成本合理，维护量少，二次污染小。

5.2.4.4　数据采集和传输单元

数据采集和传输要求能够按照分析周期自动执行，并实现远程控制、自动加密与备份。

采集装置按照国家标准采用统一的通信协议，以有线或无线的方式实现数据及主要状态参数的传输。

数据采集和传输单元配备高性能工作站，用于现场监测数据采集和数据传输，数据采集与传输按照分析周期执行，每周期采集一组数据，包括监测结果、监测仪器状态、校准记录、现场环境状态、报警状态、阀门状态、系统工作状态等，所有采集到的数据都保存在现场服务器内，并可根据数据传输软件设置，将全部或选定的数据传输到数据平台系统。

数据采集和传输单元满足以下功能：

① 能实现与现有数据平台系统无缝衔接。数据采集和传输能自动记录，工作可靠有效；

② 可在现场及远程进行人工参与控制。现场可动态显示系统的实时状态、各单元设备工作状态、各个测量参数数据。数据采集与传输应完整、准确、可靠，采集值与测量值误差≤1%；

③ 数据采集装置采用统一指定通信协议，以无线、有线传输方式进行数据传输各个测量参数，同时实现双向传输，并能进行权限设置；

④ 水站断电后数据不应丢失，并能储存 1 年以上各测量参数的原始数据；

⑤ 水站数据具有自动备份功能，同时保存相应时期发生的有关校准、断电及其他状态事件记录，动态异地数据备份、恢复功能；

⑥ 应有数据加密等系统安全防护功能。

5.2.5　数据平台建设

数据平台是集数据与状态采集、处理和各类报表生成于一体的操作系统，具备现场数据与主要状态参数的采集、现场系统及仪表的有条件反控、数据分析与管理、报表生成与上报、报警等业务功能。

数据平台软件采用安全、稳定的数据传输方式，具有定期自动备份、自动分类报警和远程监控等功能，并具有可扩展性。

数据平台系统功能可以涵盖水质自动监测的常用工作业务流程，能够将自动数据采集、数据有效性分析、监测控制、有效数据入库、日常维护、数据管理、数据报表、信息发布、数据上报、统计分析、短信报警、图文显示等功能整合到一个软件中，界面美观，操作方便。

数据平台的选择具有可扩展性。通过开放式、可扩展的软件架构设计，可灵活定制开发各种通信协议，系统的构架以方便的客户端浏览构架，实现信息与管理，满足多种浏览方式，可以实现用本机、客户端浏览器等多种方式进行查询。数据传输可靠安全，对各种数据的分析、监控、浏览要方便，操作要简单。软件具有丰富的数据处理及查询功能，能通过数据加标识等方式对监测数据进行识别。

采用专用网络或虚拟专用网络（VPN）数据接收方式，可同时自动接收各水站上传的数据和状态信息，并将数据经解析后存入数据库中。可主动采集实时、历史数据，同时可远程控制设备，可改变设备量程、参数等，支持无线及有线多种通信、协议方式，可实现远程同步多点数据采集。

数据平台系统能实现对系统环境状况参数、仪器状态参数的自动采集，并对仪器故障、质控数据、无效数据进行自动标识和处理。可根据用户需要设置状态参数或故障报警信号自动对数据的有效性进行判断，能判断水质类别、首要污染物、污染指数和各项目的超标情况，能根据用户要求进行数据处理，可以进行不同时段的数据对比等，将报警信息以多种形式发送至指定人员终端。

现场采用双系统非硬盘备份，能将数据库定期自动备份，当数据库损坏时，可由用户设置自动恢复，同时对监测数据能由用户选择时间段备份出来，当需要时可以由用户进行数据库恢复，可以将水站备份的数据恢复到数据传输系统。

系统具有数据质量控制功能，自动分析过程中有完整的质量控制手段及质量控制数据报告，对可疑数据实施相应的标记。

系统自身需具有自动分类报警，当系统出现报警时可自动触发报警输出。以有线或无线方式通知维护人员，对重大报警，由维护人员第一时间做出反应并进行应急处理。

支持远程图像监控及录像，可采集站房安防监控系统报警信息及现场图片资料，可自动记录备份并形成报表，当安防监控系统有异常报警信息时，以多种形式将报警信息传送至指定人员终端。系统可根据站房图片信息上传周期进行自动上传，也可实时采集现场图片资料。支持远程数据监控和系统日志监控，数据传输系统应实现对水站仪器和系统远程控制功能，并实现远程启动、终止、清洗、采样、校正、标定等功能。数据传输系统能修正水站的时间，使之与数据传输同步。

5.3　烟气在线监测仪器（CEMS）的安装调试

5.3.1　烟气在线监测仪器的组成和功能要求

CEMS 由颗粒物监测单元和（或）气态污染物监测单元、烟气参数监测单元、数据采集与处理单元组成。

CEMS 应当实现测量烟气中颗粒物浓度、气态污染物 SO_2 和（或）NOx 浓度，烟气参数（温度、压力、流速或流量、湿度、含氧量等），同时计算烟气中污染物排放速率和排放量，显示（可支持打印）和记录各种数据和参数，形成相关图表，并通过数据、图文等方式传输至管理部门等功能。输出参数计算应满足 HJ 75 标准附录 C 的要求。

对于氮氧化物监测单元，可以直接测量 NO_2，也可通过转化炉转化为 NO 后一并测量，但不允许只监测烟气中的 NO。NO_2 转换为 NO 的效率应满足标准 HJ 76 的要求。

5.3.2　烟气在线监测站房要求

烟气连续排放自动在线监测系统应为室外的 CEMS 提供独立站房，监测站房与采样点之间距离应尽可能近，原则上不超过 70 m。监测站房的基础荷载强度应 $\geq 2\,000$ kg/m 。若站房内仅放置单台机柜，面积应 $\geq 2.5 \times 2.5$ m^2。若同一站房放置多套分析仪表的，每增加一台机柜，站房面积应至少增加 3 m^2，便于开展运维操作。站房空间高度应 ≥ 2.8 m，站房建在标高 ≥ 0 m 处。

监测站房内应安装空调和采暖设备，室内温度应保持在 15～30 ℃，相对湿度应 $\leq 60\%$，空调应具有来电自动重启功能，站房内应安装排风扇或其他通风设施。

监测站房内配电功率能够满足仪表实际要求，功率不少于 8 kW，至少预留三孔插座 5 个、稳压电源 1 个、UPS 电源 1 个。

监测站房内应配备不同浓度的有证标准气体，且在有效期内。标准气体应当包含零气（即含二氧化硫、氮氧化物浓度均 ≤ 0.1 μmol/mol 的标准气体，一般为高纯氮气，纯度 $\geq 99.999\%$；当测量烟气中二氧化碳时，零气中二氧化碳 ≤ 400 μmol/mol，含有其他气体的浓度不得干扰仪器的读数）和 CEMS 测量的各种气体（SO_2、NOx、O_2）的量程标气，以满足日常零点、量程校准、校验的需要。低浓度标准气体既可由高浓度标准气体通过经校准合格的等比例稀释设备获得（精密度 $\leq 1\%$），也可单独配备。

监测站房应有必要的防水、防潮、隔热、保温措施，在特定场合还应具备防爆功能。

监测站房应具有能够满足 CEMS 数据传输要求的通信条件。

5.3.3　烟气在线监测设备安装要求

5.3.3.1　安装位置要求

一般要求安装点位于固定污染源排放控制设备的下游和比对监测断面上游，且满足以下条件：

①　不受环境光线和电磁辐射的影响。

②烟道振动幅度尽可能小。

③安装位置应尽量避开烟气中水滴和水雾的干扰，如不能避开，应选用能够适用的检测探头及仪器。

④安装位置不漏风。

⑤安装 CEMS 的工作区域应设置一个防水低压配电箱，内设漏电保护器、不少于 2 个 10 A 插座，保证监测设备所需电力。

⑥应合理布置采样平台与采样孔。

⑦采样或监测平台长度应≥2 m，宽度应≥2 m 或不小于采样枪长度外延 1 m，周围设置 1.2 m 以上的安全防护栏，有牢固并符合要求的安全措施，便于日常维护（清洁光学镜头、检查和调整光路准直、检测仪器性能和更换部件等）和比对监测。

⑧采样或监测平台应易于人员和监测仪器到达，当采样平台设置在离地面高度≥2 m 的位置时，应有通往平台的斜梯（或 Z 字梯、旋梯），宽度应≥0.9 m；当采样平台设置在离地面高度≥20 m 的位置时，应有通往平台的升降梯。

⑨当 CEMS 安装在矩形烟道时，若烟道截面的高度>4 m，则不宜在烟道顶层开设参比方法采样孔；若烟道截面的宽度>4 m，则应在烟道两侧开设参比方法采样孔，并设置多层采样平台。

在 CEMS 监测断面下游应预留参比方法采样孔，采样孔位置和数目按照标准 GB/T 16157 的要求确定。现有污染源参比方法的采样孔内径应≥80 mm，新建或改建污染源参比方法的采样孔内径应≥90 mm。在互不影响测量的前提下，参比方法采样孔应尽可能靠近 CEMS 监测断面。当烟道为正压烟道或有毒气时，应采用带闸板阀的密封采样孔。

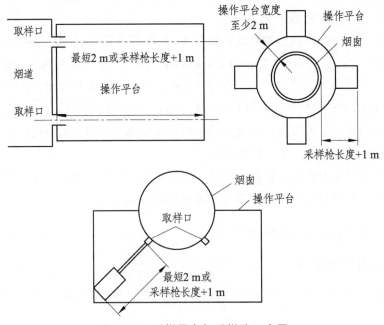

图 5.3-1　采样平台与采样孔示意图

采样位置应优先选择在垂直管段和烟道负压区域，确保所采集样品具有代表性。

测定位置应避开烟道弯头和断面急剧变化的部位。对于圆形烟道，颗粒物 CEMS 和流速 CMS，应设置在距弯头、阀门、变径管下游方向 ≥4 倍烟道直径，以及距上述部件上游方向 ≥2 倍烟道直径处；气态污染物 CEMS，应设置在距弯头、阀门、变径管下游方向 ≥2 倍烟道直径，以及距上述部件上游方向 ≥0.5 倍烟道直径处。对于矩形烟道，应以当量直径计，其当量直径按下式计算。

$$D = \frac{2AB}{A+B} \tag{5.3-1}$$

式中：D——当量直径；

　　　A、B——边长。

对于新建排放源，采样平台应与排气装置同步设计、同步建设，确保采样断面满足上述要求；对于现有排放源，当无法找到满足上述要求的采样位置时，应尽可能选择在气流稳定的断面安装 CEMS 采样或分析探头，并采取相应措施保证监测断面烟气分布相对均匀，断面无紊流。

对烟气分布均匀程度的判定采用相对均方根 σ_r 法，当 $\sigma_r \leq 0.15$ 时视为烟气分布均匀，σ_r 按公式计算：

$$\sigma_r = \sqrt{\frac{\sum_{i=1}^{n}(v_i - \overline{v})^2}{(n-1) \times \overline{v}^2}} \tag{5.3-2}$$

式中：σ——流速相对均方根；

　　　v_i——测点烟气流速，m/s；

　　　$\overline{v}$——截面烟气平均流速，m/s；

　　　n——截面上的速度测点数目，测点的选择按照 GB/T 16157 执行。

为了便于颗粒物和流速参比方法的校验和比对监测，CEMS 不宜安装在烟道内烟气流速 <5 m/s 的位置。

若一个固定污染源排气先通过多个烟道或管道后进入该固定污染源的总排气管时，应尽可能将 CEMS 安装在总排气管上，但要便于用参比方法校验 CEMS；不得只在其中的一个烟道或管道上安装 CEMS，并将测定值作为该源的排放结果；但允许在每个烟道或管道上安装 CEMS。

固定污染源烟气净化设备设置有旁路烟道时，应在旁路烟道内安装 CEMS 或烟温、流量 CMS。其安装、运行、维护、数据采集、记录和上传应符合 HJ 75 标准要求。

5.3.3.2　安装施工要求

CEMS 安装施工应符合标准 GB 50093、GB 50168 的规定。

施工单位应熟悉 CEMS 的原理、结构、性能，编制施工方案、施工技术流程图、设备技术文件、设计图样、监测设备及配件货物清单交接明细表、施工安全细则等有关文件。

设备技术文件应包括资料清单、产品合格证、机械结构、电气、仪表安装的技术说明书、装箱清单、配套件、外购件检验合格证和使用说明书等。

设计图样应符合技术制图、机械制图、电气制图、建筑结构制图等标准的规定。

设备安装前的清理、检查及保养应符合以下要求。

① 按交货清单和安装图样明细表清点检查设备及零部件,缺损件应及时处理,更换补齐。

② 运转部件如:取样泵、压缩机、监测仪器等,滑动部位均需清洗、注油润滑防护。

③ 因运输造成变形的仪器、设备的结构件应校正,并重新涂刷防锈漆及表面油漆,保养完毕后应恢复原标记。

现场端连接材料(垫片、螺母、螺栓、短管、法兰等)为焊件组对焊接时,壁(板)的错边量应符合以下要求:

① 管子或管件对口、内壁齐平,最大错边量≥1 mm;

② 采样孔的法兰与连接法兰几何尺寸极限偏差不超过±5 mm,法兰端面的垂直度极限偏差≤0.2%;

③ 采用透射法原理颗粒物监测仪器发射单元和颗粒物监测仪反射单元,测量光束从发射孔的中心出射到对面中心线相叠合的极限偏差≤0.2%。

从探头到分析仪的整条采样管线的铺设应采用桥架或穿管等方式,保证整条管线具有良好的支撑。管线倾斜度≥5°,防止管线内积水,在每隔4~5 m处装线卡箍。当使用伴热管线时应具备稳定、均匀加热和保温的功能。其设置加热温度≥120 ℃,且应高于烟气露点温度10 ℃以上,其实际温度值应能够在机柜或系统软件中显示查询。

电缆桥架安装应满足最大直径电缆的最小弯曲半径要求。电缆桥架的连接应采用连接片。配电套管应采用钢管和PVC管材质配线管,其弯曲半径应满足最小弯曲半径要求。

应将动力与信号电缆分开敷设,保证电缆通路及电缆保护管的密封,自控电缆应符合输入和输出分开、数字信号和模拟信号分开的配线和敷设的要求。

安装精度和连接部件坐标尺寸应符合技术文件和图样规定。监测站房仪器应排列整齐,监测仪器顶平直度和平面度应不大于5 mm,监测仪器固定牢固,可靠接地。二次接线正确、牢固可靠,配导线的端部应标明回路编号。配线工艺整齐,绑扎牢固,绝缘性好。

各连接管路、法兰、阀门封口垫圈应牢固完整,均不得有漏气、漏水现象。保持所有管路畅通,保证气路阀门、排水系统安装后应畅通和启闭灵活。自动监测系统空载运行24 h后,管路不得出现脱落、渗漏、振动强烈现象。

反吹气应为干燥清洁气体,反吹系统应进行耐压强度试验,试验压力为常用工作压力的1.5倍。

电气控制和电气负载设备的外壳防护应符合标准GB 4208的技术要求,户内达到防护等级IP24级,户外达到防护等级IP54级。

防雷、绝缘应当满足以下要求。

① 系统仪器设备的工作电源应有良好的接地措施,接地电缆应采用大于4 mm²的独芯护套电缆,接地电阻小于4 Ω,且不能和避雷接地线共用。

② 平台、监测站房、交流电源设备、机柜、仪表和设备金属外壳、管缆屏蔽层和套管的防雷接地,可利用厂内区域保护接地网,采用多点接地方式。厂区内不能提供接地线或提供的接地线达不到要求的,应在子站附近重做接地装置。

③ 监测站房的防雷系统应符合标准 GB 50057 的规定。电源线和信号线设防雷装置。

④ 电源线、信号线与避雷线的平行净距离 ≥ 1 m，交叉净距离 ≥ 0.3 m（见图 5.3-2）。

⑤ 由烟囱或主烟道上数据柜引出的数据信号线要经过避雷器引入监测站房，应将避雷器接地端同站房保护地线可靠连接。

⑥ 信号线为屏蔽电缆线，屏蔽层应有良好绝缘，不可与机架、柜体发生摩擦、打火，屏蔽层两端及中间均需做接地连接（见图 5.3-3）。

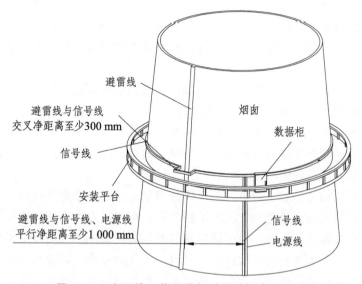

图 5.3-2　电源线、信号线与避雷线距离示意图

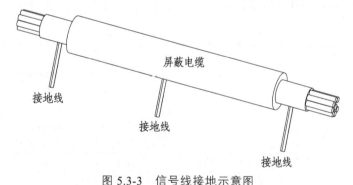

图 5.3-3　信号线接地示意图

5.3.4　烟气在线监测设备技术指标调试检测

CEMS 在现场安装运行以后，在接受验收前，应进行技术性能指标的调试检测。调试检测的技术指标包括：

① 颗粒物 CEMS 零点漂移、量程漂移。

② 颗粒物 CEMS 线性相关系数、置信区间、允许区间。

③ 气态污染物 CEMS 和氧气 CMS 零点漂移、量程漂移。

④ 气态污染物 CEMS 和氧气 CMS 示值误差。

⑤ 气态污染物 CEMS 和氧气 CMS 系统响应时间。

⑥ 气态污染物 CEMS 和氧气 CMS 准确度。

⑦ 流速 CMS 速度场系数。

⑧ 流速 CMS 速度场系数精密度。

⑨ 温度 CMS 准确度。

⑩ 湿度 CMS 准确度。

5.3.4.1 调试检测要求

现场完成 CEMS 安装、初调后，CEMS 连续运行时间应不少于 168 h。连续运行 168 h 后，可进入调试检测阶段，调试检测周期为 72 h，在调试检测期间，不允许计划外的检修和调节仪器。

如果因 CEMS 故障、固定污染源故障、断电等原因造成调试检测中断，在上述因素恢复正常后，应重新开始进行为期 72 h 的调试检测。

调试检测必须采用有证标准物质或标准样品，标准气体要求贮存在铝或不锈钢瓶中，不确定度不超过 ±2%。较低浓度的标准气体可以使用高浓度的标准气体采用等比例稀释方法获得，等比例稀释装置的精密度在 1% 以内。

对于光学法颗粒物 CEMS，校准时须对实际测量光路进行全光路校准，确保发射光先经过出射镜片，再经过实际测量光路，到校准镜片后，再经过入射镜片到达接受单元，不得只对激光发射器和接收器进行校准。对于抽取式气态污染物 CEMS，当对全系统进行零点校准和量程校准、示值误差和系统响应时间的检测时，零气和标准气体应通过预设管线输送至采样探头处，经由样品传输管线回到站房，经过全套预处理设施后进入气体分析仪。

调试检测后应编制调试检测报告。

表 5.3-1 调试检测技术指标要求

检测项目		技术要求
气态污染物 CEMS	SO_2	示值误差
		当满量程 ≥100 μmol/mol（286 mg/m³）时，示值误差不超过 ±5%（相对于标准气体标称值）； 当满量程 <100 μmol/mol（286 mg/m³）时，示值误差不超过 ±2.5%（相对于仪表满量程值）
		系统响应时间 ≤200 s
		零点漂移、量程 漂移 不超过 ±2.5%
		准确度
		排放浓度 ≥250 μmol/mol（715 mg/m³）时，相对准确度 ≤15%
		50 μmol/mol（143 mg/m³）≤ 排放浓度 <250 μmol/mol（715 mg/m³）时，绝对误差不超过 ±20 μmol/mol（57 mg/m³）
		20 μmol/mol（57 mg/m³）≤ 排放浓度 <50 μmol/mol（143 mg/m³）时，相对误差不超过 ±30%
		排放浓度 <20 μmol/mol（57 mg/m³）时，绝对误差不超过 ±6 μmol/mol（17 mg/m³）

续表

检测项目			技术要求
气态污染物 CEMS	氮氧化物	示值误差	当满量程≥200 μmol/mol（410 mg/m³）时，示值误差不超过±5%（相对于标准气体标称值）；当满量程<200 μmol/mol（410 mg/m³）时，示值误差不超过±2.5%（相对于仪表满量程值）
		系统响应时间	≤200 s
		零点漂移、量程 漂移	不超过+2.5%
		准确度	排放浓度≥250 μmol/mol（513 mg/m³）时，相对准确度≤15%
			50 μmol/mol（143 mg/m³）≤排放浓度<250 μmol/mol（715 mg/m³）时，绝对误差不超过±20 μmol/mol（41 mg/m³）
			20 μmol/mol（41 mg/m³）≤排放浓度<50 μmol/mol（103 mg/m³）时，相对误差不超过±30%
			排放浓度<20 μmol/mol（41 mg/m³）时，绝对误差不超过±6 μmol/mol（12 mg/m³）
	其他气态污染物	准确度	相对准确度≤15%
氧气 CMS	O₂	示值误差	不超过±5%（相对于标准气体标称值）
		系统响应时间	≤200 s
		零点漂移、量程漂移	不超过±2.5%
		准确度	>5.0%时，相对准确度≤15%
			≤5.0%时，绝对误差不超过±1.0%
颗粒物 CEMS	颗粒物	零点漂移、量程漂移	±2.0%F.S.
		相关系数	当参比方法测定颗粒物平均浓度>50 mg/m³时，≥0.85
			当参比方法测定颗粒物平均浓度≤50 mg/m³时，≥0.70
		置信区间半宽	≤10%（该排放源检测期间参比方法实测状态均值）
		允许区间半宽	≤25%（该排放源检测期间参比方法实测状态均值）
流速 CMS	流速	精密度	≤5%
		相关系数 a	≥9 个数据时，相关系数≥0.90
		准确度	流速>10 m/s，相对误差不超过±10%
			流速≤10 m/s，相对误差不超过±12%
温度 CMS	温度	绝对误差	不超过±3 ℃
湿度 CMS	湿度	准确度	烟气湿度>5.0%时，相对误差不超过±25%
			烟气湿度≤5.0%时，绝对误差不超过±1.5%

注 1：氮氧化物以 NO₂ 计

注 2：当精密度不满足本标准要求，进行相关系数校准时应满足本条要求

5.3.4.2 颗粒物 CEMS 零点漂移、量程漂移的调试检测

在检测期间开始时，人工或自动校准仪器零点和量程，记录最初的模拟零点和量程读数。每隔 24 h 测定（人工或自动）和记录一次零点、量程读数，随后校准仪器零点和量程。连续操作 3d，按以下公式计算零点漂移、量程漂移。

（1）零点漂移。

$$\Delta Z_i = Z_i - Z_{0i} \tag{5.3-3}$$

$$Z_d = \frac{\Delta Z_{max}}{R} \times 100\%$$

式中：Z_{0i}——第 i 次零点读数初始值；

$\quad\quad Z_i$——第 i 次零点读数值；

$\quad\quad Z_d$——零点漂移；

$\quad\quad \Delta Z_i$——第 i 次零点测试值的绝对误差；

$\quad\quad \Delta Z_{max}$——零点测试绝对误差最大值；

$\quad\quad R$——仪器满量程值。

（2）量程漂移。

$$\Delta S_i = S_i - S_{0i} \tag{5.3-4}$$

$$S_d = \frac{\Delta S_{max}}{R} \times 100\%$$

式中：S_{0i}——第 i 次量程读数初始值；

$\quad\quad S_i$——第 i 次量程读数值；

$\quad\quad S_d$——零点漂移；

$\quad\quad \Delta S_i$——第 i 次量程测试值的绝对误差；

$\quad\quad \Delta S_{max}$——量程测试绝对误差最大值。

颗粒物 CEMS 零点和量程漂移检测结果按表 5.3-2 的表格形式记录。

表 5.3-2   颗粒物 CEMS 零点和量程漂移检测

测试人员＿＿＿＿＿＿＿＿＿＿＿＿＿＿＿＿＿＿CEMS 生产厂商

测试地点＿＿＿＿＿＿＿＿＿＿＿＿＿＿＿＿＿＿CEMS 型号、编号

测试位置

CEMS 原理

日期	时间		计量单位（mg/m³、mA、mV、不透明度%……）								备注
			零点读数		零点漂移绝对误差	调节零点否	上标校准读数		量程漂移绝对误差	调节量程否	清洁镜头否	
	开始	结束	起始（Z_0）	最终（Z_i）	$\Delta Z = Z_i - Z_0$		起始（S_0）	最终（S_i）	$\Delta S = S_i - S_0$			
零点漂移绝对误差最大值						量程漂移绝对误差最大值						
零点漂移						量程漂移						

5.3.4.3   气态污染物 CEMS 和氧气 CMS 零点漂移、量程漂移的调试检测

（1）零点漂移。

仪器通入零气（经过滤的不含颗粒物、待测气体的清洁干空气或高纯氮气），校准仪器至零点，记录 Z_{0j}。24 h 后，再通入零气，待读数稳定后记录零点读数 Z，按调零键，仪器调零。连续操作 3 d，参照颗粒物零点漂移计算公式计算零点漂移 Z_d。

（2）量程漂移。

仪器通入高浓度（80%～100%的满量程）标准气体，校准仪器至该标准气体的浓度值 S_{0i}。24 h 后，再通入同一标准气体，待读数稳定后记录标准气体读数 S，按校准键，校准仪器。连续操作 3 d，参照颗粒物量程漂移计算公式计算量程漂移 S_d。

气态污染物 CEMS 零点和量程漂移检测结果按表 5.3-3 的表格形式记录。

表 5.3-3　气态污染物 CEMS（含氧量）零点和量程漂移检测

测试人员＿＿＿＿＿＿＿＿＿＿＿＿＿＿＿＿CEMS 生产厂商

测试地点＿＿＿＿＿＿＿＿＿＿＿＿＿＿＿＿CEMS 型号、编号

测试位置＿＿＿＿＿＿＿＿＿＿＿＿＿＿＿＿CEMS 原理

标准气体浓度或校准器件的已知响应值

污染物名称＿＿＿＿＿＿＿＿＿＿＿＿＿＿＿＿＿＿＿　　计量单位＿＿＿＿＿＿＿＿＿＿＿＿＿＿＿＿＿＿＿

序号	日期	时间	零点读数		零点读数变化	量程读数		量程读数变化	备注
			起始（Z_0）	最终（Z_i）	$\Delta Z = Z_i - Z_0$	起始（S_0）	最终（S_i）	$\Delta S = S_i - S_0$	
零点读数变化最大值						量程读数变化最大值			
零点漂移						量程漂移			

5.3.4.4　颗粒物 CEMS 相关校准技术指标的调试检测

检测期间，通过调节颗粒物控制装置，使颗粒物 CEMS 在高、中、低不同排放浓度条件下进行测试。每个排放浓度至少有 5 个参比数据。

参比方法与颗粒物 CEMS 监测同时段进行，颗粒物 CEMS 每分钟记录一个分钟均值，取与参比方法同时段显示值的平均值与参比方法测定的断面浓度平均值组成一个数据对，至少获得 15 个有效数据对。但应报告所有的数据，包括舍去的数据对。

将由参比方法测定的标准状态干烟气下颗粒物断面浓度平均值转换为实际烟气状况下颗粒物断面浓度平均值。

$$Y = Y_s \times \frac{273}{273+t} \times \frac{B_a + P_s}{101\ 325} \times (1 - X_{sw}) \tag{5.3-5}$$

式中：Y——实际烟气状况下颗粒物断面浓度平均值，mg/m³；

　　　Y_s——标准状态干烟气下颗粒物断面浓度平均值，mg/m³；

　　　T——测定断面平均烟温，℃；

　　　B_a——测定期间的大气压，Pa；

P_s——测定断面烟气静压，Pa；

X_{sw}——测定断面烟气含湿量，%。

以颗粒物 CEMS 显示值为横坐标（X），参比方法测定的已转换为实际烟气状况下的颗粒物断面浓度为纵坐标（Y），用最小二乘法建立两变量之间的关系。

一元线性回归方程：

$$\hat{Y} = b_0 + b_1 X \tag{5.3-6}$$

式中：$\hat{y}$——预测颗粒物浓度，mg/m³；

$\quad\quad b_0$——线性相关校准曲线截距；

$\quad\quad b_1$——线性相关校准曲线斜率；

$\quad\quad X$——颗粒物 CEMS 显示值，无量纲。

截距计算公式：

$$b_0 = \bar{Y} - b_1 \bar{X} \tag{5.3-7}$$

式中：$\bar{X}$——颗粒物 CEMS 显示值的平均值，具体的计算见下面的公式；

$\quad\quad \bar{Y}$——实际烟气状况下参比方法颗粒物断面浓度平均值，mg/m³。

$$\bar{X} = \frac{1}{n}\sum_{i=1}^{n} X_i \quad\quad \bar{Y} = \frac{1}{n}\sum_{i=1}^{n} Y_i \tag{5.3-8}$$

式中：X_i——第 i 个数据，颗粒物 CEMS 的显示值，无量纲；

$\quad\quad Y_i$——第 i 个数据，实际烟气状况下参比方法颗粒物断面浓度值，mg/m³；

$\quad\quad n$——数据对数目。

斜率计算公式：

$$b_1 = \frac{S_{xy}}{S_{xx}} \tag{5.3-9}$$

其中，S_{xy} 和 S_{xx} 按下式计算：

$$S_{xx} = \sum_{i=1}^{n}(X_i - \bar{X})^2 \quad\quad S_{xy} = \sum_{i=1}^{n}(X_i - \bar{X})(Y_i - \bar{Y}) \tag{5.3-10}$$

置信区间按下式计算，颗粒物 CEMS 测定的一批显示值，要求有 95% 的把握认为此批显示值的每一个值均应落在由距上述校准曲线为该排放源在检测期间参比方法实测状态均值的 ±10% 的两条直线组成的区间内。

$$CI = t_{df} S_E \sqrt{\frac{1}{n}} \tag{5.3-11}$$

式中：CI——在平均值 X 处的 95% 置信区间半宽；

$t_{df,1-a/2}$——对于 $df = n$-2 按计算置信区间和允许区间参数表中提供的 student 统计 t 值；

S_E——相关校准曲线的分散性或偏差性（回归线精密度），计算见下式：

$$S_E = \sqrt{\frac{1}{n-2}\sum_{i=1}^{n}(\hat{Y}_i - Y_i)^2}$$ （5.3-12）

在平均值 X 处，对于参比方法实测状态均值百分比的置信区间半宽按下式计算：

$$CI = \frac{CI}{EL} \times 100\%$$ （5.3-13）

式中：EL——排放源的颗粒物浓度排放限值。

注：当颗粒物排放限值小于颗粒物参比采样测试全部测量有效数据的平均值时，EL 值取颗粒物参比采样测试全部测量有效数据的平均值。

允许区间按下式计算，颗粒物 CEMS 测定的一批显示值，要求有 95% 的把握认为该批数据中有 75% 的数据应落在由距上述校准曲线为该排放源在检测期间参比方法实测状态均值的 ±25% 的两条直线组成的区间内。

$$TI = k_t S_E$$ （5.3-14）

式中：TI——在平均值 X 处的 95% 允许区间半宽；

$$k_t = u_{n'}V_{df}$$ （5.3-15）

式中：$u_{n'}$——由表 5.3-4 提供，75% 允许因子（在平均值 X 处，$n' = n$）；

V_{df}——对于 $df = n - 2$ 见计算置信区间和允许区间参数表。

在平均值 X 处，作为参比方法实测状态均值百分比的允许区间半宽按下式计算：

$$TI = \frac{TI}{EL} \times 100\%$$ （5.3-16）

线性相关系数计算如下：

$$r = \sqrt{1 - \frac{S_E^2}{S_y^2}}$$ （5.3-17）

式中：r——线性相关系数；

$$S_Y = \sqrt{\frac{\sum_{i=1}^{n}(Y_i - \bar{Y})^2}{n-1}}$$ （5.3-18）

当一元线性回归方程无法满足相关系数的指标要求时，可选用其他校验方法（如一元多次方程式、对数指数方程式、幂指数方程式、K 系数等）进行调试。参比方法校准颗粒物 CEMS 的一元线性回归方程原始记录表见表 5.3-4。

表 5.3-4　计算置信区间和允许区间参数表

f	t_{ar}	V_{ar}	n	$un,（75）$
7	2.365	1.797 2	7	1.233
8	2.306	1.711 0	8	1.223
9	2.262	1.645 2	9	1.214
10	2.228	1.593 1	10	1.208
11	2.201	1.550 6	11	1.203
12	2.179	1.515 3	12	1.199
13	2.160	1.485 4	13	1.195
14	2.145	1.459 7	14	1.192
15	2.131	1.437 3	15	1.189
16	2.120	1.417 6	16	1.187
17	2.110	1.400 1	17	1.185
18	2.101	1.384 5	18	1.183
19	2.093	1.370 4	19	1.181
20	2.086	1.357 6	20	1.179
21	2.080	1.346 0	21	1.178
22	2.074	1.335 3	22	1.177
23	2.069	1.325 5	23	1.175
24	2.064	1.316 5	24	1.174
25	2.060	1.308 1	25	1.173
30	2.042	1.273 7	30	1.170
35	2.030	1.248 2	35	1.167
40	2.021	1.228 4	40	1.165
45	2.014	1.212 5	45	1.163
50	2.009	1.199 3	50	1.162

注：$f = n - 1$

表 5.3-5　参比方法校准颗粒物 CEMS

测试人员 _____ CEMS 生产厂商

测试地点 _____ CEMS 型号、编号

测试位置

CEMS 原理

日　期	时间 （时、分）	参比方法					CEMS 法	颗粒物 颜色	备注
		序号	滤筒 编号	颗粒 物重 /mg	标干 体积 /L	浓度 /（mg/m³）	测定值 （无量纲）		

校验颗粒物 CEMS 的相关内容如下。

将建立的手工采样参比方法测定结果与颗粒物 CEMS 测定结果的一元线性回归方程的斜率和截距输入 CEMS 的数据采集处理系统，将颗粒物 CEMS 的测定显示值修正到与手工采样参比方法一致的颗粒物浓度（mg/m³）。

手工采样断面排气流速应 ≥ 5 m/s，当不能满足要求时：

① 在 2.5 ~ 5 m/s 时，取实测平均流速计算采样流量进行恒流采样，校验方法仍采用一元线性回归方程；

② 低于 2.5 m/s 时，取 2.5 m/s 流速计算采样流量进行恒流采样。至少取 9 个有效数据对计算 K 系数，即手工方法平均值/CEMS 显示值平均值，然后将 K 系数输入到 CEMS 的数据处理系统，校验后的颗粒物浓度 $= K \cdot$ CEMS 物显示值。

③ 当无法调节颗粒物控制装置或燃烧清洁能源时，亦可采用 K 系数的方法。

5.3.4.5　气态污染物 CEMS 和氧气 CMS 示值误差的调试检测

① 仪器通入零气，调节仪器零点。

② 通入高浓度（80% ~ 100%的满量程值）标准气体，调整仪器显示浓度值与标准气体浓度值一致。

③ 仪器经上述校准后，按照零气、高浓度标准气体、零气、中浓度（50% ~ 60%的满量程值）标准气体、零气、低浓度（20% ~ 30%的满量程值）标准气体的顺序通入标准气体。若低浓度标准气体浓度高于排放限值，则还需通入浓度低于排放限值的标准气体，完成超低排放改造后的火电污染源还应通入浓度低于超低排放水平的标准气体。待显示浓度值稳定后读取测定结果。重复测定 3 次，取平均值。计算示值误差。

当满足以下条件：

① SO_2 满量程不小于 100 μmol/mol，

② NO_x 满量程不小于 200 μmol/mol，

③ 测试含氧量示值误差。

示值误差按下式计算：

$$L_{ei} = \frac{\overline{C_{di}} - C_{si}}{C_{si}} \times 100\% \quad (5.3\text{-}19)$$

式中：L_{ei}——标准气体的示值误差；

$\overline{C_{di}}$——标准气体测定浓度平均值；

C_{si}——标准气体浓度值；

i——第 i 种浓度的标准气体。

当满足以下条件：

① SO_2 满量程小于 100 μmol/mol，

② NO_x 满量程小于 200 μmol/mol。

示值误差按下式计算：

$$L_{ei} = \frac{\overline{C_{di}} - C_{si}}{F.S.} \times 100\% \quad (5.3\text{-}20)$$

式中：$F.S.$——分析仪满量程值。

示值误差检测结果按表 5.3-6 的表格形式记录。

5.3.4.6 气态污染物 CEMS 和氧气 CMS 系统响应时间调试检测

① 待测 CEMS 运行稳定后，按照系统设定采样流量通入零点气体，待读数稳定后按照相同流量通入量程校准气体，同时用秒表开始计时；

② 观察分析仪示值，至读数开始跃变为止，记录并计算样气管路传输时间 T；

③ 继续观察并记录待测分析仪器显示值上升至标准气体浓度标称值 90% 时的仪表响应时间 T_2；

④ 系统响应时间为 T_1 和 T_2 之和。重复测定 3 次，取平均值，应符合调试检测技术指标要求。系统响应时间检测结果按表 5.3-6 的表格形式记录。

表 5.3-6 气态污染物 CEMS 示值误差和系统响应时间检测

测试人员_____CEMS 生产厂商

测试地点_____CEMS 型号、编号

测试位置_____CEMS 原理

污染物名称_____计量单位

测试日期_____年____月____日

序号	标准气体或校准器件参考值	CEMS 显示值	CEMS 显示值的平均值	示值误差/%	系统响应时间/s					备注
					测定值			平均值		
					T_1	T_2	$T = T_1 + T_2$			

5.3.4.7 气态污染物 CEMS 和氧气 CMS 准确度技术指标的调试检测

气态污染物 CEMS 和氧气 CMS 与参比方法同步测定，由数据采集器每分钟记录 1 个累积平均值，连续记录至参比方法测试结束，取与参比方法同时段的平均值，参比方法每个数据的测试时间为 5~15 min。

取参比方法与 CEMS 同时段测定值组成一个数据对，参比方法与 CEMS 测量值均取标态干基浓度，每天至少取 9 对有效数据用于准确度计算，但应报告所有的数据，包括舍去的数据对，连续进行 3 d。

（1）相对准确度计算。

$$RA = \frac{|\overline{d}| + |cc|}{\overline{RM}} \times 100\% \qquad （5.3-21）$$

式中：RA——相对准确度；

$\overline{RM}$——参比方法全部数据对测量结果的平均值；

$|\overline{d}|$——CEMS 与参比方法测量各数据对差的平均值；

$|cc|$——置信系数。

$$\overline{RM} = \frac{1}{n} \sum_{i=1}^{n} RM_i \qquad （5.3-22）$$

式中：n——数据对的个数；

RM_i——第 i 个数据对中的参比方法测定值。

$$\overline{d_i} = \frac{1}{n} \sum_{i=1}^{n} d_i \qquad （5.3-23）$$

$$d_i = CEMS_i - RM_i$$

式中：d_i——每个数据对之差；

$CEMS_i$——第 i 个数据对中的 CEMS 测定值。

在计算数据对差的和时，保留差值的正、负号。

$$cc = \pm t_{f,0.95} \frac{S_d}{\sqrt{n}} \qquad （5.3-24）$$

式中：$t_{f,\,0.95}$——由表 5.3-7 查得，$f = n - 1$；

S_d——参比方法与 CEMS 测定值数据对的差的标准偏差。

表 5.3-7　计算置信系数用 t 值表（95%置信水平）

5	6	7	8	9	10	11	12	13	14	15	16
2.571	2.447	2.365	2.306	2.262	2.228	2.201	1.179	2.160	2.145	2.131	2.120

$$S_d = \sqrt{\frac{\sum_{i=1}^{n} (d_i - \overline{d_i})^2}{n-1}} \qquad （5.3-25）$$

参比方法评估气态污染物 CEMS 准确度结果按表 5.3-8 的表格形式记录。

表 5.3-8　参比方法评估气态污染物 CEMS（含氧量）准确度

测试人员＿＿＿＿＿＿＿＿＿＿＿＿＿＿CEMS 生产厂商

测试地点＿＿＿＿＿＿＿＿＿＿＿＿＿＿CEMS 型号、编号＿＿＿＿＿＿＿＿

测试位置＿＿＿＿＿＿＿＿＿＿＿＿＿＿CEMS 原理

参比方法仪器生产厂商＿＿＿＿＿＿型号、编号＿＿＿＿＿＿原理＿＿＿＿

测试日期＿＿＿＿年＿＿＿月＿＿日　污染物名称＿＿＿＿＿＿＿＿计量单位

样品编号	时间（时、分）	参比方法测量值 A	CEMS 测量值 B	数据对差＝$B-A$			
平均值							
数据对差的平均值的绝对值							
数据对差的标准偏差							
置信系数							
相对准确度							
标准气体	名称	保证值	参比方法测量值		相对误差（%）	
			采样前	采样后	采样前	采样后

（2）校验气态污染物 CEMS 和 CMS。

气态污染物 CEMS 和氧气 CMS 准确度达不到技术指标的要求时，将偏差调节系数输入 CEMS 的数据采集处理系统，按下列公式对 CEMS 测定数据进行调节，调节后仍不能达到要求时，应选择有代表性的位置安装气态污染物 CEMS，重新进行检测。

$$CEMS_{adi} = CEMS_i \times E_{ac} \qquad (5.3\text{-}26)$$

式中：$CEMS_{adi}$——CEMS 在 i 时间调节后的数据；

$CEMS_i$——CEMS 在 i 时间测得的数据；

E_{ac}——偏差调节系数。

$$E_{ac} = 1 + \frac{\overline{d}}{\overline{CEMS_i}}$$ （5.3-27）

式中：$\overline{d}$——数据对差的平均值；

$\overline{CEMS_i}$——第 i 个数据对中的 CEMS 测定数据的平均值。

5.3.4.8 流速 CMS 速度场系数技术指标的调试检测

由参比方法测定断面烟气平均流速和同时段流速 CMS 测定的烟气平均流速，按下式计算速度场系数：

$$K_V = \frac{F_s}{F_p} \times \frac{\overline{V_s}}{\overline{V_p}}$$ （5.3-28）

式中：K_v——速度场系数；

F_s——参比方法测定断面面积，m^3；

F_p——流速 CMS 所在测定断面的面积，m^3；

$\overline{V_s}$——参比方法测定断面的平均流速，m/s；

$\overline{V_P}$——流速 CMS 在固定点或测定线所在断面的测定流速，m/s。

5.3.4.9 流速 CMS 速度场系数精密度技术指标的调试检测

每天至少获得 5 个有效速度场系数，计算速度场系数日平均值。但必须报告所有的数据，包括舍去的数据。至少连续获得 3d 的日平均值，并按下式计算速度场系数精密度：

$$CV\% = \frac{S}{\overline{\overline{K_v}}} \times 100\%$$ （5.3-29）

$$S = \sqrt{\frac{\sum_{i=1}^{n}(\overline{K_{vi}} - \overline{\overline{K_v}})^2}{n-1}}$$

式中：CV——速度场系数精密度（相对标准偏差），%；

S——速度场系数的标准偏差；

$\overline{\overline{K_v}}$——速度场系数日平均值的平均值；

$\overline{K_{vi}}$——速度场系数日平均值；

n——日平均速度场系数的个数。

流速 CMS 速度场系数精密度检测结果按表 5.3-9 的表格形式记录。

表 5.3-9　速度场系数检测

测试人员＿＿＿＿＿＿＿＿＿＿＿CEMS 生产厂商

测试地点＿＿＿＿＿＿＿＿＿＿＿CEMS 型号、编号

测试位置＿＿＿＿＿＿＿＿＿＿＿CEMS 原理

参比方法仪器生产厂商＿＿＿＿＿＿型号、编号＿＿＿＿原理

参比方法计量单位＿＿＿＿＿＿＿CEM 计量单位

| 日期 | 方法 | 测定次数 | | | | | | | | | 日平均值 | 标准偏差 | 相对标准偏差/% |
		1	2	3	4	5	6	7	8	9			
	参比方法												
	CMS												
	速度场系数												
	参比方法												
	CMS												
	速度场系数												
	参比方法												
	CMS												
	速度场系数												
	参比方法												
	CMS												
	速度场系数												
速度场系数日平均值的平均值				标准偏差					相对标准偏差/%					

注：不参与日平均值统计的测量数据须标注

当速度场系数精密度不满足技术指标要求时，可进行手工采样参比方法与流速 CMS 的相关系数的校准。通过调节三个不同的工况流速，每个工况流速至少建立 3 个有效数据对，以流速 CMS 数据为 X 轴，参比方法数据为 Y 轴，建立一元线性回归方程。并把斜率和截距输入到 CEMS 的数据采集处理系统，将流速 CMS 测试的数据校准到手工采样参比方法所测定的流速值。校准曲线按表 5.3-10 的表格形式记录。

表 5.3-10　参比方法校验流速 CMS

测试人员＿＿＿＿＿＿＿＿＿＿＿＿＿＿＿CEMS 生产厂商

测试地点＿＿＿＿＿＿＿＿＿＿＿＿＿＿＿CEMS 型号、编号

测试位置＿＿＿＿＿＿＿＿＿＿＿＿＿＿＿CEMS 原理

参比方法仪器生产厂商＿＿＿＿＿＿＿＿＿型号、编号＿＿＿＿＿＿原理

参比方法计量单位＿＿＿＿＿＿＿＿＿＿＿CEM 计量单位

测试日期＿＿＿＿＿年＿＿＿＿月＿＿＿日

序号	CMS 测量值	参比方法 测量值	序号	CMS 测量值	参比方法 测量值	序号	CMS 测量值	参比方法 测量值
1			6			11		
2			7			12		
3			8			13		
4			9			14		
5			10			15		
一元线性方程式：					相关系数：			

5.3.4.10　温度 CMS 准确度技术指标的调试检测

检测期间，温度 CMS 与参比方法同步测定，由数据采集器每分钟记录 1 个累积平均值，连续记录至参比方法测试结束，取与参比方法同时段的平均值，参比方法每个数据的测试时间不得低于 5 min。

取参比方法与 CEMS 同时段测定值组成一个数据对，每天至少取 5 对有效数据用于相对准确度计算，但应报告所有的数据，包括舍去的数据对，连续进行 3d。将 CEMS 温度显示值减去参比方法断面测定平均值，计算温度准确度。温度检测结果按表 5.3-11 的表格形式记录。

5.3.4.11　湿度 CMS 准确度技术指标的调试检测

检测期间，湿度 CMS 与参比方法同步测定，由数据采集器每分钟记录 1 个平均值，连续记录至参比方法测试结束，取与参比方法同时段的平均值。

取参比方法与 CEMS 同时段测定值组成一个数据对，每天至少取 5 对有效数据用于相对准确度计算，但应报告所有的数据，包括舍去的数据对，连续进行 3 d。并计算烟气湿度绝对误差和相对误差。湿度检测结果按表 5.3-11 的表格形式记录。

表 5.3-11　颗粒物 CEMS/流速 CMS/温度 CMS/湿度 CMS 准确度检测

测试人员＿＿＿＿＿＿＿＿＿＿＿＿＿＿＿CEMS 生产厂商

测试地点＿＿＿＿＿＿＿＿＿＿＿＿＿＿＿CEMS 型号、编号

测试位置＿＿＿＿＿＿＿＿＿＿＿＿＿＿＿CEMS 原理

参比方法仪器生产厂商＿＿＿＿＿＿＿＿型号、编号＿＿＿＿＿＿原理

日期	时间（时、分）	参比方法								CEMS				颗粒物颜色	备注
		序号	滤筒编号	颗粒物重量/（mg）	标干体积/L	浓度/（mg/m³）	流速/（m/s）	温度/°C	湿度/%	测定值/（mg/m³）	流速/（m/s）	温度/°C	湿度/%		
颗粒物浓度平均值/（mg/m³）															
流速平均值/（m/s）															
烟温平均值/°C															
湿度平均值/%															
颗粒物相对误差/%															
流速相对误差/%															
烟温绝对误差/°C															
湿度绝对误差/%（参比方法测量值≤5%时）															
湿度相对误差/%（参比方法测量值>5%时）															

5.4　废气非甲烷总烃在线监测仪器（NMHC-CEMS）的安装调试

5.4.1　非甲烷总烃在线监测仪器的组成和功能要求

废气非甲烷总烃在线监测仪器由 NMHC 监测单元和废气参数监测单元、数据采集与处理单元组成，应能实现连续测量废气中非甲烷总烃浓度、废气参数，同时计算废气中污染物排放速率和排放量，显示（可支持打印）和记录各种数据和参数，形成相关图表，并拥有能通过数据、图文等方式进行传输的功能。

输出参数计算、湿基浓度和干基浓度转换应参照烟气在线监测设备安装调试相关要求。

5.4.2　非甲烷总烃在线监测仪器技术性能要求

CEMS 除应满足《固定污染源废气非甲烷总烃连续监测系统技术要求及检测方法》（HJ 1013）中的技术要求和性能指标要求外，还应满足以下要求：

① NMHC-CEMS 示值误差：量程 > 100 mg/m³ 时，示值误差应在标准气体标称值的 ± 5% 以内；量程 ≤ 100 mg/m³ 时，示值误差应在 F.S.的 ± 2.5% 以内（F.S.表示满量程）；

② NMHC-CEMS 系统响应时间 ≤ 300 s；

③ 参比方法测量 NMHC 浓度平均值和排放限值均 < 50 mg/m³ 时，绝对误差平均值应在 ± 10 mg/m³ 以内。

5.4.3　监测站房要求

监测站房内温度宜保持在 15 ~ 30 ℃，相对湿度应 ≤ 85%，空调应具有来电自动重启功能，站房内应安装排风扇或其他通风设施。

监测站房内应配备零点气和量程标准气体，以满足日常零点校准、量程校准、正确度核查的需要。

监测站房应有防水、防火、防潮、防雷、隔热、保温措施，站房内应安装可燃气体报警器。若站房设在防爆区域内应按照标准 GB/T 3836.1 中相关规定配备防爆等安全设施。

其他要求按照烟气在线监测设备站房要求执行。

5.4.4　安装要求

安装位置参照烟气在线监测仪器安装位置的相关要求。同时满足标准 HJ 1013 中安全要求。样品传输管线应具备稳定、均匀加热和保温的功能，其加热温度应在 120 ℃ 以上，加热温度值应能够在机柜或系统软件中显示查询。废气中含强腐蚀性气体时，样品经过的器件或管路应选用耐腐蚀性材料。

5.4.5　技术性能指标调试检测

NMHC-CEMS 在完成安装、初调，并连续运行 168 h 后，应进行为期 72 h 的技术性能指标的调试检测，调试检测数据按对应格式进行记录，调试检测完成后按照标准格式编制调试检测报告。若调试检测结果不满足本标准技术性能指标要求，按照标准 HJ 75 中技术指标调试检测结果分析和处理方法执行。

调试检测的技术性能指标包括：

① NMHC-CEMS 示值误差；

② NMHC-CEMS 分析周期；

③ NMHC-CEMS 系统响应时间；

④ NMHC-CEMS 24 h 零点漂移、量程漂移；

⑤ NMHC-CEMS 正确度；

⑥ 流速 CMS 速度场系数精密度；

⑦ 流速 CMS 正确度；

⑧ 温度 CMS 正确度；

⑨ 湿度 CMS 正确度。

对于安装有氧气 CMS 装置的，调试检测的技术性能指标还应包括：

① 氧气 CMS 示值误差；

② 氧气 CMS 系统响应时间；

③ 氧气 CMS 24 h 零点漂移、量程漂移；

④ 氧气 CMS 正确度。

技术性能指标的调试检测要求如下：

① 相关指标的检测应在生产设备正常且稳定运行的条件下开展；

② 调试检测技术性能指标应满足非甲烷总烃在线监测仪器技术性能要求；

③ 按照对应方法对各技术性能指标进行调试检测。其中，分析周期连续测量 3 d，每天至少测量 1 次，每日分析周期都应满足要求；非甲烷总烃参比方法可选用标准 HJ 38，也可选用国家发布的其他生态环境监测标准；若采用标准 HJ 38 作为参比方法，样品应在加热后分析。

调试检测数据记录格式要求如表 5.4-1-表 5.4-7 所示。

表 5.4-1　CEMS 零点和量程漂移检测

测试人员：_____CEMS 生产厂商：

CEMS 型号、编号：

CEMS 原理：_____安装位置：

标准气体浓度或校准器件的已知响应值：_____计量单位：

序号	日期	时间	零点读数		零点读数变化	量程读数		量程读数变化	备注
			起始值	最终值	最终值-起始值	起始值	最终值	最终值-起始值	
零点读数变化最大值					量程读数变化最大值				
零点漂移					量程漂移				

表 5.4-2　CEMS 示值误差和系统响应时间检测

测试人员：＿＿＿＿＿＿＿＿＿＿＿＿＿＿CEMS 生产厂商：

CEMS 型号、编号：

CEMS 原理：＿＿＿＿＿＿＿＿＿＿＿＿＿　安装位置：

计量单位：＿＿＿＿＿＿＿＿＿＿＿＿＿＿　测试日期：＿＿＿＿年＿＿月＿＿日

序号	标准气体或校准器件参考值	CEMS 显示值	CEMS 显示值的平均值	示值误差/%	系统响应时间/s		备注
					测定值 t	平均值	

表 5.4-3　NMHC-CEMS（氧气 CMS）正确度检测

测试人员：＿＿＿＿＿＿＿＿＿＿＿＿＿＿CEMS 生产厂商：

CEMS 型号、编号：

CEMS 原理：＿＿＿＿＿＿＿＿＿＿＿＿＿安装位置：

参比方法仪器生产厂商：＿＿＿＿＿＿ 型号、编号：＿＿＿＿＿ 原理：＿＿＿＿＿

测试日期：＿＿＿年＿＿月＿＿日　 计量单位：＿＿＿＿＿＿

样品编号	时间 （时、分）	参比方法 测量值 A	NMHC-CEMS(氧气 CMS） 测量值 B	数据对差 $B-A$
平均值				
数据对差的平均值的绝对值				
数据对差的样本标准差				
数据对差的极限误差				
相对误差的 95%置信上限				

标准气体	名称	保证值	参比方法测定结果		相对误差/%	
			采样前	采样后	采样前	采样后

注：本标准中"正确度""相对误差的95%置信上限""极限误差"在标准 HJ 75 和标准 HJ 1013 中称作"准确度""相对准确度""置信系数"。

表 5.4-4　流速、温度和湿度 CMS 的正确度检测

测试人员：_____CEMS 生产厂商：

CEMS 型号、编号：

CEMS 原理：_____安装位置：

参比方法仪器生产厂商：_____ 型号、编号：_____ 原理：

序号	日期	时间（时、分）	参比方法			CEMS			备注
			流速/（m/s）	温度/°C	湿度/%	流速/（m/s）	温度/°C	湿度/%	
流速平均值/（m/s）									
烟温平均值/°C									
湿度平均值/%									
流速相对误差/%									
烟温绝对误差平均值/°C									
湿度绝对误差平均值/%（参比方法测量值≤5%时）									
湿度相对误差/%（参比方法测量值>5%时）									

表 5.4-5 废气排放连续监测小时平均值日报表

安装位置：_____ 监测日期：_____ 年____ 月____ 日

时间	甲烷			非甲烷总烃			总烃			流量/ (m^3/h)	O_2/%	温度 /℃	湿度 /%	负荷	备注
	mg/m³	折算 mg/m³	kg/h	mg/m³	折算 mg/m³	kg/h	mg/m³	折算 mg/m³	kg/h						
00～01															
01～02															
02～03															
03～04															
04～05															
05～06															
06～07															
07～08															
08～09															
09～10															
10～11															
11～12															
12～13															
13～14															
14～15															
15～16															
16～17															
17～18															
18～19															
19～20															
20～21															
21～22															
22～23															
23～24															
平均值															
最大值															
最小值															
样本数															
日排放总量/t															

废气日排放总流量单位：×10^4 m³/d

表 5.4-6　废气排放连续监测日平均值月报表

安装位置：_____　监测月份：_____ 年 ____ 月

日期	甲烷		非甲烷总烃		总烃		流量 (×10⁴m³ /d)	O₂/%	温度 /°C	湿度/%	负荷	备注
	mg/m³	t/d	mg/m³	t/d	mg/m³	t/d						
1 日												
2 日												
3 日												
4 日												
5 日												
6 日												
7 日												
8 日												
9 日												
10 日												
11 日												
12 日												
13 日												
14 日												
15 日												
16 日												
17 日												
18 日												
19 日												
20 日												
21 日												
22 日												
23 日												
24 日												
25 日												
26 日												
27 日												
28 日												
29 日												
30 日												
31 日												
平均值												
最大值												
最小值												
样本数												
月排放总量/t												

废气月排放总流量单位：×10⁴ m³/m

上报单位（盖章）：　　　　负责人员：　　　报告人员：　　　报告日期：　　年　　月　　日

表 5.4-7　废气排放连续监测月平均值年报表

安装位置：_____　监测月份：_____ 年

日期	甲烷 / (t/m)	非甲烷总烃/ (t/m)	总烃 / (t/m)	流量 (×10⁴ m³/m)	O₂/%	温度 /℃	湿度/%	负荷	备注
1 月									
2 月									
3 月									
4 月									
5 月									
6 月									
7 月									
8 月									
9 月									
10 月									
11 月									
12 月									
平均值									
最大值									
最小值									
样本数									
年排放总量 （t）									

废气年排放总流量单位：×10⁴ m³/a

上报单位（盖章）：　　负责人员：　　报告人员：　　　　报告日期：　　年　月　日

调试检测报告编制格式如表 5.4-8 所示。

表 5.4-8　CEMS 调试检测报告

企业名称：_____安装位置：

检测单位：_____检测日期：

填表人员：

NMHC-CEMS 供应商：				
NMHC-CEMS 主要仪器型号				
仪器名称	设备型号	制造商		测量方法
项目名称		技术要求	检测结果	是否符合
NMHC	示值误差	当量程>100 mg/m³ 时，示值误差应在标准气体的标称值±5%以内；当量程≤100 mg/m³ 时，示值误差应在 F.S.的±2.5%以内		
	分析周期	≤3 min		
	系统响应时间	≤300 s		
	24 h 零点漂移	应在±3%以内		
	24 h 量程漂移	应在±3%以内		
	正确度	当参比方法测量非甲烷总烃浓度（以碳计）的平均值：a. <50 mg/m³ 时，绝对误差的平均值应在±20 mg/m³ 以内[a]；b. 在区间[50 mg/m³，500 mg/m³）时，相对误差的 95%置信上限≤40%；c. ≥500 mg/m³ 时，相对误差的 95%置信上限≤35%		
含氧量	示值误差	应在标准气体的标称值±5%以内		
	系统响应时间	≤200 s		
	零点漂移、量程漂移	应在±2.5%以内		
	正确度	≤5.0%时，绝对误差的平均值应在±1.0%以内；>5.0%时，相对误差的 95%置信上限≤15%		
流速	速度场系数精密度	≤5%		
	相关系数[b]	≥9 个数据时，相关系数≥0.90		
	正确度	流速>10 m/s，相对误差应在±10%以内；流速≤10 m/s，相对误差应在±12%以内		
烟温	正确度	绝对误差平均值应在±3℃ 以内		
湿度	正确度	≤5.0%时，绝对误差平均值应在±1.5%以内；>5.0%时，相对误差应在±25%以内		
结论				
标准气体名称		浓度标称值	生产厂商名称	
参比方法测试项目	仪器生产厂商	型号	方法依据	
注：本标准中"正确度""相对误差的 95%置信上限"在标准 HJ 75 和 HJ 1013 中称作"准确度""相对准确度"				
a. 当参比方法测量浓度平均值且排放限值均小于 50 mg/m³ 时，绝对误差平均值应在±10 mg/m³ 以内。				
b. 当速度场系数精密度不满足本标准要求时，进行相关系数校准时应满足本条要求				

5.4.5.1　NMHC-CEMS 和氧气 CMS 系统响应时间调试检测

系统响应时间的检测方法为：

① NMHC-CEMS 运行稳定后，按照系统设定采样流量从校准管线通入零点气，待读数稳定后按照相同流量通入量程校准气体，同时用秒表开始计时；

② 观察并记录待测分析仪器显示值上升至标准气体浓度标称值 90%时的仪表响应时间 T，即为系统响应时间；

③ 系统响应时间重复测定 3 次，取平均值。

NMHC-CEMS 分析周期参照标准 HJ 1013 中分析周期检测方法。

5.4.5.2　NMHC-CEMS 和氧气 CMS 正确度技术指标的调试检测和验收

NMHC-CEMS 和氧气 CMS 与参比方法同步测定，由数据采集器连续记录至参比方法测试结束，取与参比方法同时段的平均值。

取参比方法与 NMHC-CEMS 或氧气 CMS 同时段测定值组成一个数据对，参比方法与 NMHC-CEMS 或氧气 CMS 测定值均取标准干基浓度，每天至少取 9 对有效数据用于正确度计算，但应报告所有的数据，包括舍去的数据对，连续进行 3 d。

正确度（标准 HJ 75 中称为"准确度"）技术指标的计算公式，以及 NMHC-CEMS 和氧气 CMS 的核查方法参照标准 HJ 75 中气态污染物 CEMS 和氧气 CMS 正确度相关技术指标的调试检测相关内容。

5.4.5.3　其他技术指标的调试检测

NMHC-CEMS 和氧气 CMS 零点漂移和量程漂移、示值误差以及温度、湿度、流速相关技术指标的调试检测和验收参照标准 HJ 75 相关内容执行。检测结果格式参见表 5.3-2 ~ 5.3-11。

5.5　环境空气在线监测设备的安装调试

5.5.1　环境空气在线监测设备的系统组成和功能要求

环境空气在线监测设备一般包括颗粒物（PM_{10} 和 $PM_{2.5}$）连续监测系统和气态污染物（SO_2、NO_2、O_3、CO）连续监测系统。

5.5.1.1　PM_{10} 或 $PM_{2.5}$ 连续监测系统

PM_{10} 或 $PM_{2.5}$ 连续监测系统包括样品采集单元、样品测量单元、数据采集和传输单元以及其他辅助设备。

样品采集单元由采样入口、切割器和采样管等组成，将环境空气颗粒物进行切割分离，并将目标颗粒物输送到样品测量单元。

样品测量单元对采集的环境空气 PM_{10} 或 $PM_{2.5}$ 样品进行测量。

数据采集和传输单元采集、处理和存储监测数据，并能按中心计算机指令传输监测数据和设备工作状态信息。

其他辅助设备包括安装仪器设备所需要的机柜或平台、安装固定装置、采样泵等。

PM_{10} 或 $PM_{2.5}$ 连续监测系统所配置监测仪器的测量方法为 β 射线吸收法和微量振荡天平法。

5.5.1.2　气态污染物（SO_2、NO_2、O_3、CO）连续监测系统

气态污染物（SO_2、NO_2、O_3、CO）在线监测系统分为点式连续监测系统和开放光程连续监测系统。监测系统分析方法如表 5.5-1 所示。

表 5.5-1　分析仪器推荐选择的分析方法

监测项目	点式分析仪器	开放光程分析仪器
NO_2	化学发光法	差分吸收光谱法
SO_2	紫外荧光法	差分吸收光谱法
O_3	紫外吸收法	差分吸收光谱法
CO	非分散红外吸收法、气体滤波相关红外吸收法	—

（1）点式连续监测系统。

点式连续监测系统由采样装置、校准设备、分析仪器、数据采集和传输设备组成，如图 5.5-1 所示。

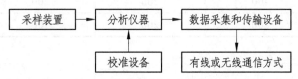

图 5.5-1　点式连续监测系统组成示意图

多台点式分析仪器可共用一套多支路采样装置进行样品采集。其中，采样装置的材料和安装应不影响仪器测量；校准设备主要由零气发生器和多气体动态校准仪组成；校准设备用于对分析仪器进行校准；分析仪器用于对采集的环境空气气态污染物样品进行测量；数据采集和传输设备用于采集、处理和存储监测数据，并能按中心计算机指令传输监测数据和设备工作状态信息。

（2）开放光程连续监测系统。

开放光程连续监测系统由开放测量光路、校准单元、分析仪器、数据传输和采集设备等组成，结构如图 5.5-2 所示。

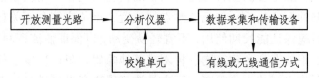

图 5.5-2　开放光程连续监测系统组成示意图

开放测量光路是光源发射端到接收端之间的路径。

校准单元是运用等效浓度原理，通过在测量光路上架设不同长度的校准池，来等效不同浓度的标准气体，以完成校准工作。标准气体的等效浓度按照以下公式计算。

$$C_e = C_t \times \frac{L_c}{L} \tag{5.5-1}$$

式中：C_e——标准气体等效浓度，ppb；

C_t——标准气体浓度标称值，ppm；

L——光程，m；

L_c——校准池长度，mm。

在监测系统校准单元中放置不同长度的校准池或通入不同浓度的标准气体，当光程为200 m 时，按照公式计算得到的等效浓度值如表 5.5-2。校准单元结构如图 5.5-3 所示。分析仪器用于对开放光路上的环境空气气态污染物进行测量。数据采集和传输设备用于采集、处理和存储监测数据，并能按中心计算机指令传输监测数据和设备工作状态信息。

表 5.5-2　等效浓度计算示例

序号	标准气体浓度/ppm	光程/m	校准池长度/mm	等效浓度/ppb
1	400	200	50	100
2	400	200	100	200
3	400	200	150	300
4	400	200	200	400
5	800	200	100	400

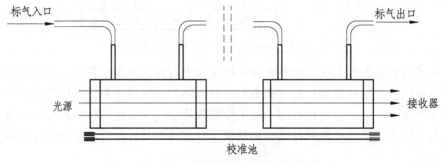

图 5.5-3　校准单元结构示意图

5.5.2　环境空气在线监测设备安装点位的选择

确定环境空气监测点位置前应首先进行周密的调查研究，采用间断性的监测先对本地区空气污染状况有粗略的概念然后再选择监测点的位置，点位应符合相关技术规范要求。监测点的位置一经确定后应保证能长期使用，不宜轻易变动，以保证监测资料的连续性和可比性。

在监测点周围，不能有高大建筑物、树木或其他障碍物阻碍环境空气流通。从监测点采样口到附近最高障碍物之间的水平距离，至少是该障碍物高出采样口垂直距离的两倍以上。

监测点周围建设情况应相对稳定，应尽量选择在规划建设完成的区域，在相当长的时间内不能有新的建筑工地出现。

监测点应地处相对安全和防火措施有保障的地方。

监测点位附近应无强电磁干扰，周围有稳定可靠的电力供应，通信线路应便于安装和检

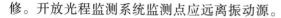

修。开放光程监测系统监测点应远离振动源。

监测点周围应有合适的车辆通道以满足设备运输和安装维护需要。

不同的功能监测点的具体位置要求应根据监测目的按相关技术规范确定。

5.5.3　环境空气在线监测站房及辅助设施要求

新建监测站房房顶应为平面结构，坡度不大于 10°，房顶安装防护栏，防护栏高度不低于 1.2 m，并预留采样总管安装孔。站房室内使用面积应不小于 15 m²。监测站房应做到专室专用。

监测站房应配备通往房顶的 Z 字型梯或旋梯，房顶平台应有足够空间放置参比方法比对监测的采样器，满足比对监测需求，房顶承重应大于等于 250 kg/m²。

站房室内地面到天花板高度应不小于 2.5 m，且距房顶平台高度不应大于 5 m。

站房应有防水、防潮、隔热、保温措施，一般站房内地面应离地表（或建筑房顶）有 25 cm 以上的距离。

站房应有防雷和防电磁干扰的设施，防雷接地装置的选材和安装应参照标准 YD 5098 的相关要求。

站房为无窗或双层密封窗结构，有条件时，门与仪器房之间可设有缓冲间，以保持站房内温湿度恒定，防止将灰尘和泥土带入站房内。

采样装置抽气风机排气口和监测仪器排气口的位置，应设置在靠近站房下部的墙壁上，排气口离站房内地面的距离应在 20 cm 以上。

使用开放光程监测系统的站房，开放光程监测系统的光源发射端和接收端应固定在安装基座上。基座应采用实心砖平台结构或混凝土水泥桩结构，建在受环境变化影响不大的建筑物主承重混凝土结构上，离地高度 0.6 ~ 1.2 m，长度和宽度尺寸应比发射端和接收端底座四个边缘宽 15 cm 以上。

使用开放光程监测系统的站房，应在墙面预留圆形通孔，通孔直径应大于光源发射端的外径。

在已有建筑物上建立站房时，应首先核实该建筑物的承重能力。

监测站房如采用彩钢夹芯板搭建，应符合相关临时性建（构）筑物设计和建造要求。

监测站房的设置应避免对企业安全生产和环境造成影响。

站房内环境条件应满足如下条件：

（1）温度：15 ~ 35 ℃；

（2）相对湿度：≤85%；

（3）大气压：80 ~ 106 kPa。

注：低温、低压等特殊环境条件下，仪器设备的配置应满足当地环境条件的使用要求。

站房供电系统应配有电源过压、过载保护装置，电源电压波动不超过 AC（220 ± 22）V，频率波动不超过（50 ± 1）Hz。

站房应采用三相五线供电，入室处装有配电箱，配电箱内连接入室引线处应分别装有三个单相 15 A 空气开关作为三相电源的总开关，分相使用。

站房灯具安装以保证操作人员工作时有足够的亮度为原则，开关位置的选择应以方便使用为原则。

站房应依照电工规范中的要求制作保护地线，用于机柜、仪器外壳等的接地保护，接地电阻应小于 4 Ω。

对站房的线路要求为走线美观，布线应加装线槽。

站房内应配备空调、灭火器等辅助设施，其中站房内安装的冷暖式空调机出风口不能正对仪器和采样总管，空调应具有来电自启动功能。同时站房应配备自动灭火装置并安装有排气风扇，对排风扇的要求为带防尘百叶窗。

点式连续监测系统站房如图 5.5-4 所示。

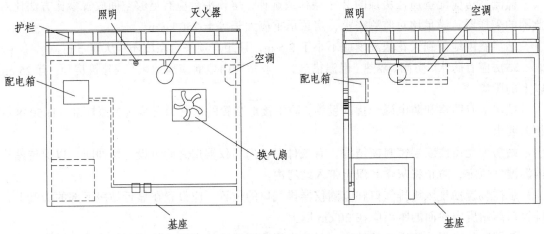

图 5.5-4 点式连续监测系统站房示意图

开放光程连续监测系统站房如图 5.5-5 所示。

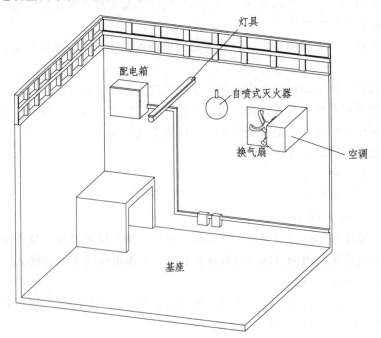

图 5.5-5 开放光程连续监测系统站房示意图

5.5.3　环境空气在线监测设备采样装置安装要求

5.5.3.1　点式连续监测系统采样装置安装要求

（1）采样总管应竖直安装。

（2）采样总管与屋顶法兰连接部分密封防水。

（3）采样总管各支路连接部分密闭不漏气。

（4）采样总管支撑部件与房顶和采样总管的连接应牢固、可靠。

（5）在采样口周围 270°捕集空间范围内环境空气流动应不受任何影响。

（6）加热器与采样总管的连接应牢固，加热温度一般控制在 30～50 ℃。

（7）采样总管接地良好，接地电阻应小于 4 Ω。

（8）采样口离地面的高度应在 3～15 m 范围内。

（9）在保证监测点具有空间代表性的前提下，若所选点位周围半径 300～500 m 范围内建筑物平均高度在 20 m 以上，无法按满足第（8）条的高度要求设置时，其采样口高度可以在 15～25 m 范围内选取。

（10）采样口离建筑物墙壁、屋顶等支撑物表面的距离应大于 1 m，若支撑物表面有实体围栏，采样口应高出实体围栏至少 0.5 m。

5.5.3.2　开放光程连续监测系统光路安装要求

（1）监测光束离地面的高度应在 3～15 m 范围内。

（2）在保证监测点具有空间代表性的前提下，若所选点位周围半径 300～500 m 范围内建筑物平均高度在 20 m 以上，其监测光束离地面高度可以在 15～25 m 范围内选取。

（3）监测光束能完全通过的情况下，允许监测光束从日平均机动车流量少于 10 000 辆的道路上空、对监测结果影响不大的小污染源和少量未达到间隔距离要求的树木或建筑物上空穿过，穿过的合计距离不能超过监测光束总光程的 10%。

5.5.3.3　颗粒物监测仪连续监测系统采样装置安装要求

（1）颗粒物监测仪应满足采样口位置距地面的高度应在 3～15 m 范围内。

（2）在采样口周围 270°捕集空间范围内环境空气流动应不受任何影响。

（3）针对道路交通的污染监控点，其采样口离地面的高度应在 2～5 m 范围内。

（4）在保证监测点具有空间代表性的前提下，若所选点位周围半径 300～500 m 范围内建筑物平均高度在 20 m 以上，无法满足高度要求时，其采样口高度可以在 15～25 m 范围内选取。

（5）采样口离建筑物墙壁、屋顶等支撑物表面的距离应大于 1 m，若支撑物表面有实体围栏，采样口应高出实体围栏至少 0.5 m。

（6）当设置多个采样口时，为防止其他采样口干扰颗粒物样品的采集，颗粒物采样口与其他采样口之间的水平距离应大于 1 m。

（7）进行比对监测时，若参比采样器的流量≤200 L/min，采样器和监测仪的各个采样口之间的相互直线距离应在 1 m 左右；若参比采样器的流量>200 L/min，其相互直线距离应在 2~4 m；使用高真空大流量采样装置进行比对监测，其相互直线距离应为 3~4 m。

5.5.4 分析仪器安装要求

5.5.4.1 一般要求

（1）产品铭牌上应标有仪器名称、型号、生产单位、出厂编号和生产日期等信息。

（2）分析仪器各零部件应连接可靠，表面无明显缺陷，各操作按键应使用灵活、定位准确。

（3）仪器各显示部分的刻度、数字清晰，涂色牢固，不应有影响读数的缺陷存在。

（4）仪器具备数字信号通信功能。

（5）分析仪器电源引入线与机壳之间的绝缘电阻应不小于 20 MΩ。

（6）电缆和管路以及电缆和管路的两端作上明显标识。电缆线路的施工还应满足标准 GB 50168 的相关要求。

5.5.4.2 点式分析仪器安装要求

（1）分析仪器应水平安装在机柜内或平台上，有必要的防震措施。

（2）分析仪器与支管接头连接的管线应选用不与被监测污染物发生化学反应和不释放干扰物质的材料；长度不应超过 3 m，同时应避免空调机的出风直接吹向采样总管和支管。

（3）为防止颗粒物进入分析仪器，应在分析仪器与支管气路之间安装孔径不大于 5 μm 的聚四氟乙烯滤膜。

（4）为防止受结露水流和管壁气流波动的影响，分析仪器与支管接头连接的管线，连接总管时应伸向总管接近中心的位置。

（5）分析仪器的排气口应通过管线与站房的总排气管连接。

（6）电缆和管路以及电缆和管路的两端作上明显标识。电缆线路的施工还应满足标准 GB 50168 的相关要求。

5.5.4.3 开放光程分析仪器安装要求

（1）分析仪器应安装在机柜内或平台上，确保仪器后方有 0.8 m 以上的操作维护空间。

（2）分析仪器光源发射、接收装置应与站房墙体密封。

（3）分析仪器光程大于等于 200 m 时，光程误差应不超过 ±3 m；当光程小于 200 m 时，光程误差应不超过 ±1.5%。

（4）光源发射端和接收端（反射端）应在同一直线上，与水平面之间俯仰角不超过 15°。

（5）光源接收端（反射端）应避光安装，同时注意尽量避免将其安装在住宅区或窗户附近以免造成杂散光干扰。

（6）光源发射端、接收端（反射端）应在光路调试完毕后固定在基座上。

（7）电缆和管路以及电缆和管路的两端作上明显标识。电缆线路的施工还应满足标准

GB 50168 的相关要求。

5.5.4.4　颗粒物监测仪器安装要求

（1）依照设备清单进行检查，要求所有零配件配备齐全。

（2）仪器应安装在机柜内或平台上，确保安装水平，仪器设备安装完毕后，确保仪器后方有 0.8 m 以上的操作维护空间，确保仪器采样入口和站房天花板的间距不少于 0.4 m。

5.5.4.5　采样管安装

（1）采样管应竖直安装。

（2）保证采样管与各气路连接部分密闭不漏气。

（3）保证采样管与屋顶法兰连接部分密封防水。

（4）采样管长度不超过 5 m。

（5）采样管应接地良好，接地电阻应小于 4 Ω。

5.5.4.6　切割器安装

（1）切割器入口位置应符合采样口的要求。

（2）切割器出口与采样管或等流速流量分配器连接应密封良好。

（3）切割器的选择应以方便拆装、清洗为原则。

5.5.4.7　辅助设备安装

（1）采样管支撑部件与房顶和采样管的连接应牢固、可靠，防止采样管摇摆。

（2）采样辅助设备与采样管应连接可靠。

（3）环境温度或大气压传感器应安装在采样入口附近，不干扰切割器正常工作。

（4）环境温度或大气压传感器信号传输线与站房连接处应符合防水要求。

5.5.4.8　数据采集和传输设备安装要求

（1）设备应采用有线或无线通信方式。

（2）设备应安装在机柜内或平台上，确保设备与机柜或平台的连接牢固、可靠。

（3）设备应能正确记录、存储、显示采集到的数据和状态。

5.5.5　环境空气在线监测设备的调试

监测系统在现场安装并正常运行后，在验收前须进行调试，调试完成后监测系统性能指标应符合表 5.5-3 和表 5.5-4 调试检测的指标要求。调试检测可由系统制造者、供应者、用户或受委托的有检测能力的单位负责。

表 5.5-3　环境空气气态污染物（SO₂、NO₂、O₃和CO）连续自动监测系统调试检测项目

检测项目	性能指标			
	SO₂分析仪器	NO₂分析仪器	O₃分析仪器	CO分析仪器
零点噪声	≤1 ppb	≤1 ppb	≤1 ppb	≤0.25 ppm
最低检出限	≤2 ppb	≤2 ppb	≤2 ppb	≤0.5 ppm
量程噪声	≤5 ppb	≤5 ppb	≤5 ppb	≤1 ppm
示值误差	±2%F.S.	±2%F.S.	±4%F.S.	±2%F.S.
20%量程精密度	≤5 ppb	≤5 ppb	≤5 ppb	≤0.5 ppm
80%量程精密度	≤10 ppb	≤10 ppb	≤10 ppb	≤0.5 ppm
24 h 零点漂移	±5 ppb	±5 ppb	±5 ppb	±1 ppm
24 h20%量程漂移	±5 ppb	±5 ppb	±5 ppb	±1 ppm
24 h80%量程漂移	±10 ppb	±10 ppb	±10 ppb	±1 ppm

表 5.5-4　PM10 和 PM2.5 连续监测系统的调试检测项目

序号	检测项目	PM10 连续监测系统	PM2.5 连续监测系统
1	温度测量示值误差	±2 ℃	±2 ℃
2	大气压测量示值误差	±1 kPa	±1 kPa
3	流量测试	每一次测试时间点流量变化±10%设定流量；24 h 平均流量变化±5%设定流量	平均流量偏差±5%设定流量
			流量相对标准偏差≤2%
			平均流量示值误差≤2%
4	校准膜重现性	±2%（标称值）	±2%（标称值）
5	参比方法比对调试	斜率：1±0.15	斜率：1±0.15
		截距：（0±10）μg/m³	截距：（0±10）μg/m³
		相关系数≥0.95	相关系数≥0.93

5.5.5.1　调试检测的一般要求

（1）现场完成系统安装、调试后，监测系统投入试运行。

（2）监测系统连续运行 168 h 后，进行调试检测。

（3）如果因系统故障、断电等原因造成调试检测中断，则需要重新进行调试检测。

（4）点式监测系统与开放光程监测系统调试检测项目相同。检测时开放光程仪器应处于零光程状态。

（5）调试检测后应编制安装调试报告。报告格式参见表 5.5-5。

表 5.5-5　环境空气连续监测系统安装调试报告

环境空气连续监测系统安装调试报告

安装点位：＿＿＿＿＿＿＿＿＿＿＿.

设备名称：＿＿＿＿＿＿＿＿＿＿＿.

单位名称：　　　　　　（公章）

　　　　年　　月

1. 环境空气连续监测系统站点基本信息

站点名称			
点位类型		子站建设性质 （新、改建）	
管理（托管）单位		主管部门	
监测项目		测量方法	
站房面积		站房结构	
采样口距地面高度		采样口距站房地 面高度	
测量光路距地面高度		测量光路距站房 地面高度	
站点周围情况简述：			
站点地理位置	省市县（区）路（乡，镇）号（村） 东经：北纬：		
仪器供应商			
建设项目开工日期		年　月　日	
建设项目投入试运行日期		年　月　日	

2. 环境空气连续监测系统点位周边情况表

站点名称			
站点地址			

项目	具体要求	是否符合	
		是√	否×
点位周边情况	监测仪器监测点周围没有阻碍环境空气流通的高大建筑物、树木或其他障碍物		
	从监测点到附近最高障碍物之间的水平距离，是否至少为该障碍物高出采样口垂直距离的两倍以上		
	监测点周围建设情况是否稳定		
	监测点是否能长期使用，且不会改变位置		
	监测点是否地处相对安全和防火措施有保障的地方		
	监测点附近是否没有强电磁干扰		
	开放光程监测系统监测点是否远离振动源		
	监测点附近是否具备稳定可靠的电源供给		
	监测点的通信线路是否方便安装和检修		
	监测点周边是否有便于出入的车辆通道		
采样口位置情况	采样口距地面的高度是否在 3~15 m 范围内		
	在采样口周围 270° 捕集空间范围内环境空气流动是否不受任何影响		
	采样口离建筑物墙壁、屋顶等支撑物表面的距离是否大于 1 m		
	采样口是否高出实体围栏 0.5 m 以上		
	监测光束穿过日平均机动车流量少于 10 000 辆的道路上空、对监测结果影响不大的小污染源和少量未达到间隔距离要求的树木或建筑物上空合计距离是否小于监测光束总光程的 10%		
其他情况			
小结			

3. 环境空气连续监测系统站房建设和仪器安装情况表

站点名称				
站点地址				
仪器编号		安装人员		

项目	具体要求		是否符合	
			是√	否×
一般要求	站房面积不小于 15 m²			
	站房室内地面到天花板高度不小于 2.5 m			
	站房室内地面距房顶平台高度不大于 5 m			
	站房是否有防水、防潮、隔热、保温措施			
	站房是否有符合要求的防雷和防电磁干扰设施			
	站房排气口离站房内地面的距离是否在 20 cm 以上			
	监测站房应配备通往房顶的 Z 字型梯或旋梯			
	站房内环境条件：温度：15～35 ℃；相对湿度：≤85%；大气压：80～106 kPa			
配电要求	站房供电系统是否配有电源过压、过载保护装置			
	站房内是否采用三相五线供电，分相使用			
	站房内布线是否加装线槽			
辅助设施	空调	空调机出风口未正对仪器和采样管		
		空调是否具有来电自启动功能		
	配套设施	站房是否配备自动灭火装置		
		站房是否安装有带防尘百叶窗的排气风扇		
仪器设备安装	仪器安装完成后，后方空间是否大于等于 0.8 m			
	加热器与采样总管的连接应牢固，加热温度一般控制在 30～50 ℃			
	采样总管是否竖直安装			
	采样总管与屋顶法兰连接部分密封防水			
	采样总管接地良好，接地电阻应小于 4 Ω			
	分析仪器与支管接头连接的管线长度不应超过 3 m			
	分析仪器与支管气路之间安装孔径不大于 5 μm 的聚四氟乙烯滤膜			
	分析仪器的排气口应通过管线与站房的总排气管连接			
	分析仪器光源发射、接收装置应与站房墙体密封			
	分析仪器光程大于等于 200 m 时，光程误差应不超过 ±3 m；当光程小于 200 m 时，光程误差应不超过 ±1.5%			
	光源发射端和接收端（反射端）应在同一直线上，与水平面之间的俯仰角不超过 15°			
	光源接收端（反射端）应避光安装			
	数据采集和传输设备是否能正确记录、存储、显示采集到的数据和状态			
其他情况				

4-1. 环境空气气态污染物连续监测系统调试检测记录表

站点名称		仪器编号			
调试检测日期		检测人员			
项目	检测结果		是否符合要求		
			是√	否×	备注/其他
零点噪声	SO₂				
	NO₂				
	O₃				
	CO				
最低检出限	SO₂				
	NO₂				
	O₃				
	CO				
量程噪声	SO₂				
	NO₂				
	O₃				
	CO				
示值误差	SO₂				
	NO₂				
	O₃				
	CO				
20%量程精密度	SO₂				
	NO₂				
	O₃				
	CO				
80%量程精密度	SO₂				
	NO₂				
	O₃				
	CO				
24 h 零点漂移	SO₂				
	NO₂				
	O₃				
	CO				
24 h20%量程漂移	SO₂				
	NO₂				
	O₃				
	CO				
24 h80%量程漂移	SO₂				
	NO₂				
	O₃				
	CO				
调试检测结论					

4-2. 环境空气颗粒物连续监测系统调试检测记录表

站点名称			仪器编号			
调试检测日期			检测人员			
项目		检测结果		是否符合要求		
				是 √	否 ×	备注/其他
温度测量示值误差		环境温度值/°C				
		仪器温度显示值/°C				
		示值误差/°C				
大气压测量示值误差		环境大气压值/kPa				
		仪器大气压显示值/kPa				
		示值误差/kPa				
流量测试	PM10	每一次测试时间点流量变化/%				
		24 h 平均流量变化/%				
	PM2.5	标准流量计平均值/（L/min）				
		仪器流量平均值/（L/min）				
		平均流量偏差/%				
		流量相对标准偏差/%				
		平均流量示值误差/%				
校准膜重现性		校准膜重现性/%				
参比方法比对调试	PM10	斜率				
		截距/（μg/m^3）				
		相关系数				
	PM2.5	斜率				
		截距/（μg/m^3）				
		相关系数				
调试检测结论						

报告编制：　　　　　　　　　　　日期：

审核：　　　　　　　　　　　　　日期：

批准：　　　　　　　　　　　　　日期：

5.5.5.2　调试检测指标和检测方法

监测系统运行稳定后，将零点标准气体通入分析仪器，每 2 min 记录该时间段数据的平均值 r（记为 1 个数据），获得至少 25 个数据。按公式计算所取得数据的标准偏差 S_0，即为该分析仪器的零点噪声，数值应符合技术规范的要求。

$$S_0 = \sqrt{\frac{\sum_{i=1}^{n}(r_i - \overline{r})^2}{n-1}}$$ （5.5-2）

式中：S_0——分析仪器零点噪声，ppb（ppm）；

　　　$\overline{r}$——分析仪器测量值的平均值，ppb（ppm）；

　　　r_i——分析仪器第 i 次测量值，ppb（ppm）；

　　　i——记录数据的序号（$i = 1 \sim n$）；

　　　n——记录数据的总个数（$n \geqslant 25$）。

按以下公式计算分析仪器最低检出限 R_{DL}，应符合调试检测指标的要求。

$$R_{DL} = 2S_0$$ （5.5-3）

式中：R_{DL}——分析仪器最低检出限，ppb（ppm）；

　　　S_0——分析仪器零点噪声值，ppb（ppm）。

监测系统运行稳定后进行量程噪声的检测，将 80%量程标准气体通入分析仪器，每 2 min 记录该时间段数据的平均值 r_i（记为 1 个数据），获得至少 25 个数据。按公式计算所取得数据的标准偏差 S，即为该分析仪器的量程噪声，数值应符合调试检测指标的要求。

$$S = \sqrt{\frac{\sum_{i=1}^{n}(r_i - \overline{r})^2}{n-1}}$$ （5.5-4）

式中：S——分析仪器量程噪声，ppb（ppm）；

　　　$\overline{r}$——分析仪器测量值的平均值，ppb（ppm）；

　　　r_i——分析仪器第 i 次测量值，ppb（ppm）；

　　　i——记录数据的序号（$i = 1 \sim n$）；

　　　n——记录数据的总个数（$n \geqslant 25$）。

监测系统运行稳定后进行示值误差的检测，在分别进行了零点校准和满量程校准后，通入浓度约为 50%量程的标准气体，读数稳定后记录显示值；再通入零点校准气体，重复测试 3 次，按公式计算分析仪器的示值误差 L_e，应符合调试检测指标的要求。

$$L_e = \frac{(\overline{C_d} - C_s)}{R} \times 100\%$$ （5.5-5）

式中：L_e——分析仪器示值误差，%；

　　　C_s——标准气体浓度标称值，ppb（ppm）；

　　　$\overline{C_d}$——分析仪器 3 次测量浓度平均值，ppb（ppm）；

R——分析仪器满量程值，ppb（ppm）。

监测系统运行稳定后进行量程精密度的检测，分别通入 20%量程标准气体和 80%量程标准气体，待读数稳定后分别记录 20%量程标准气体显示值 x_i 和 80%量程标准气体显示值 y_i 并重复上述测试操作 6 次以上，分别按公式计算分析仪器 20%量程精密度 P_{20} 和 80%量程精密度 P_{80}，量程精密度应符合调试检测指标的要求。

$$P_{20} = \sqrt{\frac{\sum_{i=1}^{n}(x_i - \overline{x})^2}{n-1}} \qquad (5.5\text{-}6)$$

式中：P_{20}——分析仪器 20%量程精密度，ppb（ppm）；

　　　x_i——20%量程标准气体第 i 次测量值，ppb（ppm）；

　　　$\overline{x}$——20%量程标准气体测量平均值，ppb（ppm）；

　　　i——记录数据的序号（$i = 1 \sim n$）；

　　　n——测量次数（$n \geqslant 6$）。

$$P_{80} = \sqrt{\frac{\sum_{i=1}^{n}(y_i - \overline{y})^2}{n-1}} \qquad (5.5\text{-}7)$$

式中：P_{80}——分析仪器 80%量程精密度，ppb（ppm）；

　　　y_i——80%量程标准气体第 i 次测量值，ppb（ppm）；

　　　$\overline{y}$——80%量程标准气体测量平均值，ppb（ppm）。

监测系统运行稳定后检测 24 h 零点漂移和 24 h 量程漂移，通入零点标准气体，记录分析仪器零点稳定读数为 Z_0，然后通入 20%量程标准气体，记录稳定读数 M_{20}，继续通入 80%量程标准气体，记录稳定读数 M_{80}。通气结束后，监测系统连续运行 24 h（期间不允许任何维护和校准）后重复上述操作，并分别记录稳定后的读数，再分别按公式计算分析仪器的 24 h 零点漂移 ZD、24 h 20%量程漂移 MSD 和 24 h80%量程漂移 USD，然后可对分析仪器进行零点和量程校准。重复测试 3 次，24 h 零点漂移值 ZD、24 h20%量程漂移 MSD 和 24 h80%量程漂移 USD 均应符合调试检测指标的要求。

$$ZD_n = Z_n - Z_{n-1} \qquad (5.5\text{-}8)$$

式中：ZD_n——分析仪器第 n 次的 24 h 零点漂移，ppb（ppm）；

　　　Z_n——分析仪器第 n 次的零点标准气体测量值，ppb（ppm）；

　　　n——测试序号（$n = 1 \sim 3$）。

$$MSD_n = M_{20n} - MZ_{20(n-1)} \qquad (5.5\text{-}9)$$

式中：MSD_n——分析仪器第 n 次的 24 h20%量程漂移，ppb（ppm）；

　　　$M_{20\,n}$——分析仪器第 n 次的 20%量程标准气体测量值，ppb（ppm）。

$$USD_n = M_{80n} - MZ_{80(n-1)} \qquad (5.5\text{-}10)$$

式中：USD_n——分析仪器第 n 次的 24 h80%量程漂移，ppb（ppm）；

　　$M_80\,n$——分析仪器第 n 次的 80%量程标准气体测量值，ppb（ppm）。

5.5.6　环境空气在线监测设备的试运行

监测系统试运行至少 60 d。因故障等造成运行中断，监测系统恢复正常后，重新开始试运行。试运行结束时，按公式计算监测系统数据获取率，数据应大于等于 90%。

$$数据获取率（\%）=（系统正常运行小时数÷试运行总小时数）×100\%$$

$$系统正常运行小时数=试运行总小时数-系统故障小时数$$

根据试运行结果，编制试运行报告。试运行格式参见表 5.5-6。

表 5.5-6　环境空气连续监测系统试运行报告

环境空气连续监测系统试运行报告

安装点位：＿＿＿＿＿＿＿＿＿＿＿.

设备名称：＿＿＿＿＿＿＿＿＿＿＿.

单位名称：　　　　　　（公章）

年　　月　　日

环境空气连续监测系统试运行情况记录表

站点名称					
站点地址					
开始时间			结束时间		
故障次数	故障出现时间		故障现象	故障小时数	签名
1					
2					
3					
4					
5					
……					
合计	—		—		
数据获取率/%					

第6章　在线监测设备的比对验收

6.1　水污染源在线监测设备比对验收

本节参照标准 HJ354《水污染源在线监测系统（COD$_{Cr}$、NH$_3$-N 等）验收技术规范》相关要求，描述了水污染源在线监测系统的验收条件及验收程序，水污染源排放口、流量监测单元、监测站房、水质自动采样单元及数据控制单元的验收要求，流量计、水质自动采样器及水质自动分析仪的验收方法和验收技术指标，以及水污染源在线监测系统运行与维护方案的验收内容。适用于按照标准 HJ 353 要求建设安装的水污染源在线监测系统各组成部分以及所采用的流量计、水质自动采样器、化学需氧量（COD$_{Cr}$）水质自动分析仪、总有机碳（TOC）水质自动分析仪、氨氮（NH$_3$-N）水质自动分析仪、总磷（TP）水质自动分析仪、总氮（TN）水质自动分析仪、温度计、pH 水质自动分析仪等水污染源在线监测仪器的验收。

6.1.1　验收条件及验收内容

6.1.1.1　验收条件

提供水污染源在线监测系统的选型、工程设计、施工、安装调试及性能等相关技术资料。

水污染源在线监测系统已依据标准 HJ 353 完成安装、调试与试运行，各指标符合标准 HJ 353—2019 中表 3 的要求，并提交了运行调试报告与试运行报告。

提供流量计、标准计量堰（槽）的检定证书，水污染源在线监测仪器符合标准 HJ 353—2019 中表 1 中技术要求的证明材料。

水污染源在线监测系统所采用基础通信网络和基础通信协议应符合标准 HJ 212 的相关要求，对通信规范的各项内容做出响应，并提供相关的自检报告。同时提供环境保护主管部门出具的联网证明。

水质自动采样单元已稳定运行一个月，可采集瞬时水样和具有代表性的混合水样供水污染源在线监测仪器分析使用，可进行留样并报警。

验收过程供电不间断。

数据控制单元已稳定运行一个月，向监控中心平台及时发送数据，期间设备运转率应大于 90%；数据传输率应大于 90%。设备运转率及数据传输率参照下列公式进行计算。

$$设备运转经 = \frac{实际运行小时数}{企业排放小时数} \times 100\%$$

式中：实际运行小时数——自动监测设备实际正常运行的小时数；

企业排放小时数——被测的水污染源排放污染物的实际小时数。

$$数据传输率 = \frac{实际传输数据数}{规定传输数据数} \times 100\%$$

式中：实际传输数据数——每月设备实际上传的数据个数；

规定传输数据数——每月设备规定上传的数据个数。

6.1.1.2　验收内容

水污染源在线监测系统在完成安装、调试及试运行，并和环境保护主管部门联网后，应进行建设验收、仪器设备验收、联网验收及运行与维护方案验收。

6.1.2　建设验收要求

6.1.2.1　污染源排放口

污染源排放口的布设符合标准 HJ 91.1 要求。

污染源排放口具有符合标准 GB/T 15562.1 要求的环境保护图形标志牌。

污染源排放口应设置具备便于水质自动采样单元和流量监测单元安装条件的采样口。

污染源排放口应设置人工采样口。

6.1.2.2　流量监测单元

三角堰和矩形堰后端设置有清淤工作平台，便于实现对堰槽后端堆积物的清理。

流量计安装处设置有对超声波探头检修和比对的工作平台，可方便实现对流量计的检修和比对工作。

工作平台的所有敞开边缘设置有防护栏杆，采水口临空、临高的部位应设置防护栏杆和钢平台，各平台边缘应具有防止杂物落入采水口的装置。

维护和采样平台的安装施工应全部符合要求。

防护栏杆的安装应全部符合要求。

6.1.2.3　监测站房

监测站房专室专用。

监测站房密闭，安装有冷暖空调和排风扇，空调具有来电自启动功能。

新建监测站房面积应不小于 15 m^2，站房高度不低于 2.8 m，各仪器设备安放合理，可方便进行维护维修。

监测站房与采样点的距离不大于 50 m。

监测站房的基础荷载强度、面积、空间高度、地面标高均符合要求。

监测站房内有安全合格的配电设备，提供的电力负荷不小于 5 kW，配置有稳压电源。

监测站房电源引入线使用照明电源；电源进线有浪涌保护器，电源应有明显标志，接地线牢固并有明显标志。

监测站房电源设有总开关，每台仪器设有独立控制开关。

监测站房内有合格的给、排水设施，能使用自来水清洗仪器及有关装置。

监测站房有完善规范的接地装置和避雷措施、防盗、防止人为破坏以及消防设施。

监测站房不位于通信盲区，应能够实现数据传输。

监测站房内、采样口等区域应有视频监控。

6.1.2.4　水质自动采样单元

实现采集瞬时水样和混合水样，混匀及暂存水样，自动润洗及排空混匀桶的功能。

实现混合水样和瞬时水样的留样功能。

实现 pH 水质自动分析仪、温度计原位测量或测量瞬时水样功能。

具备 COD_{Cr}、TOC、NH_3-N、TP、TN 水质自动分析仪测量混合水样功能。

具备必要的防冻或防腐设施。

设置有混合水样的人工比对采样口。

水质自动采样单元的管路为明管，并标注有水流方向，

管材应采用优质的聚氯乙烯（PVC）、三丙聚丙烯（PPR）等不影响分析结果的硬管。

采样口设在流量监测系统标准化计量堰（槽）取水口头部的流路中央，采水口朝向与水流的方向一致；测量合流排水时，在合流后充分混合的场所采水。

采样泵选择合理，安装位置的选择应便于泵的维护。

6.1.2.5　数据控制单元

数据控制单元可协调统一运行水污染源在线监测系统，采集、储存、显示监测数据及运行日志，向监控中心平台上传污染源监测数据。

可接收监控中心平台命令，实现对水污染源在线监测系统的控制。如触发水质自动采样单元采样，水污染源在线监测仪器进行测量、标液核查、校准等操作。

可读取并显示各水污染源在线监测仪器的实时测量数据。

查询并显示：pH 值的小时变化范围、日变化范围，流量的小时累积流量、日累积流量，温度的小时均值、日均值，COD_{Cr}、NH_3-N、TP、TN 的小时值、日均值，并通过数据采集传输仪上传至监控中心平台。

上传的污染源监测数据带有时间和数据状态标识，符合 HJ 355—2019 中 6.2 条款。

可生成、显示各水污染源在线监测仪器监测数据的日统计表、月统计表、年统计表。

6.1.3　水污染源在线监测仪器验收要求

6.1.3.1　基本验收要求

水污染源在线监测仪器的各种电缆和管路应加保护管地下铺设或空中架设，空中架设的电缆应附着在牢固的桥架上，并在电缆、管路以及电缆和管路的两端设置明显标识。电缆线路的施工应满足标准 GB/T 50168 的相关要求。

必要时（如南方的雷电多发区），仪器设备和电源设有防雷设施。

各仪器设备采用落地或壁挂式安装，有必要的防震措施，保证设备安装牢固稳定。

仪器周围留有足够空间，方便仪器维护。

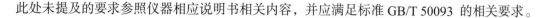

此处未提及的要求参照仪器相应说明书相关内容，并应满足标准 GB/T 50093 的相关要求。

6.1.3.2 功能验收要求

具有时间设定、校对、显示功能。

具有自动零点校准（正）功能和量程校准（正）功能，且有校准记录。校准记录中应包括校准时间、校准浓度、校准前后的主要参数等。

应具有测试数据显示、存储和输出功能。

应能够设置三级系统登录密码及相应的操作权限。

意外断电且再度上电时，应能自动排出系统内残存的试样、试剂等，并自动清洗，自动复位到重新开始测定的状态。

应具有故障报警、显示和诊断功能，并具有自动保护功能，并且能够将故障报警信号输出到远程控制网中。

应具有限值报警和报警信号输出功能。

应具有接收远程控制网的外部触发命令、启动分析等操作的功能。

6.1.3.3 性能验收方法

（1）液位比对误差。

用便携式明渠流量计比对装置（液位测量精度≤0.1 mm）和超声波明渠流量计测量同一水位观测断面处的液位值，进行比对试验，每 2 min 记录一次数据对，连续记录 6 次，按下列公式计算每一组数据对的误差值 H_i，选取最大的 H_i 作为流量计的液位比对误差。

$$H_i = |H_{1i} - H_{2i}| \qquad (6.1-1)$$

式中：H_i——液位比对误差，mm；

H_{1i}——第 i 次明渠流量比对装置测量液位值，mm；

H_{2i}——第 i 次超声波明渠流量计测量液位值，mm；

i——1，2，3，4，5，6。

（2）流量比对误差。

用便携式明渠流量计比对装置和超声波明渠流量计测量同一水位观测断面处的瞬时流量，进行比对试验，待数据稳定后，开始计时，计时 10 min，分别读取明渠流量比对装置该时段内的累积流量 F_1 和超声波明渠流量计该时段内的累积流量 F_2，按公式计算流量比对误差 ΔF。

$$\Delta F = \frac{F_1 - F_2}{F_1} \times 100\% \qquad (6.1-2)$$

式中：ΔF——流量比对误差，%；

F_1——明渠流量比对装置累积流量，m^3；

F_2——超声波明渠流量计累积流量，m^3。

（3）采样量误差。

水质自动采样器采样量设置为 V_1，按照设定的采样比例执行自动采样，采样结束后，取出采样瓶，量取实际采样量 V_2，重复测定 3 次，按照公式计算采样量误差 ΔV，取 3 次采样量误差的算术平均值作为评判值。

$$\Delta V = \frac{|V_2 - V_1|}{V_1} \times 100\% \tag{6.1-3}$$

式中：ΔV——采样量误差，%；

    V_1——设定的采样量，mL；

    V_2——实际量取的采样量，mL。

（4）温度控制误差。

将水质自动采样器恒温箱温度控制装置温度设置为 4 ℃。运行 1 h 待温度稳定后，每隔 10 min 测量其温度 T_i，连续测量 6 次，按照公式计算每个测量值相对 4 ℃ 的绝对误差值 ΔT_i，取最大者作为温度控制误差。

$$\Delta T_i = |T_i - 4| \tag{6.1-4}$$

式中：ΔT_i——绝对误差值，℃；

    T_i——实际测量温度，℃；

    i——1，2，3，4，5，6。

（5）24 h 漂移。

COD_{Cr} 水质自动分析仪、TOC 水质自动分析仪、NH_3-N 水质自动分析仪、TP 水质自动分析仪、TN 水质自动分析仪参照此方法测定 24 h 漂移。

采用浓度值为工作量程上限值 80% 的标准溶液为考核溶液，水质自动分析仪以离线模式，以 1 h 为周期，连续测定 24 h。取前 3 次测定值的算术平均值为初始测定值 x_0，按照公式计算后续测定值 x_i 与初始测定值 x_0 的变化幅度相对于现场工作量程上限值的百分比 RD，取绝对值最大的 RD_{max} 为 24 h 漂移。

$$RD = \frac{x_i - x_0}{A} \times 100\% \tag{6.1-5}$$

式中：RD——漂移，%；

    x_i——第 i（$i \geqslant 3$）次测定值，mg/L；

    x_0——前三次测量值的算术平均值，mg/L；

    A——现场工作量程上限值，mg/L。

pH 水质自动分析仪的电极浸入 pH = 6.865（25 ℃）的标准溶液，读取 5 min 后的测量值为初始值 x_0，连续测定 24 h，每隔 1 h 记录一个测定瞬时值 x_i，按照公式计算后续测定值 x_i 与初始测定值 x_0 的误差 D，取绝对值最大 D_{max} 为 24 h 漂移。

$$D = x_i - x_0 \tag{6.1-6}$$

式中：D——漂移；

    x_i——第 i 次测定值；

    x_0——初始值。

（6）准确度。

采用有证标准样品作为准确度试验考核样品，分别用两种浓度的有证标准样品进行考核，一种为接近实际废水排放浓度的样品，另一种为接近相应排放标准浓度 2～3 倍的样品，水质自动分析仪（pH 水质自动分析仪除外）以离线模式，以 1 h 为周期，每种有证标准样品平行测定 3 次。

按照公式计算 3 次仪器测定值的算术平均值与有证标准样品标准值的相对误差。两种浓度标准样品测试结果均应满足技术规范的要求。

$$\Delta A = \frac{\overline{x} - B}{B} \times 100\%$$ （6.1-7）

式中：ΔA——相对误差，mg/L；

　　　B——标准样品标准值，mg/L；

　　　$\overline{x}$——3 次仪器测量值的算术平均值，mg/L。

pH 水质自动分析仪的电极浸入 pH = 4.008（25 ℃）的有证标准样品，连续测定 6 次，按照公式计算 6 次测定值的算术平均值与标准值的误差。

$$A = \overline{x} - B$$ （6.1-8）

式中：A——误差；

　　　B——标准溶液标准值；

　　　$\overline{x}$——6 次仪器测量值的算术平均值。

（7）实际水样比对。

水质自动分析仪器以在线模式，以 1 h 为周期，测定实际废水样品 3 个，每个水样平行测定 2 次（pH 水质自动分析仪测定 6 次），实验室按照国家环境监测分析方法标准对相同的水样进行分析，按照公式计算每个水样仪器测定值的算术平均值与 实验室测定值的绝对误差或相对误差，每种水样的比对结果均应满足技术规范要求。

其中，COD_{Cr}、$NH_3\text{-}N$、TP、TN 水质自动分析仪测定水质自动采样器采集的混合水样，pH 水质自动分析仪测定瞬时水样。

COD_{Cr}、TOC、$NH_3\text{-}N$、TP、TN 水质自动分析仪测定应根据排放规律开展采样工作。

连续排放时，每日从零点计时，每 1 h 为一个时间段，水质自动采样系统在该时段进行时间等比例或流量等比例采样（如：每 15 min 采一次样，1 h 内采集 4 次水样，保证该时间段内采集样品量满足使用），水质自动分析仪测试该时段的混合水样，其测定结果应计为该时段的水污染源连续排放平均浓度。

间歇排放时，每 1 h 为一个时间段，水质自动采样系统在该时段进行时间等比例或流量等比例采样（依据现场实际排放量设置，确保在排放时可采集到水样），采样结束后由水质自动分析仪测试该时段的混合水样，其测定结果应计为该时段的水污染源排放平均浓度。如果某个采样周期内所采集样品量无法满足仪器分析之用，则对该时段作无数据处理。

实验室所需水样在污水处理系统末端巴歇尔槽处采集水样。

$$C = x - B_n$$ （6.1-9）

$$\Delta C = \frac{x - B_n}{B_n} \times 100\% \qquad\qquad (6.1\text{-}10)$$

式中：C——实际水样比对测试绝对误差，mg/L；

ΔC——实际水样比对测试相对误差，%；

x——水样仪器测定值的算术平均值，mg/L；

B_n——实验室标准方法的测定值，mg/L。

表 6.1-1　实际水样国家环境监测分析方法

项目	分析方法	标准号
COD_{Cr}	水质 化学需氧量的测定重铬酸盐法	HJ 828
	高氯废水化学需氧量的测定氯气校正法	HJ/T 70
$NH_3\text{-}N$	水质氨氮的测定纳氏试剂分光光度法	HJ 535
	水质氨氮的测定水杨酸分光光度法	HJ 536
TP	水质总磷的测定 钼酸铵分光光度法	GB/T 11893
TN	水质总氮的测定碱性过硫酸钾消解紫外分光光度法	HJ 636
pH 值	水质 pH 值的测定玻璃电极法	GB/T 6920

6.1.3.4　性能验收内容及指标

表 6.1-2　水污染源在线监测仪器验收项目及指标

仪器类型	验收项目		指标限值
超声波明渠流量计	液位比对误差		12 mm
	流量比对误差		±10%
水质自动采样器	采样量误差		±10%
	温度控制误差		±2 °C
COD_{Cr} 水质自动分析仪/TOC 水质自动分析仪	24 h 漂移（80%工作量程上限值）		±10%F.S.
	准确度	有证标准溶液浓度<30 mg/L	±5 mg/L
		有证标准溶液浓度≥30 mg/L	±10%
	实际水样比对	实际水样 COD_{Cr}<30 mg/L（用浓度为 20~25 mg/L 的标准样品替代实际水样进行测试）	±5 mg/L
		30 mg/L≤实际水样 COD_{Cr}<60 mg/L	±30%
		60 mg/L≤实际水样 COD_{Cr}<100 mg/L	±20%
		实际水样 COD_{Cr}≥100 mg/L	±15%
COD_{Cr} 水质自动分析仪/TOC 水质自动分析仪	24 h 漂移（80%工作量程上限值）		±10%F.S.
	准确度	有证标准溶液浓度<30 mg/L	±5 mg/L
		有证标准溶液浓度≥30 mg/L	±10%

续表

仪器类型	验收项目		指标限值
COD$_{Cr}$ 水质自动分析仪/TOC 水质自动分析仪	实际水样比对	实际水样 COD$_{Cr}$<30 mg/L（用浓度为 20～25 mg/L 的标准样品替代实际水样进行测试）	±5 mg/L
		30 mg/L≤实际水样 COD$_{Cr}$<60 mg/L	±30%
		60 mg/L≤实际水样 COD$_{Cr}$<100 mg/L	±20%
		实际水样 COD$_{Cr}$≥100 mg/L	±15%
NH3-N 水质自动分析仪	24 h 漂移（80%工作量程上限值）		±10% F.S.
	准确度	有证标准溶液浓度<2 mg/L	±0.3 mg/L
		有证标准溶液浓度≥2 mg/L	±10%
	实际水样比对	实际水样氨氮<2 mg/L（用浓度为 1.5 mg/L 的有证标准样品替代实际水样进行测试）	±0.3 mg/L
		实际水样氨氮≥2 mg/L	±15%
TP 水质自动分析仪	24 h 漂移（80%工作量程上限值）		±10%F.S.
	准确度	有证标准溶液浓度<0.4 mg/L	±0.06 mg/L
		有证标准溶液浓度≥0.4 mg/L	±10%
	实际水样比对	实际水样总磷<0.4 mg/L（用浓度为 0.3 mg/L 的有证标准样品替代实际水样进行测试）	±0.06 mg/L
		实际水样总磷≥0.4 mg/L	±15%
TN 水质自动分析仪	24 h 漂移（80%工作量程上限值）		±10%F.S.
	准确度	有证标准溶液浓度<2 mg/L	±0.3 mg/L
		有证标准溶液浓度≥2 mg/L	±10%
	实际水样比对	实际水样总氮<2 mg/L（用浓度为 1.5 mg/L 的有证标准样品替代实际水样进行测试）	±0.3 mg/L
		实际水样总氮≥2 mg/L	±15%
pH 水质自动分析仪	24 h 漂移		±0.5
	准确度		±0.5
	实际水样比对		+0.5

6.1.4　水质自动监测仪比对监测方法

6.1.4.1　比对监测基本要求

COD$_{Cr}$、TOC、NH$_3$-N、TP、TN 水质自动分析仪均使用混合水样进行监测。实验室所需水样在污水处理系统末端巴歇尔槽处采集水样。

连续排放时，每日从零点计时，每 1 h 为一个时间段，水质自动采样系统在该时段进行时间等比例或流量等比例采样（如：每 15 min 采一次样，1 h 内采集 4 次水样，保证该时间段内采集样品量满足使用），水质自动分析仪测试该时段的混合水样，其测定结果应计为该时段的水污染源连续排放平均浓度。

间歇排放时，每 1 h 为一个时间段，水质自动采样系统在该时段进行时间等比例或流量等比例采样（依据现场实际排放量设置，确保在排放时可采集到水样），采样结束后由水质自动分析仪测试该时段的混合水样，其测定结果应计为该时段的水污染源排放平均浓度。如果某个采样周期内所采集样品量无法满足仪器分析之用，则对该时段作无数据处理。

使用水质在线监测仪器对标准样品和实际水样分别进行测试，计算并记录手工比对监测数据记录表和实际水样比对试验结果记录表中的相关数据，完成后根据数据记录填写水污染源在线监测系统运行对比监测报告。

手工比对监测数据记录如表 6.1-3 所示。

表 6.1-3　手工比对监测数据记录表

样品种类_____分析方法_____分析日期_____年____月___日

	样品编号	取样量/mL	定容体积/mL	样品吸光度	空白吸光度	校正吸光度	样品质量/μg	样品质量浓度/(mg/L)	
样品测定									计算公式：
标准化记录	仪器名称	仪器编号	显色温度/°C	显色时间	参比溶液	波长/nm	比色皿/mm	室温/°C	湿度

分析人_____校对人_____审核人_____

实际水样比对试验结果记录如表 6.1-4 所示。

表 6.1-4　实际水样比对试验结果记录表

序号	在线监测仪器测定结果	比对方法测定结果		比对方法测定结果平均值	测定误差	日期
		1	2			是否合格
1						
2						
3						
4						
5						
6						

6.1.4.2　实际水样对比试验的绝对误差和相对误差计算

按照公式计算实际水样比对试验的绝对误差或相对误差，其结果应符合水质自动监测仪技术指标要求。得出结果填入实际水样比对试验结果记录表。

$$C = x_n - B_n \qquad\qquad (6.1\text{-}11)$$

$$\Delta C = (X_n - B_n)/B_n \times 100\%$$

式中：C——实际水样比对试验绝对误差，mg/L；

　　　x_n——第 n 次分析仪测量值，mg/L；

　　　B_n——第 n 次实验室标准方法测定值，mg/L；

　　　ΔC——实际水样比对试验相对误差；

　　　x_n——第 n 次分析仪测量值，mg/L；

　　　B_n——第 n 次实验室标准方法测定值，mg/L。

6.1.4.3　CODcr 水质自动监测仪比对监测方法

（1）基本要求。

采用浓度约为现场工作量程上限值 0.5 倍的标准样品，实验指标限值为 ±10%。样品数量要求 1。

实际水样 COD_{Cr}<30 mg/L（用浓度为 20～25 mg/L 的标准样品替代实际水样进行测试）试验指标限值 ± 5 mg/L。

30 mg/L≤实际水样 COD_{Cr}<60 mg/L 试验指标限值 ±30%

60 mg/L≤实际水样 COD_{Cr}<100 mg/L 试验指标限值 ±20%

实际水样 COD_{Cr}≥100 mg/L 试验指标限值 ± 15%。

比对试验总数应不少于 3 对。当比对试验数量为 3 对时应至少有 2 对满足要求；4 对时应至少有 3 对满足要求；5 对以上时至少需 4 对满足要求。

（2）比对仪器与试剂。

① 仪器。

回流装置：带有 250 mL 磨口锥形瓶的全玻璃回流装置，可选用水冷或风冷全玻璃回流装置，其他等效冷凝回流装置亦可。

加热装置：电炉或其他等效消解装置。

分析天平：感量为 0.000 1 g。

酸式滴定管：25 mL 或 50 mL。

一般实验室常用仪器和设备。

② 试剂（详细溶液配制见标准 HJ 828）：

硫酸汞、重铬酸钾标准溶液、硫酸-硫酸银溶液、试亚铁灵指示剂溶液、硫酸亚铁铵标准溶液。

（3）在线监测仪器试剂。

实验用水：按 HJ 828 方法获得不含还原性物质的蒸馏水。

化学需氧量（COD_{Cr}）标准贮备液：ρ = 2 000.0 mg/L。称取在 120 ℃ 下干燥 2 h 并冷却

至恒重后的邻苯二甲酸氢钾（KHC8 H₄O₄，优级纯）1.7004 g，溶于适量水中，移入 1000 mL 容量瓶中，稀释至标线。此溶液在 2～5 ℃ 下贮存，可稳定保存一个月。

其他低浓度化学需氧量（COD_{Cr}）标准溶液：由化学需氧量（COD_{Cr}）标准贮备液经逐级稀释后获得。

氯化钠（NaCl）：将氯化钠置于瓷坩埚内，在 500～600 ℃ 下灼烧 40～50 min，在干燥器中冷却备用。

（4）样品预处理。

100 mL 样品中加入 1 mL 硫酸锌溶液和 0.1～0.2 mL 氢氧化钠溶液调节 pH 至约 10.5。混匀，放置使之沉淀，倾取上清液分析。必要时，用经水冲洗过的中速滤纸过滤，弃去初滤液 20 mL。也可对絮凝后样品离心处理。

初步判定浓度：在 50 mL 水样中加入 1.0 mg/L 的酒石酸钾钠，摇匀；再加入 1.0 mg/L 的纳氏试剂，摇匀。看显色程度，决定稀释倍数。

（5）空白测定。

按与 COD_{Cr} 浓度<50 mg/L 的样品测定相同的步骤以 10.0 mL 实验用水代替水样进行空白试验，记录空白滴定时消耗硫酸亚铁铵标准溶液的体积 V_0。

注：空白试验中硫酸银-硫酸溶液和硫酸汞溶液的用量应与样品中的用量保持一致。

按测定 COD_{Cr} 浓度>50 mg/L 的样品的相同步骤以 10.0 mL 实验用水代替水样进行空白试验，记录空白滴定时消耗硫酸亚铁铵标准溶液的体积 V_0。

（6）样品测定。

对于 COD_{Cr} 浓度<50 mg/L 的样品。取 10.0 mL 水样于锥形瓶中，依次加入硫酸汞溶液、重铬酸钾标准溶液 5.00 mL 和几颗防爆沸玻璃珠，摇匀。硫酸汞溶液按质量比 m[HgSO₄]: m[Cl⁻]≥20：1 的比例加入，最大加入量为 2 mL。

将锥形瓶连接到回流装置冷凝管下端，从冷凝管上端缓慢加入 15 mL 硫酸银-硫酸溶液，以防止低沸点有机物的逸出，不断旋动锥形瓶使之混合均匀。自溶液开始沸腾起保持微沸回流 2 h。若为水冷装置，应在加入硫酸银-硫酸溶液之前通入冷凝水。

回流并冷却后，自冷凝管上端加入 45 mL 水冲洗冷凝管，取下锥形瓶。

溶液冷却至室温后，加入 3 滴试亚铁灵指示剂溶液，用硫酸亚铁铵标准溶液滴定，溶液的颜色由黄色经蓝绿色变为红褐色即为终点。记录硫酸亚铁铵标准溶液的消耗体积 V_1。

注：样品浓度低时，取样体积可适当增加，同时其他试剂量也应按比例增加。

对于 COD_{Cr} 浓度>50 mg/L 的样品。取 10.0 mL 水样干锥形瓶中，依次加入硫酸汞溶液、重铬酸钾标准溶液 5.00 mL 和几颗防爆沸玻璃珠，摇匀。其他操作与测定 CODcr 浓度<50 mg/L 的样品相同。

待溶液冷却至室温后，加入 3 滴试亚铁灵指示剂溶液，用硫酸亚铁铵标准溶液滴定，溶液的颜色由黄色经蓝绿色变为红褐色即为终点。记录硫酸亚铁铵标准溶液的消耗体积 V_1。

对于污染严重的水样。可选取所需体积 1/10 的水样放入硬质玻璃管中，加入 1/10 的试剂，摇匀后加热至沸腾数分钟，观察溶液是否变成蓝绿色。如呈蓝绿色，应再适当少取水样。直至溶液不变蓝绿色为止，从而可以确定待测水样的稀释倍数。注意填写手工比对监测数据记录表。

（7）在线监测步骤。

检查仪器各部件，调整仪器至正常工作状态。

检查仪器各个试剂，并保证足量且符合质量要求。

连接电源后，按照仪器制造商提供的操作说明书中规定的预热时间进行预热运行，以使各部分功能稳定。

按照仪器制造商提供的操作说明书中规定的校正方法，用化学需氧量（COD_{Cr}）标准贮备液配制仪器规定浓度的标准溶液进行校正。

校正成功后开始监测水样。并注意填写实际水样比对试验结果记录表。

（8）浓度计算。

按公式计算样品中化学需氧量的质量浓度 ρ（mg/L）。

$$\rho = \frac{C \times (V_0 - V_1) \times 8\,000}{V_2} \times f \qquad (6.1\text{-}12)$$

式中：C——硫酸亚铁铵标准溶液的浓度，mol/L；

$\quad\quad V_0$——空白试验所消耗的硫酸亚铁铵标准溶液的体积，mL；

$\quad\quad V_1$——水样测定所消耗的硫酸亚铁铵标准溶液的体积，mL；

$\quad\quad V_2$——加热回流时所取水样的体积，mL；

$\quad\quad f$——样品稀释倍数；

$\quad\quad 8\,000$——（1/4）O_2 的摩尔质量以 mg/L 为单位的换算值。

（9）结果表示。

当 COD_{Cr} 测定结果小于 100 mg/L 时保留至整数位；当测定结果大于或等于 100 mg/L 时保留三位有效数字。

6.1.4.4 氨氮水质自动监测仪比对监测方法

（1）基本要求。

采用浓度约为现场工作量程上限值 0.5 倍的标准样品，实验指标限值为 ±10%。样品数量要求 1。

当实际水样氨氮<2 mg/L 时用浓度为 1.5 mg/L 标准样品代替实际水样进行测试。实验指标限值为 ±0.3 mg/L。当氨氮值≥2 mg/L 时，实验指标限制为 ±15%。比对试验总数应不少于 3 对。当比对试验数量为 3 对时应至少有 2 对满足要求；为 4 对时应至少有 3 对满足要求；5 对以上时至少需 4 对满足要求。

完成后填写水污染源在线监测系统运行对比监测报告。

（2）实验室仪器与试剂（纳氏试剂分光光度法）。

仪器：紫外分光光度计、100 mL 容量瓶、1 000 mL 容量瓶、500 mL 容量瓶、500 mL 聚乙烯瓶、烧杯、玻璃棒、50 mL 比色管、移液器。

试剂：纳氏试剂、酒石酸钾钠（$\rho = 500$ g/L）、硫酸锌（$\rho = 100$ g/L）、氢氧化钠（$\rho = 250$ g/L）、蒸馏水。氨氮标准储备溶液（$\rho = 1\,000$ mg/L），氨氮标准工作液（$\rho = 5$ mg/L），氨氮标准工作液（$\rho = 1.5$ mg/L）。

（3）在线仪器与试剂（水杨酸比色法氨氮自动监测仪）。

氨氮自动监测仪器、蒸馏水、氨氮标准储备溶液（$\rho = 1\,000$ mg/L）、氨氮标准工作液（$\rho = 5$ mg/L）、氨氮标准工作液（$\rho = 1.5$ mg/L）、蒸馏水。

试剂 A：蒸馏水。

试剂 B：在 1 L 的量杯中加入 700 mL 的蒸馏水，小心地加入 40 g 柠檬酸钠分析纯，125 g 水杨酸钠分析纯，1.5 g 亚硝基铁氰化钠分析纯搅拌至全部溶解后加蒸馏水一升，装瓶待用。

试剂 C：在 1 L 的量杯中加入 700 mL 的蒸馏水，用力搅拌期间，小心地加入 20.6 g 氢氧化钠分析纯，1.2 g 二氯异氰尿酸钠分析纯全部溶解后加水至 1 L，装瓶待用。

（4）样品预处理。

100 mL 样品中加入 1 mL 硫酸锌溶液和 0.1～0.2 mL 氢氧化钠溶液调节 pH 至约 10.5 混匀，放置使之沉淀，倾取上清液分析。必要时，用经水冲洗过的中速滤纸过滤，弃去初滤液 20 mL。也可对絮凝后样品离心处理。

初步判定浓度：在 50 mL 水样中加入 1.0 mg/L 的酒石酸钾钠，摇匀；再加入 1.0 mg/L 的纳氏试剂，摇匀。看显色程度，决定稀释倍数。

（5）空白测定。

在 50 mL 的比色管中加入蒸馏水至 50 mL 标线，加入 1.0 mL 酒石酸钾钠，摇匀；再加入 1.0 mL 纳氏试剂，摇匀。静置 10 min。在波长 420 nm 下，用 20 nm 比色皿。用水作参比，测量吸光度。

（6）样品测定。

稀释后的水样中加入 1.0 mL 酒石酸钾钠，摇匀，之后再加入 1.0 mL 的纳氏试剂，摇匀。静置 10 min。在波长 420 nm 下，用 20 nm 比色皿。用水作参比，测量吸光度。注意填写手工比对监测数据记录表。

（7）在线监测步骤。

① 检查试剂余量是否充足，药剂是否在保质期内，检查仪器报警状态是否正常；

② 点击屏幕主页，输入密码（1111）进入标定界面，将试剂瓶对应标液一（0 mg/L）、标液二（5 mg/L）对应的浓度输入相应界面。

③ 在设置界面点即刻标定，仪器开始进行自动校准，在做标一校准时，所有试剂添加完毕，消解温度达到 50 ℃ 时，监控界面出现一个 300 s 的倒计时，在倒计时还剩下 60 s 时，打开氨氮自动监测仪机盖，调节信号板的 P4 端子，使当前测量信号达到 3600～3700 即可。

④ 标定完成后可用已知浓度的标液（1.5 mg/L）进行比对。

⑤ 比对成功后开始监测水样。

⑥ 填写实际水样比对试验结果记录表。

（8）浓度计算。

水中氨氮的质量浓度按标准曲线公式计算：

$$\rho_N = (A-a)/(b \times V) \tag{6.1-13}$$

式中：ρ_N——水样中氨氮的质量浓度（以 N 计），mg/L；

A——水样的吸光度；

a——校准曲线的截距；

b——校准曲线的斜率；

V——试样体积，mL。

6.1.4.5　总氮水质自动监测仪比对监测方法

（1）基本要求。

技术指标要求：采用浓度约为现场工作量程上限值 0.5 倍的标准样品，试验指标限值 ±10%，样品数量要求 1。

当实际水样总氮<2 mg/L（用浓度为 1.5 mg/L 的标准样品替代实际水样进行测试）试验指标限值 ± 0.3 mg/L，当实际水样总氮≥2 mg/L，试验指标限值 ±15%，要求比对试验总数应不少于 3 对。当比对试验数量为 3 对时应至少有 2 对满足要求；4 对时应至少有 3 对满足要求；5 对以上时至少需 4 对满足要求。

（2）实验室仪器与试剂。

仪器：紫外分光光度计，高压蒸汽灭菌器，25 mL 具塞磨口玻璃比色管，一般实验室常用仪器和设备。

试剂：蒸馏水、碱性过硫酸钾溶液、盐酸（1+9）、氢氧化钠溶液（ρ = 200 g/L），硝酸钾标准贮备液（ρ = 100 mg/L）、硝酸钾标准使用液（ρ = 10.0 mg/L）。

（3）在线监测仪器与试剂。

总氮自动监测仪器；

水：按照标准 HJ 636—2012 方法获得无氨水。

零点校正液：采用无氨水。

量程校正液：采用 80%量程值的溶液。

总氮标准液（50 mg/L）：由浓度为 100 mg/L 的总氮标准贮备溶液稀释获得。作为直线性试验溶液。

其余试剂：按照 HJ 636—2012 方法或仪器制造商提供的方法配制。

（4）水样保存。

将采集好的样品贮存在聚乙烯瓶或硬质玻璃瓶中，用浓硫酸（6.6）调节 pH 值至 1～2，常温下可保存 7d。贮存在聚乙烯瓶中，– 20 ℃ 冷冻，可保存一个月。

（5）样品预处理。

取适量样品用氢氧化钠溶液或硫酸溶液调节 pH 值至 5～9，待测。

（6）空白测定。

用 10.00 mL 水代替试样，其余与样品测定步骤一样。

（7）样品测定。

量取 10.00 mL 试样于 25 mL 具塞磨口玻璃比色管中，再加入 5.00 mL 碱性过硫酸钾溶，塞紧管塞，用纱布和线绳扎紧管塞，以防弹出。将比色管置于高压蒸汽灭菌器中，加热至顶压阀吹气，关阀，继续加热至 120 ℃ 开始计时，保持温度在 120～124 ℃ 30 min。自然冷却、开阀放气，移去外盖，取出比色管冷却至室温，按住管塞将比色管中的液体颠倒混匀 2～3 次。

注：若比色管在消解过程中出现管口或管塞破裂，应重新取样分析。

每个比色管分别加入 1.0 mL 盐酸溶液（1+9），用水稀释至 25 mL 标线，盖塞混匀。使用 10 mm 石英比色皿，在紫外分光光度计上，以水作参比，分别于波长 220 nm 和 275 nm 处测定吸光度。

填写手工比对监测数据记录表。

（8）在线监测步骤。

① 仪器预热运行接通电源后，按操作说明书规定的预热时间进行自动分析仪的预热运行，以使各部分功能及显示记录单元稳定。

② 按仪器说明书的校正方法，用零点校正液和量程校正液校正进行仪器零点校正和量程校正。

③ 校正成功后开始监测水样。

④ 填写实际水样比对试验结果记录表。

（9）总氮浓度计算。

零浓度的校正吸光度 A_b、其他标准系列的校正吸光度 A_s 及其差值 A_r 按公式进行计算。以总氮含量（ug）为横坐标，对应的 A_r 值为纵坐标，绘制校准曲线。

$$A_b = A_{b220} - 2A_{b275}$$

$$A_s = A_{s220} - 2A_{s275} \qquad\qquad （6.1\text{-}14）$$

$$A_r = A_s - A_b$$

式中：A_b——零浓度（空白）溶液的校正吸光度；

A_{b220}——零浓度（空白）溶液于波长 220 nm 处的吸光度；

A_{b275}——零浓度（空白）溶液于波长 275 nm 处的吸光度；

A_s——标准溶液的校正吸光度；

A_{s220}——标准溶液于波长 220 nm 处的吸光度；

A_{s275}——标准溶液于波长 275 nm 处的吸光度；

A_r——标准溶液校正吸光度与零浓度（空白）溶液校正吸光度的差。

参照上述公式计算试样校正吸光度和空白试验校正吸光度差值 Ar，水中总氮的浓度，按下式计算：

$$\rho_N = (A_r - a)f / bV \qquad\qquad （6.1\text{-}15）$$

式中：ρ_N——水样中总氮的质量浓度，mg/L，以氮计；

A_r——试样的校正吸光度与空白试验校正吸光度的差值；

a——标准曲线的截距；

b——标准曲线的斜率；

V——试样体积，mL。

f——稀释倍数。

6.1.4.6　总磷水质自动监测仪比对监测方法

（1）基本要求。

采用浓度约为现场工作量程上限值 0.5 倍的标准样品，实验指标限值为 ±10%。样品数量要求 1。

当实际水样总磷<0.4 mg/L（用浓度为 0.2 mg/L 的标准样品替代实际水样进行测试）试验指标限值 ± 0.04 mg/L，当实际水样总磷≥0.4 mg/L，试验指标限值 ± 15%，要求比对试验总数应不少于 3 对。当比对试验数量为 3 对时应至少有 2 对满足要求；4 对时应至少有 3 对满足要求；5 对以上时至少需 4 对满足要求。

（2）实验室仪器与试剂。

仪器：医用手提式蒸汽消毒器或一般压力锅（1.1～1.4 kg／cm²），50 mL 比色管，分光光度计，一般实验室常用仪器和设备。

注：所有玻璃器皿均应用稀盐酸或稀硝酸浸泡。

试剂：过硫酸钾溶液（50 g/L）、抗坏血酸溶液（100 g/L）、钼酸盐溶液、磷标准贮备液（50 ug/mL）、磷标准使用液（2 ug/mL）。

（3）在线仪器与试剂

水：蒸馏水。

零点校正液：蒸馏水。

量程校正液：采用 80%量程值的溶液。

总磷标准液（250 mg/L）由浓度为 500 mg/L 的总磷标准贮备溶液稀释获得。该溶液作为直线性试验溶液。

其余试剂按照标准 HJ 636—2012 方法或仪器制造商提供的方法配制。

（4）水样保存。

采取 500 mL 水样后加入 1 mL 硫酸（3.1）调节样品的 pH 值，使之低于或等于 1，或不加任何试剂于冷处保存。

注：含磷量较少的水样，不要用塑料瓶采样，磷酸盐易吸附在塑料瓶壁上。

（5）样品预处理。

取 25 mL 样品于比色管中。取时应仔细摇匀，以得到溶解部分和悬浮部分均具有代表性的试样。如样品中含磷浓度较高，试样体积可以减少。

（6）空白测定。

在 50 mL 的比色管中加入蒸馏水至 50 mL 标线，加入 1.0 mL 酒石酸钾钠，摇匀；再加入 1.0 mL 纳氏试剂，摇匀。静置 10 min。在波长 420 nm 下，用 20 nm 比色皿。用水作参比，测量吸光度。

（7）样品测定。

向试样中加 4 mL 过硫酸钾，将具塞刻度管的盖塞塞紧后，用一小块布和线将玻璃塞扎紧（或用其他方法固定），放在大烧杯中置于高压蒸汽消毒器中加热，待压力达 1.1 kg/cm²，相应温度为 120 ℃ 时、保持 30 min 后停止加热。待压力表读数降至零后，取出放冷。然后用水稀释至标线。

① 分别向各份消解液中加入 1 mL 抗坏血酸溶液混匀，30 s 后加 2 mL 钼酸盐溶液充分混匀。

注：a. 如试样中含有浊度或色度时，需配制一个空白试样（消解后用水稀释至标线）然后向试料中加 3 mL 浊度-色度补偿液，但不加抗坏血酸溶液和钼酸盐溶液。然后从试料的

吸光度中扣除空白试料的吸光度。

b. 砷大于 2 mg/L 干扰测定，用硫代硫酸钠去除。硫化物大于 2 mg/L 干扰测定，通过氮气去除。铬大于 50 mg/L 干扰测定，用亚硫酸钠去除。

② 室温下放置 15 min 后，使用光程为 30 mm 比色皿，在 700 nm 波长下，以水做参比，测定吸光度。扣除空白试验的吸光度后，从工作曲线上查得磷的含量。

注：如显色时室温低于 13 ℃，在 20～30 ℃ 水花上显色 15 min 即可。

填写手工比对监测数据记录表。

（8）在线监测步骤。

① 仪器预热运行接通电源后，按操作说明书规定的预热时间进行自动分析仪的预热运行，以使各部分功能及显示记录单元稳定。

② 按仪器说明书的校正方法，用零点校正液和量程校正液校正进行仪器零点校正和量程校正。

③ 校正成功后开始监测水样。

④ 填写数据记录表（见 6.1.4.7 小节的水质自动监测仪比对监测报告）。

（9）总磷浓度计算。

总磷含量以 C（mg/L）表示，按下式计算：

$$C = \frac{m}{V} \tag{6.1-16}$$

式中：m——试样测得含磷量；

　　　V——测定用试样体积，mL。

6.1.4.7　水质自动监测仪比对监测报告格式

水污染源在线监测系统
验收比对监测报告

□□□□□[　　　]第□□号

验收单位：

监测单位名称：

运行单位：

委托单位：

报告日期：

□□□（监测单位名称）

（加盖监测业务专用章）

监测报告说明

1. 报告无本监测单位业务专用章、骑缝章及 **IMA** 章无效。
2. 报告内容需填写齐全、清楚、涂改无效；无三级审核、签发者签字无效。
3. 未经监测单位书面批准，不得部分复制本报告。
4. 本报告及数据不得用于商品广告。

单位名称（盖章）:

法人代表:

联系人:

地址: □□省□□市□□区□□□路□□号

邮政编码: □□□□□□

电话: □□□- □□□□□□□□

传真: □□□- □□□□□□□□

一、前言

企业基本情况；

产品生产基本情况；

污染治理设施基本情况；

自动监测设备生产厂家、设备名称、设备型号。

（检测单位）于 □□ 年 □□ 月 □□ 日至 □□ 月 □□ 日对该公司安装于 □□□□□□ 的水污染源在线连续自动监测系统（设备）进行了比对监测。

二、监测依据

（1）HJ 91.1　　污水监测技术规范

（2）HJ/T 92　　水污染物排放总量监测技术规范

（3）HJ 274　　综合类生态工业园标准

（4）CJ/T 3008.1~5　　城市排水流量堰槽测量标准

（5）JJG 711　　明渠堰槽流量计试行检定规程

（6）HJ 828　　水质 化学需氧量的测定 重铬酸盐法

（7）HJ/T 70　　高氯废水化学需氧量的测定 氯气校正法

（8）HJ 535　　水质 氨氮的测定 纳氏试剂分光光度法

（9）HJ 536　　水质 氨氮的测定 水杨酸分光光度法

（10）GB/T 11893　　水质 总磷的测定 钼酸铵分光光度法

（11）HJ 636　　水质 总氮的测定 碱性过硫酸钾消解紫外分光光度法

（12）GB/T 6920　　水质 pH 值的测定 玻璃电极法

三、评价标准

参照标准 HJ 354 中要求进行验收比对监测，所有项目的结果应满足表 1 的要求。

表 1　验收标准

仪器类型	验收项目		指标限值
超声波明渠流量计	液位比对误差		12 mm
	流量比对误差		±10%
水质自动采样器	采样量误差		10%
	温度控制误差		±2 ℃
CODCr 水质自动分析仪 / TOC 水质自动分析仪	漂移（80%量程上限值）		±10%F.S.
	准确度	有证标准溶液浓度<30 mg/L	±5 mg/L
		有证标准溶液浓度≥30 mg/L	±10%
	实际水样比对	实际水样 CODCr<30 mg/L（用浓度为 20~25 mg/L 的标准样品替代实际水样进行测试）	±5 mg/L
		30 mg/L≤实际水样 CODCr<60 mg/L	±30%
		60 mg/L≤实际水样 CODCr<100 mg/L	±20%
		实际水样 CODCr≥100 mg/L	±15%

NH3-N 水质自动分析仪	漂移（80%量程上限值）		±10%F.S.
	准确度	有证标准溶液浓度＜2 mg/L	±0.3 mg/L
		有证标准溶液浓度≥2 mg/L	±10%
	实际水样比对	实际水样氨氮<2 mg/L （用浓度为 1.5 mg/L 的有证标准样品替代实际水样进行测试）	±0.3 mg/L
		实际水样氨氮≥2 mg/L	±15%
TP 水质自动分析仪	漂移（80%量程上限值）		±10%F.S.
	准确度	有证标准溶液浓度<0.4 mg/L	±0.06 mg/L
		有证标准溶液浓度≥0.4 mg/L	±10%
	实际水样比对	实际水样总磷<0.4 mg/L （用浓度为 0.2 mg/L 的有证标准样品替代实际水样进行测试）	±0.06 mg/L
		实际水样总磷≥0.4 mg/L	±15%
TN 水质自动分析仪	漂移（80%量程上限值）		±10%F.S.
	准确度	有证标准溶液浓度<2 mg/L	±0.3 mg/L
		有证标准溶液浓度≥2 mg/L	±10%
	实际水样比对	实际水样总氮<2 mg/L （用浓度为 1.5 mg/L 的有证标准样品替代实际水样进行测试）	±0.3 mg/L
		实际水样总氮≥2 mg/L	±15%
pH 水质自动分析仪	漂移		±0.5
	准确度		±0.5
	实际水样比对		±0.5

注：依据比对监测项目增减列项。

四、工况

表 2　排污企业生产工况核查表

工况核查	核查内容与结论
产品生产工况核查	
污染治理设施工况核查	

五、监测仪器测量过程参数设置核查（示例）

表 3　监测仪器测量过程参数设置核查表

测量原理			显示值	实际值	规定值	是否符合	核查人签字
测量方法							
测量过程参数	固定参数	参数名称	显示值	实际值	规定值		
		排放标准限值					
		检出限					
		测定下限					
		测定上限					
		测量周期/min					
	试样用量参数	浓度/（mg/L）					
		前次试样排空时间/s					
		蠕动泵试样测试前排空时间/s					
		蠕动泵试样测试后排空时间/s					
		蠕动泵管管径/mm					
		蠕动泵进样时间/s					
		注射泵单次体积/mL					
		注射泵次数/次					
	试剂	泵管管径/mm					
		试剂测试前排空时间/s					
		试剂测试后排空时间/s					
		进样时间/s					
		浓度/（mg/L）					
		单次体积/mL					
		次数/次					
		试剂浓度/（mol/L）					
		配制方法					
	试样稀释方法	稀释方式					
		稀释倍数					
	消解条件	消解温度/℃					
		消解时间/min					
		消解压力/kPa					
	冷却条件	冷却温度/℃					
		冷却时间/min					

显色条件	显色温度/℃					
	显色时间/min					
测定单元	光度计波长/nm					
	光度计零点信号值					
	光度计量程信号值					
	滴定溶液浓度					
	空白滴定溶液体积					
	测试滴定溶液体积					
	滴定终点判定方式					
	电极响应时间/s					
	电极测量时间/s					
	电极信号					
校准液	零点校准液浓度/（mg/L）					
	零点校准液配制方法					
	量程校准液浓度（mg/L）					
	量程校准液配制方法					
报警限值	报警上限					
	报警下限					
校准曲线 $y = bx+a$	零点校准液(x_0) 对应测量信号数值(y_0)					
	量程校准液(x_i) 对应测量信号数值(y_i)					
	校准公式曲线斜率数值 b					
	校准公式曲线截距数值 a					
明渠流量计	堰槽型号					
	测量量程					
	流量公式					
电磁流量计	测定范围					
	测量量程					
	模拟输出量程					
月报						

注：依据比对监测项目增减列项。

监测方法及测量过程参数核查结论：

六、监测结果（每个项目一个测试报告）

表4 水污染源在线监测系统比对监测结果表

排污企业名称				现场监测日期			
测点名称				分析日期			
工况				样品类型			
测试项目				自动仪器测量范围			
实际水样测试							
样品编号	采样时间	水质分析仪测定值	实验室测定值	绝对误差	相对误差	标准限值	结果评定
质控样品测定							
质控样编号	测试时间	测试结果	标准样品编号及批号		标准样品浓度范围		结果评定
技术说明							
	方法		仪器名称		仪器型号	仪器出厂编号	检出限
试验仪器							
自动仪器							
比对结果	（比对结论、其他意见或建议）						

监测：

编写：

审核：

批准：

日期：

6.1.5　联网验收要求

数据控制单元和监控中心平台之间应通信稳定，不应出现经常性的通信连接中断、数据丢失、数据不完整等通信问题。数据控制单元在线率为 90%以上，正常情况下，掉线后应在 5 min 之内重新上线。数据采集传输仪每日掉线次数在 5 以内。数据传输稳定性在 99%以上，当出现数据错误或丢失时，启动纠错逻辑，要求数据采集传输仪重新发送数据。

为了保证监测数据在公共数据网上传输的安全性，所采用的数据采集传输仪，在需要时可按照标准 HJ 212 中规定的加密方法进行加密处理传输，保证数据传输的安全性。一端请求连接另一端时应进行身份验证。采用的通信协议应完全符合标准 HJ 212 的相关要求。

系统稳定运行一个月后，任取其中不少于连续 7 天的数据进行检查，要求监控中心平台接收的数据和数据控制单元采集和存储的数据完全一致；同时检查水污染源在线连续自动分析仪器存储的测定值、数据控制单元所采集并存储的数据和监控中心平台接收的数据，这 3 个环节的实时数据误差小于 1%。

在连续一个月内，系统能稳定运行，不出现除通信稳定性、通信协议正确性、数据传输正确性以外的其他联网问题。

在水污染源在线连续自动监测系统现场验收过程中，人为模拟现场断电、断水和断气等故障，在恢复供电等外部条件后，水污染源在线连续自动监测系统应能正常自启动和远程控制启动。在数据控制单元中保存故障前完整分析的分析结果，并保证在故障过程中不丢失，数据控制系统能完整记录所有故障信息。

能够按照规定要求自动生成日统计表、月统计表和年统计表。报表格式参照标准 HJ 353—2019 附录 C 中的要求。

6.1.6　运行与维护方案验收要求

运行与维护方案应包含水污染源在线监测系统情况说明、运行与维护作业指导书及记录表格，并形成书面文件进行有效管理。

水污染源在线监测系统情况说明应至少包含如下内容：排污单位基本情况，水污染在线监测系统构成图，水质自动采样系统流路图，数据控制系统构成图、所安装的水污染源在线监测仪器方法原理、选定量程、主要参数、所用试剂以及按照 HJ 355 中规定建立的各组成部分的维护要点及维护程序。

运行与维护作业指导书内容应至少包含如下内容：水污染在线监测系统各组成部分的维护方法，所安装的水污染源在线监测仪器的操作方法、试剂配制方法、维护方法，流量监测单元、水样自动采集单元及数据控制单元维护方法。

记录表格应满足运行与维护作业指导书中的设定要求。

6.1.7　验收报告编制要求

按照下表的格式要求编制验收报告。验收报告应附验收比对监测报告、联网证明和安装调试报告。当验收报告内容全部合格或符合要求后，方可通过验收。

水污染源在线监测系统
验收报告

报 告 编 号：

企业名称（加盖公章）：

排放口名称：

监测点位名称：

运行单位：

委托验收单位（加盖公章）：

年　　　月　　　日

表 1　基本情况

企业名称：				行业类别：	

单位地址：

系统安装排放口及监测点位：

<table>
<tr><td rowspan="4">流
量
计</td><td colspan="2">□明渠流量计</td><td>生产单位：</td><td colspan="2">规格型号：</td></tr>
<tr><td colspan="2"></td><td colspan="3">标准堰（槽）类型：</td></tr>
<tr><td colspan="2">□电磁流量计</td><td>生产厂家：</td><td colspan="2">规格型号：</td></tr>
<tr><td colspan="5">符合相关技术要求的证明：</td></tr>
<tr><td rowspan="4">水质
自动
采样
器</td><td colspan="5">生产单位：　　　　　　　　　规格型号：</td></tr>
<tr><td colspan="5">采样方式：□时间等比例　　　□流量等比例　　　　□流量跟踪</td></tr>
<tr><td colspan="5">周期采样量；</td></tr>
<tr><td colspan="5">符合相关技术要求的证明：</td></tr>
</table>

	监测参数	温度	pH 值	COD$_{Cr}$	NH3-N	TP	TN
水 质 自 动 分 析 仪	生产单位						
	规格型号						
	仪器原理						
	量程上限/（mg/L）	—	—				
	量程下限/（mg/L）	—	—				
	定量下限/（mg/L）	—	—				
	反应时间/t	—	—				
	反应温度/°C						
	一次分析进样量/mL	—	—				
	一次分析废液量/mL	—	—				
	安装调试完成时间						
	设备连续稳定试运行时间						
	设备运转率/%						
	数据传输率/%						
	是否出具了安装调试报告						
	符合相关技术要求的证明						
	验收比对监测单位及报告编号						
	是否与环保部门联网						
	是否有运行与维护方案						
	备注						

表 2　安装验收

系统名称	验收项目或验收内容	是否符合	验收人签字
排放口、流量监测单元	污染源排放口的布设符合标准 HJ 91.1 要求		
	污染源排放口具有符合标准 GB/T 15562.1 要求的环境保护图形标志牌		
	污染源排放口设置了具备便于水质自动采样单元和流量监测单元安装条件的采样口		
	污染源排放口设置了人工采样口		
	建设三角堰、矩形堰、巴歇尔槽等计量堰（槽）的，能提供计量堰（槽）的计量检定证书；三角堰和矩形堰后端设置有清淤工作平台，可方便实现对堰槽后端堆积物的清理		
	流量计安装处设置有对超声波探头检修和比对的工作平台，可方便实现对流量计的检修和比对工作		
	工作平台的所有敞开边缘设置有防护栏杆，采水口临空、临高的部位应设置防护栏杆和钢平台，各平台边缘具有防止杂物落入采水口的装置		
	维护和采样平台的安装施工全部符合要求		
	防护栏杆的安装全部符合要求		
监测站房	监测站房专室专用		
	监测站房密闭，安装有冷暖空调和排风扇，室内温度能保持在（20±5）℃，湿度应≤80%，空调具有来电自启动功能		
	新建监测站房面积不小于 15 m^2，站房高度不低于 2.8 m，各仪器设备安放合理，可方便进行维护维修		
	监测站房与采样点的距离不大于 50 m		
	监测站房的基础荷载强度、地面标高均符合要求		
	监测站房内有安全合格的配电设备，提供的电力负荷不小于 5 kW，配置有稳压电源		
	监测站房电源引入线使用照明电源；电源进线有浪涌保护器；电源有明显标志；接地线牢固并有明显标志		
	监测站房电源设有总开关，每台仪器设有独立控制开关		
	监测站房内有合格的给、排水设施，能使用自来水清洗仪器及有关装置		
	监测站房有完善规范的接地装置，采取了避雷措施，能防盗、防止人为破坏以及备有消防设施		
	监测站房不位于通信盲区		
	监测站房内、采样口等区域有视频监控		

采样单元	实现采集瞬时水样和混合水样，混匀及暂存水样，自动润洗及排空混匀桶的功能		
	实现了混合水样和瞬时水样的留样功能		
	实现了 pH 水质自动分析仪、温度计原位测量或测量瞬时水样		
	实现 COD_{Cr}、TOC、NH3-N、TP、TN 水质自动分析仪测量混合水样		
	具备必要的防冻或防腐设施		
	设置有混合水样的人工比对采样口		
	水质自动采样单元的管路为明管，并标注有水流方向		
	管材采用优质的聚氯乙烯（PVC）PVC、三丙聚丙烯（PPR）等不影响分析结果的硬管		
	采样口设在流量监测系统标准化计量堰（槽）取水口头部的流路中央，采水口朝向与水流的方向一致；测量合流排水时，在合流后充分混合的场所采水		
	采样泵选择合理，安装位置便于泵的维护		
数据控制单元	数据控制单元可协调统一运行水污染源在线监测系统，采集、储存、显示监测数据及运行日志，向监控中心平台上传污染源监测数据		
	可接收监控中心平台命令，实现了对水污染源在线监测系统的控制。如 触发水质自动采样单元采样，水污染源在线监测仪器进行测量、标液核查、校准等操作可读取并显示各水污染源在线监测仪器的实时测量数据		
	可查询并显示：pH 值的小时变化范围、日变化范围，流量的小时累积流量、日累积流量，温度的小时均值、日均值，COD_{Cr}、NH_3-N、TP、TN 的小时值、日均值，并通过数据采集传输仪上传至监控中心平台		
	上传的污染源监测数据带有时间和数据状态标识，符合标准 HJ 355—2019 中 6.2 条款的相关内容		
	可生成、显示各水污染源在线监测仪器监测数据的日统计表、月统计表、年统计表		
安装	全部安装均符合要求		
调试检测报告	各项指标全部合格，并出具检测期间日报和月报		

备注：

安装调试报告主要结论：

安装验收结论：

表 3　仪器设备基本功能验收

项目	验收项目及验收内容	是否符合	验收人签字
基本功能	应能够设置三级系统登录密码及相应的操作权限		
	应具有接收远程控制网的外部触发命令、启动分析等操作的功能		
	具有时间设定、校对、显示功能		
	具有自动零点校准功能和量程校准功能及自动记录功能。校准记录中应包括校准时间、校准浓度、校准前的校准关系式（曲线）、校准后的校准关系式（曲线）		
	应具有测试测量数据类别标识、显示、存储和输出功能		
	应具有限值报警和报警信号输出功能		
	应具有故障报警、显示和诊断功能，并具有自动保护功能，并且能够将故障报警信号输出到远程控制网		
	具有分钟数据、小时数据和日数据统计分析上传功能		
	意外断电且再度上电时，应能自动排出系统内残存的试样、试剂等，并自动清洗，自动复位到重新开始测定的状态		
应用要求	自动分析仪器相关软件须有清晰的、带软件版本号或者其他特征性的标识。标识可以含有多个部分，但须有一部分专用于法制目的；标识和软件本身是紧密关联的，在启动或在操作时应在显示设备上显示出来；如果一个组件没有显示设备，标识将通过通信端口传送到另外的组件上显示出来		
	仪器的计量算法和功能应正确（如模/数转换结果、数据修约、测量不确定度评定等），并满足技术要求和用户需要；计量结果和附属信息应正确地显示或打印；算法和功能应该是可测的		
	通过软件保护，使得仪器误操作的可能性降至最小		
	计量准确的软件能防止未经许可的修改，装载或通过更换存储体来改变		
	从用户接口输入的命令，软件文档中应有完整描述		
	设备专有参数只有在仪器的特殊操作模式下可以被调整或选择。它被分成两类：一类是固化的即不会改变的，另一类是由被授权的，如仪器用户、软件开发者来调节的可输入参数		
	通过保护措施，如机械封装或电子加密措施等，防止未授权的访问或者保证访问时留有证据		
	传输的计量数据应含有必要的相关信息，且不应受到传输延时的影响		

注：

安装调试报告主要结论：

安装验收结论：

表 4 监测方法及测量过程参数设置验收

监测项目			验收人签字	备注
仪器规格型号				
测量原理				
测量方法				
		参数名称	验收时设定值	
测量过程参数	固定参数	排放标准限值		
		检出限		
		测定下限		
		测定上限		
		测量周期/min		
	试样用量参数	浓度/（mg/L）		
		前次试样排空时间/s		
		蠕动泵试样测试前排空时间/s		
		蠕动泵试样测试后排空时间/s		
		蠕动泵管管径/mm		
		蠕动泵进样时间/s		
		注射泵单次体积/mL		
		注射泵次数/次		
	试剂	泵管管径/mm		
		试剂测试前排空时间/s		
		试剂测试后排空时间/s		
		进样时间/s		
		浓度/（mg/L）		
		单次体积/mL		
		次数/次		
		试剂浓度/（mol/L）		
		配制方法		
	试样稀释方法	稀释方式		
		稀释倍数		
	消解条件	消解温度/℃		
		消解时间/min		
		消解压力/kPa		
	冷却条件	冷却温度/℃		
		冷却时间/min		

测量过程参数	显色条件	显色温度/℃			
		显色时间/min			
	测定单元	光度计波长/nm			
		光度计零点信号值			
		光度计量程信号值			
		滴定溶液浓度			
		空白滴定溶液体积			
		测试滴定溶液体积			
		滴定终点判定方式			
		电极响应时间/s			
		电极测量时间/s			
		电极信号			
	校准液	零点校准液浓度/（mg/L）			
		零点校准液配制方法			
		量程校准液浓度（mg/L）			
		量程校准液配制方法			
	报警限值	报警上限			
		报警下限			
	校准曲线 $y = bx+a$	零点校准液（x_0）对应测量信号数值（y_0）			
		量程校准液（x_i）对应测量信号数值（y_i）			
		校准公式曲线斜率数值 b			
		校准公式曲线截距数值 a			
	明渠流量计	堰槽型号			
		测量量程			
		流量公式			
	电磁流量计	测定范围			
		测量量程			
		模拟输出量程			

备注：

监测方法及测量过程参数设置验收结论：

表 5　比对监测验收

验收比对监测报告主要结论：

表 6　联网验收

联网证明主要内容：

表 7　运行与维护方案验收

项目名称	项目内容	是否符合	验收人签字
水污染源在线监测系统情况说明	排污单位基本情况		
	水污染在线监测系统构成图		
	水质自动采样单元流路图		
	数据控制单元构成图		
	水污染源在线监测仪器方法原理、选定量程、主要参数、所用试剂		
	水污染在线监测系统各组成部分的维护要点及维护程序		
运行与维护作业指导书	流量计操作方法及运维手册		
	水质采样器操作方法及运维手册		
	COD_{Cr} 水质自动分析仪/TOC 水质自动分析仪操作方法及运维手册		
	氨氮水质自动分析仪操作方法及运维手册		
	总磷水质自动分析仪操作方法及运维手册		
	总氮水质自动分析仪操作方法及运维手册		
	pH 水质自动分析仪操作方法及运维手册		
	温度计操作方法及运维手册		
	流量监测单元维护方法		
	水样自动采集单元维护方法		
	数据控制单元维护方法		
运行与维护制度	日常巡检制度及巡检内容		
	定期维护制度及定期维护内容		
	定期校验和校准制度及内容		
	易损、易耗品的定期检查和更换制度		
运行与维护记录	每日巡检情况及处理结果的记录		
	每周巡检情况及处理结果的记录		
	每月巡检情况及处理结果的记录		
	标准物质或标准样品的购置使用记录		
	系统检修记录		
	故障及排除故障记录		
	断电、停运、更换设备记录		
	易损、易耗品更换记录		
	异常情况记录		
	零点和量程的校准记录		
	标准物质或标准样品的校准和验证记录		
备注			

表 8　验收结论

验收组结论：

表 9　验收组成员

序号	验收组职务	姓名	工作单位	职务/职称	签字

6.2 地表水水质自动监测系统验收

6.2.1 验收基本要求

地表水水质自动监测系统验收包括站房及外部保障设施建设验收、仪器设备验收和数据传输及数据平台验收。地表水水质自动监测系统验收应具备以下基本条件：

a）站房的供电、通讯、供水、交通以及防雷、防火、防盗等基础设施满足要求；

b）监测仪器设备及配件按照合同约定供货，外观无损；

c）完成仪器性能测试、比对实验，技术指标满足国家相关技术规范和合同的要求；

d）完成水质自动监测系统的通讯测试，水站数据上传至数据平台；

e）完成地表水水质自动监测系统至少连续 30 天的运行；

f）建立地表水水质自动监测系统档案，编制验收报告。

验收具体内容及相应表格如表 6.2-1 所示。

表 6.2-1　设备、备件外观和数量验收表

流域及水体名称：　　　　　　　　　　　　　　　　断面名称：

编号	仪器(备件)名称	生产厂商	出厂编号	合同订购数量	装箱单数量	实收数量	外观		资产编号	备注
							无损	受损		
1										
2										
3										
4										
5										
6										
7										
8										

注 1：验收清点内容包括说明书。

注 2：说明书应包括：产品合格证、仪器安装使用说明书、软件使用说明书、仪器维护手册等。

验收人：	供货人：	审核人：	审定人：

6.2.2 地表水在线监测设备验收程序

a）进行仪器性能测试和实验室比对，委托有资质单位对站房供电、防雷等基础设施进行检定并按规定时间进行试运行；

b）编制验收报告，提出验收申请；

c）检查现场完成情况，组织召开验收会，形成验收意见；

d）整理验收资料并存档。

6.2.3　地表水在线监测设备验收内容

6.2.3.1　站房及外部保障设施验收

站房及外部保障设施的竣工验收应符合国家标准、现行质量检验评定标准、施工验收规范、经审查通过的设计文件及有关法律、法规、规章和规范性文件的要求。检查工程实体质量，检查工程建设参与各方提供的竣工资料，对建筑工程的使用功能进行抽查、试验。验收过程中发现问题，达不到竣工验收标准时，应责成建设方立即整改，重新确定时间组织竣工验收。站房建设技术要求参照 HJ 915 标准附录 D 与相关合同。

6.2.3.2　仪器设备验收

到货验收。依据合同对每台自动监测仪器设备、系统集成设备、数据平台硬件系统、数据采集控制系统等进行清点：按照装箱单核对具体设备、备件的出厂编号和数量：检查设备、备件的外观，对出现外观损坏的部位拍照并按合同约定进行处理。

仪器设备性能验收：主要是针对本标准中规定的仪器设备性能指标进行测试，每台设备都应在符合要求的环境中进行，检验指标和判定标准满足表 6.2-2 中的相关指标、有关的标准及合同要求。验收的主要内容包括但不限于以下内容：仪器安装、通电、预热测试，仪器初始化测试，仪器基本功能核查，检出限、准确度、精密度、标准曲线检查，零点漂移、量程漂移和响应时间检查，重复性或重复性误差检查，实际水样比对，记录结果并汇总。

表 6.2-2　水质自动监测系统仪器性能指标技术要求

流域及水体名称：　　　　　　　　　　　　　　　断面名称：

监测项目	检测方法	检出限	精密度	准确度	稳定性		标准曲线相关系数	加标回收率	实际水样比对
					零点漂移	量程漂移			
pH	电极法			±0.1		±0.1			±0.1
水温/℃	电极法			±0.2		±0.2			±0.2
溶解氧/（mg/L）	电极法			±0.3	±0.3	±0.3			±0.3
电导率/（μs/cm）	电极法	—	±1%	±1%	±1%	±1%			±10%
浊度/NTU	电极法	—	±5%	±5%	±3%	±5%			±10%
氨氮/（mg/L）	电极法	0.1	±5%	±10%	±5%	±5%	≥0.995	80%～120%	②
	光度法	0.05	±5%	±5%	±5%	±5%	≥0.995	80%～120%	
高锰酸盐指数/（mg/L）	电极法、光度法	1	±5%	±10%	±5%	±5%	≥0.995		②
总有机碳/（mg/L）	干式、湿式氧化法	0.3	±5%	±5%	±5%	±5%	≥0.999	80%～120%	②
总氮/（mg/L）	光度法	0.1	±10%	±10%	±5%	±10%	≥0.995	80%～120%	②
总磷/（mg/L）	光度法	0.01	±10%	±10%	±5%	±10%	≥0.995	80%～120%	②
生化需氧量/（mg/L）	微生物膜法	2	±10%	±10%	±5%	±10%	≥0.995	80%～120%	②
其他污染指标		①				③			

注：① 须优于 GB 3838 规定的标准限值（GB 3838 表 1 中的指标须优于 I 类标准限值）。

　　② 当 $C_x>B_{IV}$，比对实验的相对误差在 20%以内；

　　当 $B_{II}<C_x≤B_{IV}$，比对实验的相对误差在 30%以内；

　　当 $4DL<Cx≤B_{II}$，比对实验的相对误差在 40%以内；

　　当自动监测数据和实验室分析结果双方都未检出时，或有一方未检出且另一方的测定值低于 BI 时，均认定对比实验结果合格。

　　式中：C_x——仪器测定浓度；

　　B——标准 GB 3838 表 1 中相应的水质类别标准限值；

　　$4DL$——测定下限。

　　③ 须满足仪器出厂技术指标要求

6.2.3.3 数据传输及数据平台验收

在自动监测仪器设备性能验收合格的前提下，检查自动监测系统数据传输、数据平台功能、软件性能等指标是否达到国家标准及合同有关技术指标的要求。

6.3 烟气在线监测设备（CEMS）比对验收

6.3.1 验收条件及验收内容

CEMS 在完成安装、调试检测并和主管部门联网后，应进行技术验收，包括 CEMS 技术指标验收和联网验收。

6.3.2 技术验收条件

CEMS 在完成安装、调试检测并符合下列要求后，可组织实施技术验收工作。

安装位置及手工采样位置应符合下列的要求：

① 采样或监测平台长度应 ≥2 m，宽度应 ≥2 m 或不小于采样枪长度外延 1 m，周围设置 1.2 m 以上的安全防护栏，有牢固并符合要求的安全措施，便于日常维护（清洁光学镜头、检查和调整光路准直、检测仪器性能和更换部件等）和比对监测。

② 采样或监测平台应易于人员和监测仪器到达，当采样平台设置在离地面高度 ≥2 m 的位置时，应有通往平台的斜梯（或 Z 字梯、旋梯），宽度应 ≥0.9 m；当采样平台设置在离地面高度 ≥20 m 的位置时，应有通往平台的升降梯。

③ 当 CEMS 安装在矩形烟道时，若烟道截面的高度 >4 m，则不宜在烟道顶层开设参比方法采样孔；若烟道截面的宽度 >4 m，则应在烟道两侧开设参比方法采样孔，并设置多层采样平台。

④ 在 CEMS 监测断面下游应预留参比方法采样孔，采样孔位置和数目按照标准 GB/T 16157 的要求确定。现有污染源参比方法采样孔内径应 ≥80 mm，新建或改建污染源参比方法采样孔内径应 ≥90 mm。在互不影响测量的前提下，参比方法采样孔应尽可能靠近 CEMS 监测断面。当烟道为正压烟道或有毒气时，应采用带闸板阀的密封采样孔。

数据采集和传输以及通信协议均应符合 HJ/T 212 的要求，并提供一个月内数据采集和传输自检报告，报告应对数据传输标准的各项内容做出响应。

根据烟气在线监测设备调试检测方法（或标准 HJ 75 附录 A）进行 72 h 的调试检测，并提供调试检测合格报告及调试检测结果数据。

调试检测后至少稳定运行 7 d。

6.3.3 CEMS 技术指标验收一般要求

CEMS 技术指标验收包括颗粒物 CEMS、气态污染物 CEMS、烟气参数 CMS 技术指标验收。

验收时间由排污单位与验收单位协商决定。

现场验收期间，生产设备应正常且稳定运行，可通过调节固定污染源烟气净化设备达到某一排放状况，该状况在测试期间应保持稳定。

日常运行中更换 CEMS 分析仪表或变动 CEMS 取样点位时，应分别满足安装位置要求和安装施工要求，并进行再次验收。

现场验收时必须采用有证标准物质或标准样品，较低浓度的标准气体可以使用高浓度的标准气体采用等比例稀释方法获得，等比例稀释装置的精密度在 1% 以内。标准气体要求贮存在铝瓶或不锈钢瓶中，不确定度不超过 ± 2%。

对于光学法颗粒物 CEMS，校准时须对实际测量光路进行全光路校准，确保发射光先经过出射镜片，再经过实际测量光路，到校准镜片后，再经过入射镜片到达接受单元，不得只对激光发射器和接收器进行校准。对于抽取式气态污染物 CEMS，当对全系统进行零点校准和量程校准、示值误差和系统响应时间的检测时，零气和标准气体应通过预设管线输送至采样探头处，经由样品传输管线回到站房，经过全套预处理设施后进入气体分析仪。

验收前检查直接抽取式气态污染物采样伴热管的设置，应符合下列规定；冷干法 CEMS 冷凝器的设置和实际控制温度应保持在 2 ~ 6 ℃。

从探头到分析仪的整条采样管线的铺设应采用桥架或穿管等方式，保证整条管线具有良好的支撑。管线倾斜度 ≥ 5°，防止管线内积水，在每隔 4 ~ 5 m 处装线卡箍。在使用伴热管线时应具备稳定、均匀加热和保温的功能；其设置加热温度 ≥ 120 ℃，且应高于烟气露点温度 10 ℃ 以上，其实际温度值应能够在机柜或系统软件中显示查询。

6.3.4　颗粒物 CEMS 技术指标验收

（1）验收内容。

颗粒物 CEMS 技术指标验收包括颗粒物的零点漂移、量程漂移和准确度验收。

（2）颗粒物 CEMS 零点漂移、量程漂移。

在验收开始时，人工或自动校准仪器零点和量程，测定和记录初始的零点、量程读数，待颗粒物 CEMS 准确度验收结束，且至少距离初始零点、量程测定 6 h 后再次测定（人工或自动）和记录一次零点、量程读数，随后校准零点和量程。按烟气在线监测设备调试检测计算公式（标准 HJ 75 附录 A）计算零点漂移、量程漂移。

（3）颗粒物 CEMS 准确度。

采用参比方法与 CEMS 同步测量测试断面烟气中颗粒物平均浓度，至少获取 5 对同时间区间且相同状态的测量结果，按以下方法计算颗粒物 CEMS 准确度：

$$\overline{d_i} = \frac{1}{n} \sum_{i=1}^{n} (C_{CEMS} - C_i) \qquad (6.3\text{-}1)$$

$$R_e = \frac{\overline{d_i}}{C_i} \times 100\%$$

式中：$\overline{d_j}$——绝对误差，mg/m³；

　　　n——测定次数（ ≥ 5）；

　　　C_i——参比方法测定的第 i 个浓度，mg/m³；

C_{CEMS}——CEMS 与参比方法同时段测定的浓度，mg/m³；

R_e——相对误差，%。

6.3.5 气态污染物 CEMS 和氧气 CMS 技术指标验收

（1）验收内容。

气态污染物 CEMS 和氧气 CMS 技术指标验收包括零点漂移、量程漂移、示值误差、系统响应时间和准确度验收。现场验收时，先做示值误差和系统响应时间的验收测试，不符合技术要求的，可不再继续开展其余项目验收。

注：通入零气和标气时，均应通过 CEMS 系统，不得直接通入气体分析仪。

（2）气态污染物 CEMS 和氧气 CMS 示值误差、系统响应时间。

① 示值误差：

a. 通入零气（经过滤的不含颗粒物、待测气体的清洁干空气或高纯氮气），调节仪器零点。

b. 通入高浓度（80%～100%的满量程值）标准气体，调整仪器显示浓度值与标准气体浓度值一致。

c. 仪器经上述校准后，按照零气、高浓度标准气体、零气、中浓度（50%～60%的满量程值）标准气体、零气、低浓度（20%～30%的满量程值）标准气体的顺序通入标准气体。若低浓度标准气体浓度高于排放限值，则还需通入浓度低于排放限值的标准气体，完成超低排放改造后的火电污染源还应通入浓度低于超低排放水平的标准气体。待显示浓度值稳定后读取测定结果。重复测定 3 次，取平均值。按烟气在线监测设备调试检测计算公式（标准 HJ75 附录 A）计算示值误差。

② 系统响应时间：

a. 待测 CEMS 运行稳定后，按照系统设定采样流量通入零点气体，待读数稳定后按照相同流量通入量程校准气体，同时用秒表开始计时；

b. 观察分析仪示值，至读数开始跃变止，记录并计算样气管路传输时间 T_1；

c. 继续观察并记录待测分析仪器显示值上升至标准气体浓度标称值 90%时的仪表响应时间 T_2；

4）系统响应时间为 T_1 和 T_2 之和。重复测定 3 次，取平均值。

（3）气态污染物 CEMS 和氧气 CMS 零点漂移、量程漂移。

① 零点漂移：

系统通入零气（经过滤的不含颗粒物、待测气体的清洁干空气或高纯氮气），校准仪器至零点，测试并记录初始读数 Z_0。待气态污染物和氧气准确度验收结束，且至少距初始测试 6 h 后，再通入零气，待读数稳定后记录零点读数 Z_1。按烟气在线监测设备调试检测计算公式（标准 HJ 75 附录 A）计算零点漂移 Z_d。

② 量程漂移：

系统通入高浓度（80%～100%的满量程）标准气体，校准仪器至该标准气体的浓度值，测试并记录初始读数 S_0。待气态污染物和氧气准确度验收结束，且至少距初始测试 6 h 后，再通入同一标准气体，待读数稳定后记录标准气体读数 S_i。按烟气在线监测设备调试检测计算公式（标准 HJ 75 附录 A）计算量程漂移 S_d。

（4）气态污染物 CEMS 和氧气 CMS 准确度。

参比方法与 CEMS 同步测量烟气中气态污染物和氧气浓度，至少获取 9 个数据对，每个数据对取 5~15 min 均值。绝对误差按前文公式计算，相对误差按前文公式计算，相对准确度按烟气在线监测设备调试检测计算公式（标准 HJ 75 附录 A）计算。

6.3.6　烟气参数 CMS 技术指标验收

（1）验收内容。

烟气参数指标验收包括流速、烟温、湿度准确度验收。

采用参比方法与流速、烟温、湿度 CMS 同步测量，至少获取 5 个同时段测试断面值数据对，分别计算流速、烟温、湿度 CMS 准确度。

（2）流速准确度。

烟气流速准确度计算方法如下：

$$\overline{d_{vi}} = \frac{1}{n}\sum_{i=1}^{n}(V_{CEMS} - V_i) \qquad (6.3\text{-}2)$$

$$R_{ev} = \frac{\overline{d_{vi}}}{\overline{V_i}} \times 100\%$$

式中：$\overline{d_{vi}}$——流速绝对误差，mg/m^3；

n——测定次数（$\geqslant 5$）；

V_{CEMS}——流速 CMS 与参比方法同时段测定的烟气平均流速，m/s；

V_i——参比方法测定的测试断面的烟气平均流速，m/s；

R_{ev}——流速相对误差，%。

（3）烟温准确度。

烟温绝对误差计算方法：

$$\Delta T = \frac{1}{n}\sum_{i=1}^{n}(T_{CEMS} - T_i) \qquad (6.3\text{-}3)$$

式中：ΔT——烟温绝对误差，℃；

n——测定次数（$\geqslant 5$）；

T_{CEMS}——烟温 CEMS 与参比方法同时段测定的平均烟温，℃；

T_i——参比方法测定的平均烟温，℃（可与颗粒物参比方法测定同时进行）。

（4）湿度准确度。

湿度准确度计算方法如下：

$$\Delta X_{SW} = \frac{1}{n}\sum_{i=1}^{n}(X_{SWCMS} - X_{SWi}) \qquad (6.3\text{-}4)$$

$$R_{es} = \frac{\Delta X_{SW}}{X_{SWi}} \times 100\% \qquad (6.3\text{-}5)$$

式中：ΔX_{sw}——烟气湿度绝对误差，%；

$\quad n$——测定次数（≥ 5）；

$\quad X_{SWCMS}$——烟气湿度 CMS 与参比方法同时段测定的平均烟气湿度，%；

$\quad X_{swi}$——参比方法测定的平均烟气湿度，%；

$\quad R_{es}$——烟气湿度相对误差，%。

6.3.7　验收测试结果表格式

参照烟气在线监测设备调试检测原始记录表形式对相关数据进行记录，完成后编制技术指标验收测试报告，报告应包括以下信息：

① 报告的标识、编号；

② 检测日期和编制报告的日期；

③ CEMS 标识、制造单位、型号和系列编号；

④ 安装 CEMS 的企业名称和安装位置所在的相关污染源名称；

⑤ 环境条件记录情况（大气压力、环境温度、环境湿度）；

⑥ 示值误差、系统响应时间、零点漂移和量程漂移验收引用的标准；

⑦ 准确度验收引用的标准；

⑧ 所用可溯源到国家标准的标准气体；

⑨ 参比方法所用的主要设备、仪器等；

⑩ 检测结果和结论；

⑪ 测试单位；

⑫ 三级审核签字；

⑬ 备注（技术验收单位认为与评估 CEMS 的性能相关的其他信息）。

报告可参照以下形式进行记录：

表 6.3-1   CEMS 技术指标验收报告

企业名称：_____   安装位置：

验收单位：_____   验收日期：

CEMS 供应商：				
CEMS 主要仪器型号				
仪器名称	设备型号	制造商	测量参数	出厂编号
零点漂移、量程漂移、示值误差、系统响应时间验收结果				
	项目名称	技术要求	检测结果	是否合格
颗粒物	零点漂移			
	量程漂移			
二氧化硫	零点漂移			
	量程漂移			
	示值误差			
	系统响应时间			
氮氧化物	零点漂移			
	量程漂移			
	示值误差			
	系统响应时间			
含氧量	零点漂移			
	量程漂移			
	示值误差			
	系统响应时间			
流速	零点漂移			
准确度验收结果				
项目	参比方法测量值	CEMS 测量值	准确度	准确度限值
颗粒物				
二氧化硫				
氮氧化物				
其他气态污染物				
流速				
烟温				
烟气湿度				
氧量				
结论				
标准气体名称		浓度值	生产厂商名称	
参比方法测试项目	仪器生产厂商	型号	方法依据	
备注				

表 6.3-2　示值误差、系统响应时间、零点漂移和量程漂移验收技术要求

检测项目			技术要求
气态污染物 CEMS	二氧化硫	示值误差	当满量程 ≥100 μmol/mol（286 mg/m³）时，示值误差不超过 ±5%（相对于标准气体标称值）； 当满量程 <100 μmol/mol（286 mg/m³）时，示值误差不超过 ±2.5%（相对于仪表满量程值）
		系统响应时间	≤200 s
		零点漂移、量程漂移	不超过 ±2.5%
	氮氧化物	示值误差	当满量程 ≥200 μmol/mol（410 mg/m³）时，示值误差不超过 ±5%（相对于标准气体标称值）； 当满量程 <200 μmol/mol（410 mg/m³）时，示值误差不超过 ±2.5%（相对于仪表满量程值）
		系统响应时间	≤200 s
		零点漂移、量程漂移	不超过 ±2.5%
氧气 CMS	O₂	示值误差	±5%（相对于标准气体标称值）
		系统响应时间	≤200 s
		零点漂移、量程漂移	不超过 ±2.5%
颗粒物 CEMS	颗粒物	零点漂移、量程漂移	不超过 ±2.0%
注：氮氧化物以 NO_2 计			

表 6.3-3　准确度验收技术要求

检测项目			技术要求
气态污染物 CEMS	二氧化硫	准确度	排放浓度 ≥250 μmol/mol（715 mg/m³）时，相对准确度 ≤15%
			50 μmol/mol（143 mg/m³）≤ 排放浓度 <250 μmol/mol（715 mg/m³）时，绝对误差不超过 ±20 μmol/mol（57 mg/m³）
			20 μmol/mol（57 mg/m³）≤ 排放浓度 <50 μmol/mol（143 mg/m³）时，相对误差不超过 ±30%
			排放浓度 <20 μmol/mol（57 mg/m³）时，绝对误差不超过 ±6 μmol/mol（17 mg/m³）
	氮氧化物	准确度	排放浓度 ≥250 μmol/mol（513 mg/m³）时，相对准确度 ≤15%
			50 μmol/mol（103 mg/m³）≤ 排放浓度 <250 μmol/mol（513 mg/m³）时，绝对误差不超过 ±20 μmol/mol（41 mg/m³）
			20 μmol/mol（41 mg/m³）≤ 排放浓度 <50 μmol/mol（103 mg/m³）时，相对误差不超过 ±30%
			排放浓度 <20 μmol/mol（41 mg/m³）时，绝对误差不超过 ±6 μmol/mol（12 mg/m³）

续表

检测项目			技术要求
气态污染物 CEMS	其他气态污染物	准确度	相对准确度≤15%
氧气 CMS	O_2	准确度	>5.0%时，相对准确度≤15%
			≤5.0%时，绝对误差不超过±1.0%
颗粒物 CEMS	颗粒物	准确度	排放浓度>200 mg/m³ 时，相对误差不超过±15%
			100 mg/m³<排放浓度≤200 mg/m³ 时，相对误差不超过±20%
			50 mg/m³<排放浓度≤100 mg/m³ 时，相对误差不超过±25%
			20 mg/m³<排放浓度≤50 mg/m³ 时，相对误差不超过±30%
			10 mg/m³<排放浓度≤20 mg/m³ 时，绝对误差不超过±6 mg/m³
			排放浓度≤10 mg/m³，绝对误差不超过±5 mg/m³
流速 CMS	流速	准确度	流速>10 m/s 时，相对误差不超过±10%
			流速≤10 m/s 时，相对误差不超过±12%
温度 CMS	温度	准确度	绝对误差不超过±3 ℃
湿度 CMS	湿度	准确度	烟气湿度>5.0%时，相对误差不超过±25%
			烟气湿度≤5.0%时，绝对误差不超过±1.5%

注：氮氧化物以 NO_2 计，以上各参数区间划分以参比方法测量结果为准

6.3.8　联网验收

联网验收由通信及数据传输验收、现场数据比对验收和联网稳定性验收三部分组成。

通信及数据传输验收。按照标准 HJ/T212 的规定检查通信协议的正确性。数据采集和处理子系统与监控中心之间的通信应稳定，不出现经常性的通信连接中断、报文丢失、报文不完整等通信问题。为保证监测数据在公共数据网上传输的安全性，所采用的数据采集和处理子系统应进行加密传输。监测数据在向监控系统传输的过程中，应由数据采集和处理子系统直接传输。

现场数据比对验收。数据采集和处理子系统稳定运行一个星期后，对数据进行抽样检查，对比上位机接收到的数据和现场机存储的数据是否一致，精确至一位小数。

联网稳定性验收。在连续一个月内，子系统能稳定运行，不出现除通信稳定性、通信协议正确性、数据传输正确性以外的其他联网问题。

联网验收技术指标要求如表 6.3-4 所示。

表 6.3-4 联网验收技术指标要求

验收检测项目	考核指标
通信稳定性	1. 现场机在线率为 95% 以上； 2. 正常情况下，掉线后，应在 5 min 之内重新上线； 3. 单台数据采集传输仪每日掉线次数在 3 次以内； 4. 报文传输稳定性在 99% 以上，当出现报文错误或丢失时，启动纠错逻辑，要求数据采集传输仪重新发送报文
数据传输安全性	1. 对所传输的数据应按照标准 HJ 212 中规定的加密方法进行加密处理传输，保证数据传输的安全性。 2. 服务器端对请求连接的客户端进行身份验证
通信协议正确性	现场机和上位机的通信协议应符合标准 HJ 212 的规定，正确率 100%
数据传输正确性	系统稳定运行一星期后，对一星期的数据进行检查，对比接收的数据和现场的数据一致，精确至一位小数，抽查数据正确率 100%
联网稳定性	系统稳定运行一个月，不出现除通信稳定性、通信协议正确性、数据传输正确性以外的其他联网问题

6.4 非甲烷总烃在线监测设备（NMHC-CEMS）比对验收

6.4.1 验收总体要求

CEMS 在完成安装、调试检测、联网后，应进行系统技术指标验收和联网验收。其中，技术指标验收中的正确度验收应在其他各项技术指标验收合格后开展。

6.4.2 技术验收条件

6.4.2.1 安装位置及手工采样位置要求

安装位置及安装施工应满足 HJ 75 及 HJ 1013 标准中所提的相关要求。样品传输管线应具备稳定、均匀加热和保温的功能，其加热温度应在 120 ℃ 以上，加热温度值应能够在机柜或系统软件中显示查询。

废气中含强腐蚀性气体时，样品经过的器件或管路应选用耐腐蚀性材料。

数据采集和传输以及通信协议均应符合标准 HJ 212 的相关要求，并提供一个月内数据采集和传输自检报告，报告应对数据传输标准的各项内容做出响应。

根据要求完成 72 h 的调试检测，并提供调试检测合格报告及调试检测结果数据。

6.4.2.2 技术性能指标调试检测

CEMS 在完成安装、初调，并连续运行 168 h 后，应进行为期 72 h 的技术性能指标的调试检测。

调试检测的技术性能指标包括 NMHC-CEMS 示值误差、NMHC-CEMS 分析周期、NMHC-CEMS 系统响应时间、NMHC-CEMS 24 h 零点漂移、量程漂移、NMHC-CEMS 正确度、流速 CMS 速度场系数精密度、流速 CMS 正确度、温度 CMS 正确度、湿度 CMS 正确度。

对于安装有氧气 CMS 装置的，调试检测的技术性能指标还应包括氧气 CMS 示值误差、氧气 CMS 系统响应时间、氧气 CMS 24 h 零点漂移、量程漂移、氧气 CMS 正确度。

相关指标的检测应在生产设备正常且稳定运行的条件下开展。

调试检测技术性能指标应满足 HJ 1013 中的技术要求和性能指标，同时需满足：

① NMHC-CEMS 示值误差：量程 > 100 mg/m³ 时，示值误差应在标准气体标称值的 ± 5% 以内；量程 ≤ 100 mg/m³ 时，示值误差应在 F.S.的 ± 2.5% 以内；

② NMHC-CEMS 系统响应时间 ≤ 300 s；

③ 参比方法测量 NMHC 浓度平均值和排放限值均 < 50 mg/m³ 时，绝对误差平均值应在 ± 10 mg/m³ 以内。

注：F.S.表示满量程。

④ 各技术性能指标的调试检测方法按照如下内容执行（HJ 1286 标准附录 A）：

a. NMHC-CEMS 和氧气 CMS 系统响应时间：

系统响应时间的检测方法为：

NMHC-CEMS 运行稳定后，按照系统设定采样流量从校准管线通入零点气，待读数稳定后按照相同流量通入量程校准气体，同时用秒表开始计时；

观察并记录待测分析仪器显示值上升至标准气体浓度标称值 90% 时的仪表响应时间 T，即为系统响应时间；

系统响应时间重复测定 3 次，取平均值。

NMHC-CEMS 分析周期：参照标准 HJ 1013 中分析周期检测方法的相关内容。

b. NMHC-CEMS 和氧气 CMS 正确度技术指标的调试检测和验收：

NMHC-CEMS 和氧气 CMS 与参比方法同步测定，由数据采集器连续记录至参比方法测试结束，取与参比方法同时段的平均值。

取参比方法与 NMHC-CEMS 或氧气 CMS 同时段测定值组成一个数据对，参比方法与 NMHC-CEMS 或氧气 CMS 测定值均取标准干基浓度，每天至少取 9 对有效数据用于正确度计算，但应报告所有的数据，包括舍去的数据对，连续进行 3d。

正确度技术指标的计算公式，以及 NMHC-CEMS 和氧气 CMS 的核查方法参照标准 HJ 75 中气态污染物 CEMS 和氧气 CMS 正确度相关技术指标的调试检测相关内容。

注：本标准中"正确度"在标准 HJ75 中称"准确度"。

c. 其他技术指标的调试检测和验收

NMHC-CEMS 和氧气 CMS 零点漂移和量程漂移、示值误差，以及温度、湿度、流速相关技术指标的调试检测和验收参照标准 HJ 75 相关内容执行。检测结果格式参见表 6.4-1 至 6.4-7。其中，分析周期连续测量 3 d，每天至少测量 1 次，每日分析周期都应满足要求；非甲烷总烃参比方法可选用标准 HJ 38，也可选用国家发布的其他生态环境监测标准；若采用标准 HJ 38 作为参比方法，样品应在加热后分析。调试检测数据记录格式参见表 6.4-1 至 6.4-7。调试检测完成后编制调试检测报告，报告的格式参见表 6.4-8，若调试检测结果不满足本标准技术性能指标要求，按照标准 HJ 75 中技术指标调试检测结果分析和处理方法执行。

d. 调试检测后至少稳定运行 7 d。

表 6.4-1　CEMS 零点和量程漂移检测

测试人员：_____　CEMS 生产厂商：

CEMS 型号、编号：

CEMS 原理：_____　安装位置：

标准气体浓度或校准器件的已知响应值：_____　计量单位：

序号	日期	时间	零点读数		零点读数变化	量程读数		量程读数变化	备注
			起始值	最终值	最终值－起始值	起始值	最终值	最终值－起始值	
零点读数变化最大值						量程读数变化最大值			
零点漂移						量程漂移			

表 6.4-2　CEMS 示值误差和系统响应时间检测

测试人员：_____CEMS 生产厂商：

CEMS 型号、编号：

CEMS 原理：_____安装位置：

计量单位：_____测试日期：_____ 年____ 月_____ 日

序号	标准气体或校准器件参考值	CEMS 显示值	CEMS 显示值的平均值	示值误差/%	系统响应时间/s		备注
					测定值 t	平均值	

表 6.4-3　NMHC-CEMS（氧气 CMS）正确度检测

测试人员：＿＿＿＿＿＿＿＿＿＿＿　CEMS 生产厂商：

CEMS 型号、编号：

CEMS 原理：＿＿＿＿＿＿＿＿＿＿＿＿　安装位置：＿＿＿＿＿＿

参比方法仪器生产厂商：＿＿＿＿＿＿＿型号、编号：＿＿＿＿原理：

测试日期：＿＿＿＿ 年 ＿＿月 ＿＿日　　计量单位：

样品编号	时间 （时、分）	参比方法 测量值 A	NMHC-CEMS（氧气 CMS） 测量值 B	数据对差 $B-A$
平均值				
数据对差的平均值的绝对值				
数据对差的样本标准差				
数据对差的极限误差				
相对误差的95%置信上限				

标准气体	名称	保证值	参比方法测定结果		相对误差/%	
			采样前	采样后	采样前	采样后

注：本标准中"正确度""相对误差的95%置信上限""极限误差"在标准 HJ 75 和 HJ 1013 中称为
"准确度""相对准确度""置信系数"

表 6.4-4　流速、温度和湿度 CMS 的正确度检测

测试人员：_____　　CEMS 生产厂商：

CEMS 型号、编号：

CEMS 原理：_____　　安装位置：

参比方法仪器生产厂商：_____型号、编号：_____原理：

序号	日期	时间（时、分）	参比方法			CEMS			备注
			流速/（m/s）	温度/℃	湿度/%	流速/（m/s）	温度/℃	湿度/%	
流速平均值/（m/s）									
烟温平均值/℃									
湿度平均值/%									
流速相对误差/%									
烟温绝对误差平均值/℃									
湿度绝对误差平均值/%（参比方法测量值≤5%时）									
湿度相对误差/%（参比方法测量值>5%时）									

表 6.4-5　废气排放连续监测小时平均值日报表

安装位置：　　　　　　　　　　　监测日期：　　　　　年　　　月　　　日

时间	甲烷			非甲烷总烃			总烃			流量/（m³/h）	O₂/%	温度/℃	湿度/%	负荷	备注
	mg/m³	折算 mg/m³	kg/h	mg/m³	折算 mg/m³	kg/h	mg/m³	折算 mg/m³	kg/h						
00～01															
01～02															
02～03															
03～04															
04～05															
05～06															
06～07															
07～08															
08～09															
09～10															
10～11															
11～12															
12～13															
13～14															
14～15															
15～16															
16～17															
17～18															
18～19															
19～20															
20～21															
21～22															
22～23															
23～24															
平均值															
最大值															
最小值															
样本数															
日排放总量/t															

废气日排放总流量单位：×10⁴ m³/d

表 6.4-6　废气排放连续监测日平均值月报表

安装位置：　　　　　　　　　　　监测月份：　　　　　年　　　　月

日期	甲烷		非甲烷总烃		总烃		流量（×10⁴ m³/d）	O₂ /%	温度 /°C	湿度 /%	负荷	备注
	mg/m³	t/d	mg/m³	t/d	mg/m³	t/d						
1 日												
2 日												
3 日												
4 日												
5 日												
6 日												
7 日												
8 日												
9 日												
10 日												
11 日												
12 日												
13 日												
14 日												
15 日												
16 日												
17 日												
18 日												
19 日												
20 日												
21 日												
22 日												
23 日												
24 日												
25 日												
26 日												
27 日												
28 日												
29 日												
30 日												
31 日												
平均值												
最大值												
最小值												
样本数												
月排放总量/t												

废气月排放总流量单位：×10⁴ m³/m

上报单位（盖章）：　　　　　负责人员：　　　　　报告人员：

报告日期：　　　　　年　　　月　　　日

表 6.4-7　废气排放连续监测月平均值年报表

安装位置：　　　　　　　　监测年份：　　　　　年

日期	甲烷 / (t/m)	非甲烷总烃 / (t/m)	总烃 / (t/m)	流量 (×10⁴ m³/m)	O₂ /%	温度 / °C	湿度/%	负荷	备注
1 月									
2 月									
3 月									
4 月									
5 月									
6 月									
7 月									
8 月									
9 月									
10 月									
11 月									
12 月									
平均值									
最大值									
最小值									
样本数									
年排放总量/t									

废气年排放总流量单位：×10⁴ m³/a

上报单位（盖章）：　　　　负责人员：　　　　报告人员：

报告日期：　　　　年　　月　　日

表 6.4-8 CEMS 调试检测报告

企业名称：　　　　　　　　　　　安装位置：

检测单位：　　　　　　　　　　　检测日期：

填表人员：

NMHC-CEMS 供应商：				
NMHC-CEMS 主要仪器型号				
仪器名称	设备型号	制造商		测量方法
项目名称		技术要求	检测结果	是否符合
NMHC	示值误差	当量程>100 mg/m³ 时，示值误差应在标准气体的标称值±5%以内；当量程≤100 mg/m³ 时，示值误差应在 F.S.的 ±2.5%以内		
	分析周期	≤3 min		
	系统响应时间	≤300 s		
	24 h 零点漂移	应在 ±3%以内		
	24 h 量程漂移	应在 ±3%以内		
	正确度	当参比方法测量非甲烷总烃浓度（以碳计）的平均值：a. <50 mg/m³ 时，绝对误差的平均值应在 ±20 mg/m³ 以内 [a]；b. 在[50 mg/m³，500 mg/m³）时，相对误差的 95%置信上限≤40%；c. ≥500 mg/m³ 时，相对误差的 95%置信上限≤35%		
含氧量	示值误差	应在标准气体的标称值±5%以内。		
	系统响应时间	≤200 s		
	零点漂移、量程漂移	应在 ±2.5%以内。		
	正确度	≤5.0%时，绝对误差的平均值应在 ±1.0%以内；>5.0%时，相对误差的 95%置信上限≤15%		
流速	速度场系数精密度	≤5%		
	相关系数 [b]	≥9 个数据时，相关系数≥0.90		
	正确度	流速>10 m/s，相对误差应在 ±10%以内；流速≤10 m/s，相对误差应在 ±12%以内		
烟温	正确度	绝对误差平均值应在 ±3 ℃ 以内		
湿度	正确度	≤5.0%时，绝对误差平均值应在 ±1.5%以内；>5.0%时，相对误差应在 ±25%以内		
结论				
标准气体名称		浓度标称值	生产厂商名称	
参比方法测试项目	仪器生产厂商	型号	方法依据	

注：本标准中"正确度""相对误差的 95%置信上限"在标准 HJ 75 和 HJ 1013 中称作"准确度""相对准确度"

a. 当参比方法测量浓度平均值且排放限值均小于 50 mg/m³ 时，绝对误差平均值应在 ±10 mg/m³ 以内

b. 当速度场系数精密度不满足本标准要求时，进行相关系数校准时应满足本条要求

6.4.2.3　技术指标验收

（1）一般要求。

技术指标验收包括 NMHC-CEMS 和废气参数 CMS 的技术指标验收。验收前 24 h，应对待验收的 CEMS 进行零点校准和量程校准，记录仪器的零点读数和量程读数，以此作为验收时计算 24 h 零点漂移和量程漂移的初始读数。验收期间除本标准规定操作外，不得对 CEMS 进行零点校准和量程校准、维护、检修、调整。验收前应检查采样伴热管设置，应符合如下要求：

安装施工要求应满足标准 HJ 75 中安装施工要求和标准 HJ 1013 中的安全要求。

样品传输管线应具备稳定、均匀加热和保温的功能，其加热温度应在 120 ℃ 以上，加热温度值应 能够在机柜或系统软件中显示查询。

废气中含强腐蚀性气体时，样品经过的器件或管路应选用耐腐蚀性材料。

检查探头、伴热管线以及分析仪器之前的整个气体管路，应满足全程伴热无冷点的要求。

验收期间，生产设备应正常且稳定运行。验收时，应采用甲烷和丙烷 2 种标准气体或者两者的混合气体。对 CEMS 进行系统零点校准和量程校准、示值误差和系统响应时间检测时，零点气和标准气体应通过校准管线输送至采样探头处，经由样品传输管线回到站房，经过全套预处理设施后进入 NMHC 监测单元进行分析，不得直接通入 NMHC 监测单元。日常运行中更换 CEMS 分析仪表或变动 CEMS 取样点位时，应满足相关要求，并进行再次验收。

（2）验收内容。

技术指标验收内容包括零点漂移、量程漂移、示值误差、分析周期、系统响应时间和正确度验收。

进行正确度验收时，流速、烟温、湿度应采集不少于 5 个有效数据对，非甲烷总烃应采集不少于 9 个有效数据对。

装有氧气 CMS 装置的，应对其进行验收。进行正确度验收时，含氧量应采集不少于 9 个有效数据对。

非甲烷总烃、氧含量、流速、烟温和湿度等技术指标应满足要求。

6.4.3　验收报告的编制

技术指标验收完成后编制技术指标验收测试报告，技术指标验收测试报告应包括以下信息：

① 报告标识—编号；

② 检测日期和编制报告日期；

③ CEMS 标识—制造单位、型号和系列编号；

④ CEMS 的主要组件；

⑤ 安装 CEMS 的企业名称和安装位置相关污染源名称；

⑥ 环境条件记录情况（大气压力、环境温度、环境湿度）；

⑦ 示值误差、分析周期、系统响应时间、零点漂移、量程漂移和正确度验收引用的标准

及技术指标要求；

⑧ 可溯源的有证标准气体；

⑨ 参比方法所用的主要仪器、设备等；

⑩ 检测结果和结论；

⑪ 测试单位；

⑫ 三级审核签字；

⑬ 色谱分析仪出厂检测原始谱图复印件；

⑭ 验收测试结果和验收测试报告，格式参见标准 HJ 75 中的固定污染源烟气排放连续监测系统技术指标验收报告；

⑮ 备注（技术验收单位认为与评估 CEMS 性能相关的其他信息）。

6.4.4 联网验收

联网验收内容和技术指标按照烟气在线监测系统及标准 HJ 75、HJ 212 相关要求执行。

6.5 环境空气质量在线监测设备验收

6.5.1 验收条件及验收内容

环境空气质量监测系统验收的内容包括：性能指标验收、联网验收及相关制度、记录和档案验收等，验收通过后由环境保护行政主管部门出具验收报告。

6.5.2 验收准备与申请

（1）验收准备。

① 提供环境监测仪器质量监督检验中心出具的产品适用性检测合格报告。

② 提供环境空气质量在线监测设备的安装调试报告、试运行报告。

③ 提供环境保护行政主管部门出具的联网证明。

④ 提供质量控制和质量保证计划文档。

⑤ 环境空气质量在线监测设备已至少连续稳定运行 60d，出具日报表和月报表。其数据应符合标准 GB 3095—2012 中关于污染物浓度数据有效性的最低要求。

⑥ 建立完整的环境空气质量在线监测系统的技术档案。

（2）验收申请。

环境空气质量在线监测系统完成安装、调试及试运行后提出验收申请，验收申请材料上报责任环境保护部门受理，经核准符合验收条件，由责任环境保护部门组织实施验收。

6.5.3 验收内容

6.5.3.1 性能指标验收

（1）流量测试。

测试方法见环境空气质量在线监测设备调试检测指标和检测方法（HJ 655），测试时间为 1 d，测试结果应符合表 6.4-1 要求。

（2）校准膜重现性。

测试方法见环境空气质量在线监测设备调试检测指标和检测方法（HJ 655），测试时间为1 d，测试结果应符合表6.4-1要求。

（3）示值误差。

监测系统进行示值误差测试，检测方法见环境空气质量在线监测设备调试检测指标和检测方法（HJ 193），测试结果应符合表6.4-1的要求。

（4）24 h零点漂移和24 h 80%量程漂移。

监测系统进行24 h零点漂移和24 h 80%量程漂移测试，测试时间为1 d，检测方法见环境空气质量在线监测设备调试检测指标和检测方法（HJ 193），测试结果应符合表6.5-1要求。

表6.5-1　监测系统性能指标验收检测项目

项　目	流量要求	校准膜重现性	示值误差	24 h零点漂移	24 h 80%量程漂移
PM_{10}连续监测系统	每一次测试时间点流量变化±10%设定流量；24 h平均流量变化±5%设定流量	±2%（标称值）			
$PM_{2.5}$连续监测系统	平均流量偏差±5%设定流量；流量相对标准偏差≤2%；平均流量示值误差≤2%	±2%（标称值）			
SO_2分析仪器			±2%F.S.	±5 ppb	±10 ppb
NO_2分析仪器			±2%F.S.	±5 ppb	±10 ppb
O_3分析仪器			±4%F.S.	±5 ppb	±10 ppb
CO分析仪器			±2%F.S.	±1 ppm	±1 ppm

注：F.S.表示满量程。

6.5.3.2　联网验收

联网验收由通信及数据传输验收、现场数据比对验收和联网稳定性验收三部分组成。

（1）通信及数据传输验收。

按照标准HJ/T 212的规定检查通信协议的正确性。数据采集和传输设备与监测仪之间的通信应稳定，不出现经常性的通信连接中断、报文丢失、报文不完整等通信问题。为保证监测数据在公共数据网上传输的安全性，所采用的数据采集和传输设备应进行加密传输。

（2）现场数据比对验收。

对数据进行抽样检查，随机抽取试运行期间7d的监测数据，对比上位机接收到的数据和现场机存储的数据，数据传输正确率应大于等于95%。

（3）联网稳定性验收。

在连续一个月内，数据采集和传输设备能稳定运行，不出现除通信稳定性、通信协议正确性、数据传输正确性以外的其他联网问题。

（4）联网验收技术指标要求。

联网验收技术指标见表6.5-2。

表 6.5-2 联网验收技术指标

验收检测项目	考核指标
通信稳定性	1. 现场机在线率为 90%以上； 2. 正常情况下，掉线后，应在 5 min 之内重新上线； 3. 单台数据采集传输仪每日掉线次数在 5 次以内； 4. 报文传输稳定性在 99%以上，当出现报文错误或丢失时，启动纠错逻辑，要求数据采集传输仪重新发送报文
数据传输安全性	1. 对所传输的数据应按照标准 HJ/T 212 中规定的加密方法进行加密处理传输，保证数据传输的安全性； 2. 服务器端对请求连接的客户端进行身份验证
通信协议正确性	现场机和上位机的通信协议应符合标准 HJ/T 212 中的规定，正确率 100%。
数据传输正确性	随机抽取试运行期间 7 d 的监测数据，对比上位机接收到的数据和现场机存储的数据，数据传输正确率应大于等于 95%。
联网稳定性	在连续一个月内，不出现除通信稳定性、通信协议正确性、数据传输正确性以外的其他联网问题

6.5.3.3 相关制度、记录和档案验收

设备操作和使用制度：

（1）设备使用管理说明；

（2）系统运行操作规程。

设备质量保证和质量控制计划：

（1）日常巡检制度及巡检内容。

（2）定期维护制度及定期维护内容。

（3）定期校验和校准制度及内容。

（4）易损、易耗品的定期检查和更换制度。

6.5.3.4 验收报告

具体的验收报告格式见下文。验收报告应附安装调试报告、试运行报告和联网证明。

表 6.5-3 基本情况

环境空气质量连续监测系统安装单位：		
联系人：	单位地址：	
邮政编码：	联系电话：	
安装点位：		
系统名称及型号：		
监测项目：		
系统生产单位：		
系统试运行单位：		
试运行完成时间：		
环境保护部环境监测仪器质量监督检验中心出具的产品适用性检测合格报告		
监测系统的安装调试报告、试运行报告（含试运行日报表、月报表）		
环境保护行政主管部门出具的联网证明		
质量控制和质量保证计划文档		
监测系统的技术档案		
备　注：		

表 6.5-4　验收记录表

仪器名称				仪器编号			
验收日期				监测人员			
性能指标验收		检测结果		是否符合要求			
				是√	否×	备注/其他	
流量测试	PM$_{10}$	每一次测试时间点流量变化/%					
		24 h 平均流量变化/%					
	PM$_{2.5}$	标准流量计平均值/（L/min）					
		仪器流量平均值/（L/min）					
		平均流量偏差/%					
		流量相对标准偏差/%					
		平均流量示值误差/%					
校准膜重现性		校准膜重现性/%					
示值误差		SO$_2$					
		NO$_2$					
		O$_3$					
		CO					
24 h 零点漂移		SO$_2$					
		NO$_2$					
		O$_3$					
		CO					
24 h 80%量程漂移		SO$_2$					
		NO$_2$					
		O$_3$					
		CO					
联网验收		联网证明主要内容：					
相关制度、记录和档案验收		设备操作和使用制度					
		设备质量保证和质量控制计划					
验收结论		验收组成员（签字）： 　　　　　　　　　年　　月　　日					

第7章　在线监测设备的运行维护

7.1　水污染源在线监测设备的运行维护

本节参照《水污染源在线监测系统（COD$_{Cr}$、NH$_3$-N 等）运行技术规范》相关要求，描述了为保障水污染源在线监测设备稳定运行所要达到的运行单位及人员要求、参数管理及设置、采样方式及数据上报、检查维护、运行技术及质控、系统检修和故障处理、档案记录等方面的要求，并规定了运行比对监测的具体内容。适用于通过标准 HJ 354 验收的水污染源在线监测系统各组成部分以及所采用的流量计、水质自动采样器、化学需氧量（COD$_{Cr}$）水质自动分析仪、总有机碳（TOC）水质自动分析仪、氨氮（NH$_3$-N）水质自动分析仪、总磷（TP）水质自动分析仪、总氮（TN）水质自动分析仪、温度计、pH 水质自动分析仪等水污染源在线监测仪器的运行，适用于水污染源在线监测系统运行单位的日常运行和管理。

7.1.1　运行单位及人员要求

运行单位应具备与监测任务相适应的技术人员、仪器设备和实验室环境，明确监测人员和管理人员的职责、权限和相互关系，有适当的措施和程序保证监测结果准确可靠。应备有所运行在线监测仪器的备用仪器，同时应配备相应仪器参比方法实际水样比对试验装置。

运行人员应具备相关专业知识，并已通过相应的培训教育和能力确认/考核等活动。

7.1.2　仪器运行参数管理及设置

7.1.2.1　仪器运行参数设置要求

在线监测仪器量程应根据现场实际水样排放浓度合理设置，量程上限应设置为现场执行的污染物排放标准限值的 2 ~ 3 倍。

当实际水样排放浓度超出量程设置要求、水污染源在线监测仪器因故障或维护等原因不能正常工作时，应及时向相应环境保护管理部门报告，必要时采取人工监测，监测周期间隔不大于 6 h，数据报送每天不少于 4 次，监测技术要求参照标准 HJ 91.1 执行。

针对模拟量采集时，应保证数据采集传输仪的采集信号量程设置、转换污染物浓度量程设置与在线监测仪器设置的参数一致。

7.1.2.2　仪器运行参数管理要求

对在线监测仪器的操作、参数的设定修改，应设定相应操作权限。

对在线监测仪器的操作、参数修改等动作，以及修改前后的具体参数都要通过纸质或电子

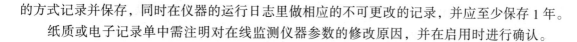

的方式记录并保存，同时在仪器的运行日志里做相应的不可更改的记录，并应至少保存 1 年。

纸质或电子记录单中需注明对在线监测仪器参数的修改原因，并在启用时进行确认。

7.1.3　检查维护要求

7.1.3.1　日检查维护

每天应通过远程查看数据或现场察看的方式检查仪器运行状态、数据传输系统以及视频监控系统是否正常，并判断水污染源在线监测系统运行是否正常。如发现数据有持续异常等情况，应前往站点检查。

7.1.3.2　周检查维护

每 7 d 对水污染源在线监测系统至少进行 1 次现场维护。

检查自来水供应、泵取水情况，检查内部管路是否通畅，仪器自动清洗装置是否运行正常，检查各仪器的进样水管和排水管是否清洁，必要时进行清洗。定期对水泵和过滤网进行清洗。

检查监测站房内电路系统、通信系统是否正常。

对于用电极法测量的仪器，检查电极填充液是否正常，必要时对电极探头进行清洗。

检查各水污染源在线监测仪器标准溶液和试剂是否在有效使用期内，保证按相关要求定期更换标准溶液和试剂。

检查数据采集传输仪运行情况，并检查连接处有无损坏，对数据进行抽样检查，对比水污染源在线监测仪、数据采集传输仪及监控中心平台接收到的数据是否一致。

检查水质自动采样系统管路是否清洁，采样泵、采样桶和留样系统是否正常工作，留样保存温度是否正常。

若部分站点使用气体钢瓶，应检查载气气路系统是否密封，气压是否满足使用要求。

7.1.3.3　月检查维护

每月的现场维护应包括对水污染源在线监测仪器进行一次保养，对仪器分析系统进行维护；对数据存储或控制系统工作状态进行一次检查；检查监测仪器接地情况，检查监测站房防雷措施。

水污染源在线监测仪器：根据相应仪器操作维护说明，检查和保养易损耗件，必要时更换；检查及清洗取样单元、消解单元、检测单元、计量单元等。

水质自动采样系统：根据情况更换蠕动泵管、清洗混合采样瓶等。

TOC 水质自动分析仪：检查 TOC-COD$_{Cr}$ 转换系数是否适用，必要时进行修正。对 TOC 水质自动分析仪的泵、管、加热炉温度进行一次检查，检查试剂余量（必要时添加或更换），检查卤素洗涤器、冷凝器水封容器、增湿器，必要时加蒸馏水。

pH 水质自动分析仪：用酸液清洗一次电极，检查 pH 电极是否钝化，必要时进行校准或更换。

温度计：每月至少进行一次现场水温比对试验，必要时进行校准或更换。

超声波明渠流量计：检查流量计液位传感器高度是否发生变化，检查超声波探头与水面之间是否有干扰测量的物体，对堰体内影响流量计测定的干扰物进行清理。

管道电磁流量计：检查管道电磁流量计的检定证书是否在有效期内。

7.1.3.4　季度检查维护

水污染源在线监测仪器：根据相应仪器操作维护说明，检查及更换易损耗件，检查关键零部件可靠性，如计量单元准确性、反应室密封性等，必要时进行更换。

对于水污染源在线监测仪器所产生的废液应以专用容器予以回收，并按照标准 GB 18597 的有关规定，交由有危险废物处理资质的单位处理，不得随意排放或回流入污水排放口。

7.1.3.5　检查维护记录

运行人员在对水污染源在线监测系统进行故障排查与检查维护时，应做好记录。

7.1.3.6　其他检查维护

保证监测站房的安全性，进出监测站房应进行登记，包括出入时间、人员、出入站房原因等，应设置视频监控系统。

保持监测站房的清洁，保持设备的清洁，保证监测站房内的温度、湿度满足仪器正常运行的需求。

保持各仪器管路通畅，出水正常，无漏液。

对电源控制器、空调、排风扇、供暖、消防设备等辅助设备要进行经常性检查。

其他维护按相关仪器说明书的要求进行仪器维护保养、易耗品的定期更换工作。

7.1.4　运行技术及质量控制要求

7.1.4.1　运行技术要求

对 COD_{Cr}、TOC、NH_3-N、TP、TN 水质自动分析仪按照要求定期进行自动标样核查和自动校准，自动标样核查结果应满足表 7.1-1 的要求。

对 COD_{Cr}、TOC、NH_3-N、TP、TN、pH 水质自动分析仪、温度计及超声波明渠流量计按照要求定期进行实际水样比对试验，比对试验结果应满足表 7.1-1 的要求，实际水样国家环境监测分析方法标准见表 7.1-2。

表 7.1-1　水污染源在线监测仪器运行技术指标

仪器类型	技术指标要求	试验指标限值	样品数量要求
COD_{Cr}、TOC 水质自动分析仪	采用浓度约为现场工作量程上限值 0.5 倍的标准样品	±10%	1
	实际水样 COD_{Cr}<30 mg/L（用浓度为 20～25 mg/L 的标准样品替代实际水样进行测试）	±5 mg/L	比对试验总数应不少于 3 对。当比对试验数量为 3 对时应至少有 2 对满足要求；4 对时应至少有 3 对满足要求；5 对以上时至少需 4 对满足要求
	30 mg/L≤实际水样 COD_{Cr}<60 mg/L	±30%	
	60 mg/L≤实际水样 COD_{Cr}<100 mg/L	±20%	
	实际水样 COD_{Cr}≥100 mg/L	±15%	
NH_3-N 水质自动分析仪	采用浓度约为现场工作量程上限值 0.5 倍的标准样品	±10%	1
	实际水样氨氮<2 mg/L（用浓度为 1.5 mg/L 的标准样品替代实际水样进行测试）	±0.3 mg/L	同化学需氧量比对试验数量要求
	实际水样氨氮≥2 mg/L	±15%	
TP 水质自动分析仪	采用浓度约为现场工作量程上限值 0.5 倍的标准样品	±10%	1
	实际水样总磷<0.4 mg/L（用浓度为 0.2 mg/L 的标准样品替代实际水样进行测试）	±0.04 mg/L	同化学需氧量比对试验数量要求
	实际水样总磷≥0.4 mg/L	±15%	
TN 水质自动分析仪	采用浓度约为现场工作量程上限值 0.5 倍的标准样品	±10%	1
	实际水样总氮<2 mg/L（用浓度为 1.5 mg/L 的标准样品替代实际水样进行测试）	±0.3 mg/L	同化学需氧量比对试验数量要求
	实际水样总氮≥2 mg/L	±15%	
pH 水质自动分析仪	实际水样比对	±0.5	1
温度计	现场水温比对	±0.5 ℃	1
超声波明渠流量计	液位比对误差	12 mm	6 组数据
	流量比对误差	±10%	10 min 累计流量

表 7.1-2　实际水样国家环境监测分析方法标准

项目	分析方法	标准号
COD_{Cr}	水质 化学需氧量的测定 重铬酸盐法	HJ 828
	高氯废水 化学需氧量的测定 氯气校正法	HJ/T 70
NH_3-N	水质 氨氮的测定 纳氏试剂分光光度法	HJ 535
	水质 氨氮的测定 水杨酸分光光度法	HJ 536
TP	水质 总磷的测定 钼酸铵分光光度法	GB/T 11893
TN	水质 总氮的测定 碱性过硫酸钾消解紫外分光光度法	HJ 636
pH 值	水质 pH 值的测定 玻璃电极法	GB/T 6920
水温	水质 水温的测定 温度计或颠倒温度计测定法	GB/T 13195

7.1.4.2　COD_{Cr}、TOC、NH_3-N、TP、TN 水质自动分析仪

（1）自动标样核查和自动校准。

选用浓度约为现场工作量程上限值 0.5 倍的标准样品定期进行自动标样核查。如果自动标样核查结果不满足表 7.1-1 的规定，则应对仪器进行自动校准。仪器自动校准完后应使用标准溶液进行验证（可使用自动标样核查代替该操作），验证结果应符合表 7.1-1 的规定，如不符合则应重新进行一次校准和验证，6 h 内如仍不符合表 7.1-1 的规定，则应进入人工维护状态。标样自动核查计算公式如下：

$$\Delta A = \frac{x - B}{B} \times 100\% \qquad\qquad (7.1\text{-}1)$$

式中：ΔA——相对误差；

$\quad\quad B$——标准样品标准值，mg/L；

$\quad\quad x$——分析仪测量值，mg/L。

在线监测仪器自动校准及验证时间如果超过 6 h 则应采取人工监测的方法向相应环境保护主管部门报送数据，数据报送每天不少于 4 次，间隔不得超过 6 h。自动标样核查周期最长间隔不得超过 24 h，校准周期最长间隔不得超过 168 h。

（2）实际水样比对试验。

针对 COD_{Cr}、TOC、NH_3-N、TP、TN 水质自动分析仪应每月至少进行一次实际水样比对试验。试验结果应满足表 7.1-1 中规定的性能指标要求，实际水样比对试验的结果不满足表 7.1-1 中规定的性能指标要求时，应对仪器进行校准和标准溶液验证后再次进行实际水样比对试验。

如第二次实际水样比对试验结果仍不符合表 7.1-1 的规定时，仪器应进入维护状态，同时此次实际水样比对试验至上次仪器自动校准或自动标样核查期间所有的数据按照标准 HJ 356 的相关规定执行。

仪器维护时间超过 6 h 时，应采取人工监测的方法向相应环境保护主管部门报送数据，数据报送每天不少于 4 次，间隔不得超过 6 h。

按照标准 HJ 353 规定的水样采集口采集实际废水排放样品，采用水质自动分析仪与国家环境监测分析方法标准（见表 7.1-2）分别对相同的水样进行分析，两者测量结果组成一个测定数据对，至少获得 3 个测定数据对。按照以下方法计算实际水样比对试验的绝对误差或相对误差，其结果应符合表 7.1-1 水污染源在线监测仪器运行技术指标的规定。

$$C = x_n - B_n \tag{7.1-2}$$

$$\Delta C = \frac{x_n - B_n}{B_n} \times 100\%$$

式中：C——实际水样比对试验绝对误差，mg/L；

　　　x_n——第 n 次分析仪测量值，mg/L；

　　　B_n——第 n 次实验室标准方法测定值，mg/L；

　　　ΔC——实际水样比对试验相对误差。

（3）pH 水质自动分析仪和温度计。

每月至少进行 1 次实际水样比对试验，如果比对结果不符合表 7.1-1 的要求，应对 pH 水质自动分析仪和温度计进行校准，校准完成后需再次进行比对，直至合格。

按照标准 HJ 353 规定的水样采集口采集实际废水排放样品，采用 pH 水质自动分析仪和温度计分别与国家环境监测分析方法标准（见表 7.1-2）分别对相同的水样进行分析，根据以下方法计算仪器测量值与国家环境监测分析方法标准测定值的绝对误差。

$$C = x - B \tag{7.1-3}$$

式中：C——实际水样比对试验绝对误差，无量纲或 °C；

　　　x——pH 水质自动分析仪（温度计）测量值，无量纲或 °C；

　　　B——实验室标准方法测定值，无量纲或 °C。

（4）超声波明渠流量计。

每季度至少用便携式明渠流量计比对装置对现场安装使用的超声波明渠流量计进行 1 次比对试验（比对前应对便携式明渠流量计进行校准），如比对结果不符合表 7.1-1 的要求，应对超声波明渠流量计进行校准，校准完成后需再次进行比对，直至合格。

除国家颁布的超声波明渠流量计检定规程所规定的方法外，可按以下方法进行现场比对试验，具体按现场实际情况执行。

便携式明渠流量计比对装置：可采用磁致伸缩液位计加标准流量计算公式的方式进行现场比对。

液位比对：分别用便携式明渠流量计比对装置（液位测量精度 ≤1 mm）和超声波明渠流量计测量同一水位观测断面处的液位值，进行比对试验，每 2 min 读取一次数据，连续读取6 次，按下列公式计算每一组数据的误差值，选取最大的 H_i 作为流量计的液位误差。

$$H_i = \left| H_{1i} - H_{2i} \right| \tag{7.1-4}$$

式中：H_i——液位比对误差；

　　　H_{1i}——第 i 次明渠流量比对装置测量液位值，mm；

H_{2i}——第 i 次超声波明渠流量计测量液位值，mm；

i——1，2，3，4，5，6。

流量比对：分别用便携式明渠流量计比对装置和超声波明渠流量计测量同一水位观测断面处的瞬时流量，进行比对试验，待数据稳定后，开始计时，计时 10 min，分别读取明渠流量比对装置该时段内的累积流量和超声波明渠流量计该时段内的累积流量，按下列公式计算流量误差。

$$\Delta F = \frac{F_1 - F_2}{F_1} \times 100\% \qquad (7.1\text{-}5)$$

式中：ΔF——流量比对误差；

F_1——明渠流量比对装置累积流量，m^3；

F_2——超声波明渠流量计累积流量，m^3。

（5）有效数据率。

以月为周期，计算每个周期内水污染源在线监测仪实际获得的有效数据的个数占应获得的有效数据的个数的百分比不得小于 90%，有效数据的判定参见标准 HJ 356 的相关规定。

（6）其他质量控制要求。

应按照标准 HJ 91.1、HJ 493 以及本标准的相关要求对水样分析、自动监测实施质量控制。

对某一时段、某些异常水样，应不定期进行平行监测、加密监测和留样比对试验。

水污染源在线监测仪器所使用的标准溶液应正确保存且经有证的标准样品验证合格后方可使用。

7.1.5 检修和故障处理要求

水污染源在线监测系统需维修的，应在维修前报相应环境保护管理部门备案；需停运、拆除、更换、重新运行的，应经相应环境保护管理部门批准同意。

因不可抗力和突发性原因致使水污染源在线监测系统停止运行或不能正常运行时，应当在 24 h 内报告相应环境保护管理部门并书面报告停运原因和设备情况。

运行单位发现故障或接到故障通知，应在规定的时间内赶到现场处理并排除故障，无法及时处理的应安装备用仪器。

水污染源在线监测仪器经过维修后，在正常使用和运行之前应确保其维修全部完成并通过校准和比对试验。若在线监测仪器进行了更换，在正常使用和运行之前，确保其性能指标满足相关标准中的要求。维修和更换的仪器，可由第三方或运行单位自行出具比对检测报告。

数据采集传输仪发生故障，应在相应环境保护管理部门规定的时间内修复或更换，并能保证已采集的数据不丢失。

运行单位应备有足够的备品备件及备用仪器，对其使用情况进行定期清点，并根据实际需要进行增购。

水污染源在线监测仪器因故障或维护等原因不能正常工作时，应及时向相应环境保护管理部门报告，必要时采取人工监测，监测周期间隔不大于 6 h，数据报送每天不少于 4 次，监测技术要求参照标准 HJ 91.1 执行。

7.1.6　运行比对监测要求

（1）比对监测试验装置。

按照比对分析项目及标准 HJ 493 的要求，做好比对试验所需采样器具的日常清洗、保管和整理工作。

（2）样品采集与保存。

确保比对试验样品与水污染源在线监测仪器分析所测样品的一致性，样品的采集和保存严格执行标准 HJ 91.1、HJ 353 以及 HJ 493 的有关规定。

（3）在线监测系统采样管理。

比对监测时，应记录水污染源在线监测系统是否按照标准 HJ 353 进行采样并在报告中说明有关情况。

比对监测应及时正确地做好原始记录，并及时正确地粘贴样品标签，以免混淆。

（4）仪器质量控制。

比对监测时，应核查水污染源在线监测仪器参数设置情况，必要时进行标准溶液抽查，核查标准溶液是否符合相关规定要求，在记录和报告中说明有关情况；比对监测所使用的标准样品和实际水样应符合现场安装仪器的量程；比对监测期间，不允许对在线监测仪器进行任何调试。

（5）比对监测仪器性能要求。

比对监测期间应对水污染源在线监测仪器进行比对试验，并符合表 7.1-1 的要求。

7.1.7　运行档案与记录

7.1.7.1　技术档案和运行记录的基本要求

水污染源在线监测系统运行的技术档案包括仪器的说明书、标准 HJ 353 要求的系统安装记录和 HJ 354 要求的验收记录、仪器的检测报告以及各类运行记录表格。

运行记录应清晰、完整，现场记录应在现场及时填写。可从记录中查阅和了解仪器设备的使用、维修和性能检验等全部历史资料，以对运行的各台仪器设备做出正确评价。与仪器相关的记录可放置在现场并妥善保存。

7.1.7.2　运行记录表格

运行记录表格参见下列各表，各运行单位可根据实际需求及管理需要调整及增加不同的表格：

① 水污染源在线监测系统基本情况参见表 7.1-3。

② 巡检维护记录表参见表 7.1-4。

③ 水污染源在线监测仪器参数设置记录表参见表 7.1-5。

④ 标样核查及校准结果记录表参见表 7.1-6。

⑤ 检修记录表参见表 7.1-7。

⑥ 易耗品更换记录表参见表 7.1-8。

⑦ 标准样品更换记录表参见表 7.1-9。

⑧ 实际水样比对试验结果记录表参见表 7.1-10。

⑨ 水污染源在线监测系统运行比对监测报告参见相关表格。

⑩ 运行工作检查表参见表 7.1-11。

表 7.1-3　水污染源在线监测系统基本情况

企业名称					
地址				邮政编码	
联系人		固定电话		移动电话	
主要产品情况	产品		设计生产能力		实际产量
企业生产状况（季度正常运行天数）					
废水处理工艺					
设计处理能力/（t/d）		实际处理能力/（t/d）			
废水排放去向		纳污水体功能区类别			
环评批复对在线设备要求及文号					
监测项目	COD_{Cr}		$NH_3\text{-}N$	TP	...
设备型号及出厂编号					
生产商及集成商					
生产许可证编号					
检测报告编号					
方法原理					
定量下限/（mg/L）					
设定量程/（mg/L）					
运行单位					
水污染源自动监测系统安装点位：					
水污染源自动监测系统（仪器）名称、型号及编号：					
设备监测项目：					
水污染源自动监测系统生产单位：					
水污染源自动监测系统安装单位：					

表 7.1-4　巡检维护记录表

设备名称：			规格型号：						
设备编号：			安装地点：						
企业名称：			运行单位：						

运行维护内容及处理说明：

项目	内容	日期：_____年___月							备注
		日	日	日	日	日	日	日	
维护预备	查询日志 a								
	检查耗材 b								
辅助设备检查	站房卫生 b								
	站房门窗的密封性检查 b								
	供电系统（稳压电源、UPS 等）b								
	室内温湿度 a								
	空调 b								
	自来水供应情况 b								
采样系统检查	采样泵采水情况 a								
	采样管路通畅 b								
	自动清洗装置运行情况 b								
	排水管路通畅 a								
	清洗采样泵、过滤装置 b								
	清洗采样管路、排水管路 b								
水污染源在线监测仪器	仪器报警状态 a								
	仪器状态参数检查 a								
	仪器外观检查 a								
	仪器内部管路通畅 b								
	仪器进样、排液管路清洁检查 b								
	检查电极标准液、内充液 b								
水污染源在线监测仪器	标准溶液、试剂是否在保质期 b								
	更换标准溶液、清洗液、试剂 b								
	检查泵、管、加热炉等 c								
	检查电极是否钝化，必要时进行更换 c								
	检查超声波流量计高度是否发生变化 c								
	对仪器管路进行保养、清洁 c								

续表

水污染源在线监测仪器	检查采样部分、计量单元、反应单元、加热单元、检测单元的工作情况[c]							
	根据水污染源在线监测仪器操作维护说明，检查及更换易损耗件，检查关键零部件可靠性，如计量单元准确性、反应室密封性等，必要时进行更换[c]							
水污染源在线监测仪器	校验[d]							
数据采集传输系统	数据采集系统报警信息[a]							
	数据上传情况[a]							
	数据采集情况[a]							
	检查数采仪和仪器的连接[b]							
	检查上传数据和现场数据的一致性[b]							
	数据采集、传输设备电源[b]							
巡检人员签字：								
异常情况处理记录								
本周巡检情况小结		（负责人签字）：　　　　　　　　　　　　　　　　　　日期：　　年　　月　　日						

正常请打"√"；不正常请打"×"并及时处理并做相应记录；未检查则不用标识。

a 为每天需要检查的；

b 为每 7 d 至少进行一次的维护；

c 为每 30 d 至少进行一次的维护；

d 为每季度至少进行一次的维护

本表格内容为参考性内容，现场可根据实际需求制订相应的记录表格。

表 7.1-5 水污染源在线监测仪器参数设置记录表

仪器名称					
测量原理					
分析方法					
参数类型	参数名称	原始值	修改值	修改原因	修改日期
工作曲线	测量量程				
	工作曲线斜率 k				
	工作曲线截距 b				
消解条件	消解温度/°C				
	消解时间/min				
	消解压力/kPa				
冷却条件	冷却温度/°C				
	冷却时间/min				
显色条件	显色温度/°C				
	显色时间/min				
测定单元	光度计波长/nm				
	光度计零点信号值				
	光度计量程信号值				
	滴定溶液浓度/（mg/L）				
	滴定终点判定方式				
	电极响应时间/s				
	电极测量时间/s				
分析试样	蠕动泵管管径/mm				
	蠕动泵进样时间/s				
	标样核查浓度/（mg/L）				
	注射泵单次体积/mL				
	注射泵次数/次				
试剂（1）	泵管管径/mm				
	进样时间/s				
	单次体积/mL				
	次数/次				

续表

试剂（…）	泵管管径/mm				
	进样时间/s				
	单次体积/mL				
	次数/次				
测定单元	电极信号				
校正液	零点校正液浓度/（mg/L）				
	量程校正液浓度/（mg/L）				
报警限值	报警上限/（mg/L）				
	报警下限/（mg/L）				
明渠流量计	堰槽型号				
	测量量程				
	流量公式				
测量间隔	…				
水质自动采样系统	流量等比例采样设定				
	时间等比例采样设定				
	留样保存温度				
其他参数	…				

说明：

记录人：

日期：　　　年　　月　　日

本表格内容为参考性内容，现场可根据实际需求制订相应的记录表格。

表 7.1-6 标样核查及校准结果记录表

站点名称					仪器名称			
维护管理单位					型号及编号			
本次标样核查情况			校准情况		校准情况		下次标样核查情况	
核查时间	核查结果	是否合格	校准时间	是否通过	校准时间	是否通过	下次核查时间	是否通过
备注：如经过校准后标样核查仍未通过，请重新重复上述流程								
实施人：								
核查审批	签字： 年　　月　　日							

本表格内容为参考性内容，现场可根据实际需求制订相应的记录表格。

表 7.1-7 检修记录表 1

设备名称		规格型号		设备编号	
安装时间		安装地点			
维护管理单位					
故障情况及发生时间	仪器设备管理员： 日期： 维修人： 日期：				
修复后使用前校验时间、校验结果说明	校验人： 日期：				
正常投入使用时间	仪器设备管理员： 日期： 负责人： 日期：				

本表格内容为参考性内容，现场可根据实际需求制订相应的记录表格。

表 7.1-7　检修记录表 2

站点名称				停机时间	
水质自动采样系统	检修情况描述				
	更换部件 1				
	更换部件 2				
化学需氧量自动分析仪	设备型号及编号				
	检修情况描述				
	更换部件 1				
	更换部件 2				
氨氮自动分析仪	设备型号及编号				
	检修情况描述				
	更换部件				
其他设备	设备型号及编号				
	检修情况描述				
	更换部件				
流量计	设备型号及编号				
	检修情况描述				
	更换部件				
数据采集传输仪	设备型号及编号				
	检修情况描述				
	更换部件				
站房清理					
停机检修情况总结：					
备注：					
检修人：		离站时间：			

　　本表格内容为参考性内容，现场可根据实际需求制订相应的记录表格。

表 7.1-8   易耗品更换记录表

设备名称		规格型号		设备编号	
维护管理单位		安装地点		维护保养人	
序号	易耗品名称	规格型号	单位	数量	更换原因说明（备注）
维护保养人：		时间：		核查人：	时间：

本表格内容为参考性内容，现场可根据实际需求制订相应的记录表格。

表 7.1-9   标准样品更换记录表

设备名称			规格型号		设备编号		
运行单位			安装地点		运行人员		
序号	标准样品名称	标准样品浓度	配制时间	更换时间	数量	配制人员	更换人员
运行人员：		时间：		核查人：		时间：	

本表格内容为参考性内容，现场可根据实际需求制订相应的记录表格。

表 7.1-10　实际水样比对试验结果记录表

运行方代表				业主方代表		日期
序号	在线监测仪器测定结果	比对方法测定结果		比对方法测定结果平均值	测定误差	是否合格
		1	2			
1						
2						
3						
4						
5						
6						

本表格内容为参考性内容，现场可根据实际需求制订相应的记录表格。

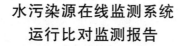

水污染源在线监测系统
运行比对监测报告

项目名称：

委托单位：

运行单位：

（比对监测单位）

二〇　　年　月　日

本报告内容为参考性内容，可根据实际需求制订相应的报告格式

比对监测报告说明

1. 报告无本（单位）业务专用章、骑缝章及**MA**章无效。
2. 报告内容需填写齐全、清楚、涂改无效；无三级审核、签发者签字无效。
3. 未经本（单位）书面批准，不得部分复制本报告。
4. 本报告及数据不得用于商品广告，违者必究。

一、基本情况

表 1　项目基本情况

企业名称						
地址					邮编	
排污口位置						
环保负责人			电话		手机	
主要产品情况	产品		设计生产能力		实际产量	
废水	废水处理工艺			排放去向		
	处理设施设计处理能力 /（t/d）			纳污水体功能区类别		
	实际排放量 /（t/d）			企业正常年运行天数		
执行标准						
污染物名称	标准排放限值		标准名称及标准号			
比对试验所采用国家标准方法						
监测方法			比对时间			
设备供应商			设备型号及编号			

二、比对监测结果

测试人员：　　　　　　　　　　　水质自动分析仪生产厂商：

测试地点：　　　　　　　　　　　水质自动分析仪型号、编号：

标准核查采用的标准溶液（浓度）：＿＿＿＿＿ mg/L

表 2　监测仪器比对监测结果

序号	调试项目	技术要求	测试结果	合格与否
1	标准溶液核查			
2	实际水样比对检测			

表 3　监测仪器标准溶液核查测试原始记录表

编号	测试时间	测试数据	测试结果
1			
2			
3			

表4　监测仪器实际水样比对检测原始记录表

编号	仪器测试结果	比对方法测试结果	误差
1			
2			
3			
4			
5			
6			

三、系统运行情况核查

表5　水污染源在线监测系统工况核查结果

	监测站房的建设是否符合要求	是 □ 否 □	
现场设备仪器核查	污染源水质在线监测仪是否符合相关技术要求	是 □ 否 □	
	水质自动采样器是否符合要求	是 □ 否 □	
	流量计是否符合要求	是 □ 否 □	
	数据有效率是否合格	是 □ 否 □	
	现场检查内容	判断	说明
现场检查	技术档案是否齐全	是 □ 否 □	
	技术档案是否规范	是 □ 否 □	
	自动标样核查是否合格	是 □ 否 □	
	自动校准是否合格	是 □ 否 □	
	实际水样比对检测和标准溶液自行核查是否按计划完成	是 □ 否 □	
	标准溶液和试剂是否在有效期内	是 □ 否 □	
意见	签字： 年　月　日		

表 7.1-11　运行工作检查表

检查内容		要求	备注
仪器参数设置及数据上报	在线仪器参数设置	符合标准 HJ 355 第 5 部分"在线仪器参数管理要求"和"在线仪器参数设置要求"的相关要求	
	仪器性能技术指标	保证在线监测仪器的性能技术指标符合表 7.1-1、表 7.1-2 的相关要求	
	采样方式、测量频次与数据上报	符合标准 HJ 355 第 6 部分"采样方式及数据上报要求"的相关要求	
检查维护	站房、辅助设备	保持站房清洁，保证监测站房内的温度、湿度满足仪器正常运行的需求，辅助设备工作正常	
	采水、排水及内部管路	定期维护和清洁，保证内部管路通畅，防止堵塞和泄漏	
	在线监测仪	定期清洗、定期更换试剂、定期更换易损耗件、定期校准仪器	
	电路、通信系统	保持电路、通信系统正常工作	
	记录表格	各记录完整、规范	
运行技术和质控	标样自动核查和自动校准	符合标准 HJ 355 第 8 部分"自动标样核查和自动校准"的相关要求	
	比对试验	符合标准 HJ 355 第 8 部分"实际水样比对试验"的相关要求	
	超声波明渠流量计比对	符合标准 HJ 355 第 8 部分"超声波明渠流量计"的相关要求	
系统检修和故障处理		按标准 HJ 355 第 9 部分要求对系统进行检修和故障处理，在更换新的仪器或修复后的仪器在运行之前按规定进行必要的检测和校准，各项指标达到要求	
比对监测		比对监测结果应符合本标准表 7.1-1 的要求	
		比对监测前仪器参数设置符合标准 HJ 355 中 10.2 "比对监测要求"的相关要求	
运行档案与记录	档案	符合标准 HJ 355 第 11 部分"运行档案与记录"的要求	
	资料		

7.2 地表水水质自动监测系统运行维护

7.2.1 总体要求

地表水水质自动监测系统运行维护包括定期开展水站例行维护、保养检修、故障检修、停机维护与数据平台日常管理与记录等。

7.2.2 水站运行维护技术要求

7.2.2.1 例行维护

例行维护包括站房环境检查、仪器与系统检查、易损件更换、耗材更换、试剂更换、管路清洗等工作。运行维护单位定期对水站进行巡检，巡检频次不得低于每周一次，并记录巡检情况。每次对水站巡检时进行下列工作：

（1）查看各台分析仪器及辅助设备的运行状态和主要技术参数，判断运行是否正常：检查仪器供电、过程温度、搅拌电机、传感器、电极以及工作时序等是否正常，检查有无漏液、管路里是否有气泡等，定期清洗常规五参数、叶绿素及蓝绿藻电极。

（2）依据仪器运行情况、断面水质状况和水站环境条件制定易耗品和消耗品（如泵管、接头、密封件等）的更换周期，并保证在耗材使用到期前完成更换；如果需要更换零配件（如电极等），应备有库存保证及时更换。

（3）检查试剂状况，定期添加、更换试剂。所用纯水和试剂须达到相关技术要求，更换周期不得超过操作规程或仪器说明规定的试剂保质期，室内温度较高时应缩短更换周期。每次更换主要试剂后应按相应操作规程或仪器说明重新校准仪器。试剂配制工作应由有资质的实验室完成，应提供试剂来源证明，并张贴标签。

（4）及时整理站房及仪器，完成废液收集并按相关规定要求做好处理处置工作，且留档备查；保持水站站房及各仪器干净整洁，及时关闭门窗，避免日光直射各类分析仪器。

（5）检查采水系统、配水系统是否正常，如采水浮筒固定情况，自吸泵运行情况等。定期清洗采配水系统，包括采水头、吊桶、泵体、沉砂池、过滤头、样水杯、阀门、相关管路等，对于无法清洗干净的应及时更换。

（6）检查水站电路系统是否正常，接地线路是否可靠，检查采样和排液管路是否有漏液或堵塞现象，排水排气装置工作是否正常。

（7）检查站房空调及保温措施，保持温度稳定；检查水泵及空压机固定情况，避免仪器振动；检查空压机、不间断电源（UPS）、除藻装置、纯水机等辅助设施运行状态，及时更换耗材，并排空空压机积水。

（8）检查工控机运行状态，有无中毒现象，至少每季度备份一次现场数据及控制软件；检查仪器与系统的通信线路是否正常，模拟量传输的数据偏差是否符合要求。

（9）站房周围的杂草和积水应及时清除，检查防雷设施是否可靠，站房是否有漏雨现象，站房外围的其他设施是否有损坏或被水淹，如遇到以上问题及时处理，保证系统安全运行。在封冻期来临前做好采水管路和站房保温等维护工作。

（10）做好日常例行维护工作记录，重要的工作内容要拍照存档。

7.2.2.2　保养检修

根据系统运行的环境状况，在规定的时间对系统正在运行的仪器设备进行预防故障发生的检修。在有备用仪器作为保障时，应用备用仪器将水站中正在运行的监测分析仪器设备替换下来，送往实验室进行保养检修；如没有备用仪器保障时，可在现场进行保养检修。保养检修计划应根据系统仪器设备的配置情况和设备使用手册的要求制定。

（1）水站的监测仪器设备每年至少进行 1 次保养检修。

（2）按厂家提供的使用和维修手册规定的要求，根据使用寿命，更换监测仪器中的灯源、电极、蠕动泵、传感器等关键零部件。

（3）对仪器进行液路检漏和压力检查：对光路、液路、电路板和各种接头及插座等进行检查和清洁处理。

（4）对仪器的输出零点和满量程进行检查和校准，并检查仪器的输出线性。

（5）在每次全面保养检修完成后，或更换了仪器中的光源、电极、蠕动泵、传感器等关键零部件后，必须对仪器重新进行校准和检查，并记录检修校准情况。

7.2.2.3　故障检修

故障检修是指对出现故障的仪器设备进行针对性检查和维修。故障检修应做到：

（1）根据所使用的仪器特点和厂商提供的维修手册，制定常见故障的判断和检修的作业指导书。

（2）对于在现场能够诊断明确，且可通过更换备件解决的问题（例如电磁阀控制失灵、泵管破裂液路堵塞和灯源老化等问题），则在现场进行检修。

（3）对于其他不易诊断和检修的故障，应采用备用仪器替代发生故障的仪器，将发生故障的仪器或配件送实验室或仪器厂商进行检查和维修。

（4）在每次故障检修完成后，根据检修内容和更换部件情况，对仪器进行校准。对于普通易损件的维修（如更换泵管、散热风扇、液路接头或接插件等）至少做标液校准；对于关键部件的维修（如对运动的机械部件、光学部件、检测部件和信号处理部件的维修），按仪器标准规范要求进行标准曲线和精密度检查。所有检修内容均按要求做好记录备查。

7.2.2.4　停机维护

短时间停机（停机时间小于 24 h），一般关机即可，再次运行时仪器须重新校准长时间停机（连续停机时间超过 24 h）；当分析仪需要停机 24 h 或更长时间时，关闭分析仪器和进样阀，关闭电源；用纯水清洗分析仪器的蠕动泵以及试剂管路，清洗测量室并排空；务必取下测量电极并将电极头浸入保护液中存放。再次运行时仪器须重新校准。

7.2.3　数据平台日常管理

数据平台必须安排人员对设备运行和水质情况进行了解，每天上午和下午通过数据平台软件远程调看水站监测数据至少 1 次，根据情况组织开展巡检、核查、维修等工作，保障水站正常、安全运行。数据平台的日常管理工作包括：

（1）检查各水站数据传输、仪器及相关系统参数数据情况，发现问题，及时处理。

（2）发现数据有持续异常值出现时，立即安排技术人员前往现场进行调查，必要时采集实际水样进行人工分析。

（3）调取并分析水站监测数据。

（4）上报监测结果。

（5）确保在用和备份计算机系统的硬、软件正常运行：定时对系统软件、水质监测软件、查杀毒软件进行升级更新，每季度备份一次系统监测数据。

（6）做好数据平台日常管理工作记录。

7.2.4 运行维护台账记录

在自动监测系统运行中，对仪器性能核查、巡检、备品备件更换、校准、维修、试剂配制及数据平台日常工作等进行记录，保证涉及各项工作内容的记录完整、全面、准确。对出现的问题和处理描述需翔实、连续、应有结论或有处理结果。相关记录如表 7.2-1 所示。

表 7.2-1 仪器基本功能核查表

序号	项目	常规五参数	氨氮	总有机碳
1	仪器基本参数储存			
2	断电保护与自动恢复（断电后数据不应丢失）			
3	时间设置功能			
4	根据需要任意设定监测频次			
5	仪器故障自动报警功能			
6	异常值自动报警功能			
7	定期自动清洗功能			
8	定期自动校准功能			
9	标准数据输出功能			
10	仪器控制单元的密封防护箱体			
11	仪器主要部件更换周期（指传感器与光源等）/次/月			
12	仪器易耗部件更换周期（指泵管、垫圈等）/次/月			
13	仪器使用试剂的更换周期/次/月			
14	仪器自动校准周期/次/月			
15	内置显示功能，有菜单式中文或英文界面语言			
	结论（是否合格）			

验收人：   审核人：   审定人：

7.2.5　质量保证与质量控制

建立地表水水质自动监测系统后，按照自动监测系统设备及运行特点、监测的相关规定开展质量保证和质量控制工作。

7.2.5.1　标准的量值传递要求

① 用于校准监测仪器的标准样品，采用有证标准样品或者标准物质进行配制。

② 用于量值传递的分析天平、台秤、温度计、标准万用表、移液管、容量瓶等量器，按照相关规定，定期送有关部门进行检定。

7.2.5.2　仪器性能核查内容、要求与方法

仪器性能核查内容：仪器性能核查是获得有效数据的基本保证和自动监测系统正常运行的关键，包括定期的准确度、精密度、检出限、标准曲线、加标回收率、零点漂移、量程漂移检查及每次仪器维护前后的校准工作。

仪器性能核查要求如下：

① 至少每半年进行一次准确度、精密度、检出限、标准曲线和加标回收率的检查；

② 至少每半年进行一次零点漂移和量程漂移检查；

③ 更新检测器后，进行一次标准曲线和精密度检查；

④ 更新仪器后，对水质自动监测系统仪器性能指标技术要求表中的所有仪器性能指标进行一次检查；

⑤ 至少每月进行一次仪器校准工作。

仪器性能核查的数据采集频次可以调整到小于日常监测数据采集频次，同时保证样品测定不受前一个样品的影响。仪器性能核查方法如下：

准确度：一般按规定浓度样品测定结果的相对误差进行检查，pH、溶解氧、温度按照绝对误差进行检查。

以相对误差检查准确度时，样品浓度为量程的 50%。

相对误差的检查方法：测定 6 次检验浓度的样品，计算其均值与真值的相对误差，与表水质自动监测系统仪器性能指标技术要求相关指标进行比较。相对误差（RE）按以下公式计算：

$$RE = \frac{\bar{x} - C}{C} \times 100\%$$ （7.2-1）

式中：RE——相对误差；

　　　$\bar{x}$——6 次测定平均值；

　　　C——参照值（标准样品保证值或按标准方法配制的受控样品浓度值）。

绝对误差检查适用于 pH、溶解氧、温度等项目。pH 准确度检查按照 pH = 4.01、6.86 和 9.18（在 25 ℃ 下）的样品进行检查；溶解氧准确度按照饱和浓度下测定结果进行检查；温

度准确度采用 2 个不同水平的实际或者模拟样品，采用比对方法进行检查。

绝对误差检查方法：测定 6 次各量值的样品，计算单次测定值与参照值的绝对误差，以最大单次绝对误差与水质自动监测系统仪器性能指标技术要求表相关指标进行比较。绝对误差（d）按以下公式计算：

$$d = x_i - c \tag{7.2-2}$$

式中：d——绝对误差；

x_i——i 第 i 次测定值；

C——参照值（标准样品保证值或按标准方法配制的受控样品量值）。

精密度：精密度检查是对量程 50%浓度测定结果的检查（pH、溶解氧、温度除外），以相对标准偏差判定（具体见水质自动监测系统仪器性能指标技术要求表）。

精密度检查方法：计算每个样品连续测定 6 次结果相对标准偏差，并与表水质自动监测系统仪器性能指标技术要求相关指标进行比较。相对标准偏差（RSD）按以下公式计算：

$$RSD = \frac{\sqrt{\frac{1}{n-1}\sum_{i=1}^{n}(x_i - \overline{x})^2}}{\overline{x}} \times 100\% \tag{7.2-3}$$

式中：RSD——相对标准偏差；

N——测定次数；

x_i——第 i 次测定值；

x——测定均值。

检出限：仪器的检出限通过实际测试方法获得。按照仪器方法 3 倍检出限浓度配制标准溶液或者空白样品，测定 8 次检出限（DL）按以下公式计算：

$$DL = 2.998 \times S \tag{7.2-4}$$

式中：DL——检出限；

S——8 次平行样测定值的标准偏差。

标准曲线：标准曲线检查以标准曲线相关系数为检查指标，并按照 HJ 915 标准附录 A 表 A.2 判定结果测试方法。按照仪器设定的量程，按 0、10%、20%、40%、60%和 80%共 6 个浓度的标准溶液按样品方式测试，计算标准曲线相关系数。

加标回收率：加标回收率检查的项目包括氨氮、总氮、总磷等，以加标回收率作为检查指标，并按照水质自动监测系统仪器性能指标技术要求判定结果。相同的样品取 2 份，其中一份加入定量的待测成分标准物质（加标物体积不得超过原始试样体积的 1%），加标样品结果与未加标样品结果的差值与加入标准物质的理论值之比即为加标回收率（P），具体按以下公式计算：

$$P = \frac{m_2 - m_1}{m} \times 100\% \tag{7.2-5}$$

式中：P——加标回收率；

　　　m_2——加标的样品测试值：

　　　m_1——未加标样品测试值：

　　　m——加入标准物质的理论值。

零点漂移。按照国家水质自动分析仪技术要求（HJ/T 96～HJ/T 104 等）进行，并按照 HJ 915 标准附录表《水质自动监测系统仪器性能指标技术要求》判定结果。

量程漂移：按照国家水质自动分析仪技术要求（HJ/T 96～IIJ/T 104 等）进行，并按照 HJ 915 标准附录表《水质自动监测系统仪器性能指标技术要求》判定结果

实际水样比对：比对实验应与自动监测仪器所分析的水样相同。若仪器需要过滤水样，则比对实验水样可采用相同过滤材料过滤（但不得改变水体中污染物的成分和浓度），并采用分样的方式，将一个样品分装至 2 个或 3 个采样瓶中，分别由自动监测仪器和实验室进行分析，并按照表水质自动监测系统仪器性能指标技术要求判定结果，实际水样比对相对误差按以下公式计算：

$$RE = \frac{x_i - x_l}{x_l} \times 100\% \qquad\qquad （7.2\text{-}6）$$

式中：x_i——自动监测仪器测定值；

　　　x_l——比对实验的测定值　（2 次测定平均值）

7.2.6　数据采集频率与有效性判别

数据采集频率：地表水水质自动监测数据采集频率一般为 4 h 一次，出现应急特殊情况应根据实际情况进行调整。

数据有效性：仪器分析数据分为有效数据和无效数据。有效数据是指经过仪器标样测试、手工分析、在线质控等方式确认的符合要求的数据：无效数据是指经确认仪器故障、在线或非在线质控手段等方式产生的数据。当无法准确判定时，可标记为存疑数据，但必须在 24 h 内确定为有效数据或无效数据。定期进行数据有效率计算（即有效数据量占总数据量的百分比），根据要求，数据有效率应大于 90%。

验证手段分为在线验证和人工验证，分别采用标样和实际水样比对的方式。

建立保障制度：为确保水站的正常运行和监测数据的准确可靠，必须建立相应的保障制度，包括但不限于下列内容：

① 水站运行管理办法；

② 水站运行管理人员岗位职责；

③ 水站质量管理保障制度；

④ 水站仪器操作规程；

⑤ 水站岗位培训及考核制度；

⑥ 水站建设、运行维护和质量控制的档案管理制度。

7.3 烟气在线监测设备（CEMS）的运行维护

7.3.1 CEMS运行维护总体要求

CEMS运维单位应根据CEMS使用说明书和HJ 75标准的要求编制仪器运行管理规程，确定系统运行操作人员和管理维护人员的工作职责。运维人员应当熟练掌握烟气排放连续监测仪器设备的原理、使用方法和维护方法。CEMS日常运行管理应包括日常巡检、日常维护保养、校准和检验等。

7.3.2 CEMS日常巡检

CEMS运维单位应根据本标准和仪器使用说明中的相关要求制订巡检规程，并严格按照规程开展日常巡检工作并做好记录。日常巡检记录应包括检查项目、检查日期、被检项目的运行状态等内容，每次巡检应记录并归档。CEMS日常巡检时间间隔不超过7 d。

日常巡检可参照表7.3-1的表格形式进行记录。

表7.3-1 完全抽取法CEMS日常巡检记录表

企业名称　　　　　　　　　　　　　巡检日期：　　　年　　　月　　　日

气态污染物CEMS生产商：	气态污染物CEMS规格型号：
颗粒物CEMS生产商：	颗粒物CEMS规格型号：
安装地点：	维护单位：

运行维护内容及处理说明：

项目	内 容	维护情况	备注
维护预备	查询日志（1）		
	检查耗材（1）		
辅助设备检查	站房卫生（1）		
	站房门窗的密封性检查（1）		
	供电系统（稳压、UPS等）（1）		
	室内温湿度（1）		
	空调（1）		
	空气压缩机压力（1）		
	压缩机排水（1）		
气态污染物监测设备检查	采样管路气密性检查（3）		
	清洗采样探头、过滤装置、采样泵（3）		
	探头、管路加热温度检查（1）		
	采样系统流量（1）		
	反吹过滤装置、阀门检查（1）		
	手动反吹检查（1）		
	采样泵流量（1）		

续表

项目	内容	维护情况	备注
气态污染物监测设备检查	制冷器温度（1）		
	排水系统、管路冷凝水检查（1）		
	空气过滤器（1）		
	标气有效期、钢瓶压力检查（1）		
	烟气分析仪状态检查（1）		
	烟气分析仪校准（2）		
	测量数据检查（1）		
	全系统校准（4）		
	系统校验（5）		
颗粒物监测设备检查	鼓风机、空气过滤器检查（3）		
	分析仪的光路检查、清洗（3）		
	监测数据检查（1）		
	校准（3）		
流速监测系统检查	探头检查（4）		
	反吹装置（3）		
	测量传感器（3）		
	流速、流量、烟道压力测量数据（1）		
其他烟气监测参数	氧含量测量数据（1）		
	温度测量数据（1）		
	湿度测量数据（1）		
数据传输装置	通信线的连接（1）		
	传输设备电源（1）		

巡检人员签字：	
异常情况处理记录	

注1：正常请打"√"；不正常请打"×"并及时处理并做相应记录；未检查则不用标识。

注2：（1）为每7 d至少进行一次的维护，（2）为每15 d至少进行一次的维护，（3）为每30 d至少进行一次的维护，（4）为每90 d至少进行一次的维护，（5）为每90 d（无自动校准功能）或每180 d（有自动校准功能）至少进行一次的维护

表 7.3-2 稀释采样法 CEMS 日常巡检记录表

企业名称   巡检日期：   年   月   日

气态污染物 CEMS 设备生产商：	气态污染物 CEMS 规格型号：
颗粒物 CEMS 设备生产商：	颗粒物 CEMS 规格型号：
安装地点：	维护单位：

运行维护内容及处理说明：

项目	内容	维护情况	备注
维护预备	查询日志（1）		
	检查耗材（1）		
辅助设备检查	站房卫生（1）		
	站房门窗的密封性检查（1）		
	供电系统（稳压、UPS等）（1）		
	室内温湿度（1）		
	空调（1）		
	空气压缩机压力（1）		
	压缩机排水（1）		
气态污染物监测设备检查	采样管路气密性检查（3）		
	清洗采样探头过滤装置（3）		
	加热装置温度检查（1）		
	稀释气压力、真空度压力（1）		
	吸附剂、干燥剂（1）		
	稀释探头控制器（1）		
	反吹过滤装置、阀门检查（1）		
	手动反吹检查（1）		
	标气有效期、钢瓶压力检查（1）		
	分析仪采样泵流量检查（1）		
	分析仪耗材（1）		
	分析仪状态（1）		
	分析仪校准（2）		
	测量数据检查（1）		
	全系统校准（4）		
	系统校验（5）		
颗粒物监测设备检查	鼓风机、空气过滤器检查（3）		
	分析仪的光路检查（3）		
	监测数据检查（1）		
	校准（3）		
流速监测系统检查	探头检查（4）		
	反吹装置（3）		
	测量传感器（3）		
	流速、流量、烟道压力测量数据（1）		

续表

项目	内容	维护情况	备注
其他烟气监测参数	氧含量测量数据检查（1）		
	温度测量数据检查（1）		
	湿度测量数据检查（1）		
数据传输装置	通信线的连接（1）		
	传输设备电源（1）		
巡检人员签字：			
异常情况处理记录			

注 1：正常请打"√"；不正常请打"×"并及时处理并做相应记录；未检查则不用标识。

注 2："（1）"为每 7 d 至少进行一次的维护，"（2）"为每 15 d 至少进行一次的维护，"（3）"为每 30 d 至少进行一次的维护，"（4）"为每 90 d 至少进行一次的维护，"（5）"为每 90 d（无自动校准功能）或每 180 d（有自动校准功能）至少进行一次的维护

表 7.3-3　直接测量法 CEMS 日常巡检记录表

企业名称　　　　　　　　　　巡检日期：　　　年　　　月　　　日

气态污染物 CEMS 设备生产商：	气态污染物 CEMS 规格型号：
颗粒物 CEMS 设备生产商：	颗粒物 CEMS 规格型号：
安装地点：	维护单位：

运行维护内容及处理说明：

项目	内容	维护情况	备注
维护预备	查询日志（1）		
	检查耗材（1）		
辅助设备检查	站房卫生（1）		
	站房门窗的密封性检查（1）		
	供电系统（稳压、UPS 等）（1）		
	室内温湿度（1）		
	空调（1）		
	空气压缩机压力（1）		
	压缩机排水（1）		
气态污染物监测设备检查	净化风机检查（1）		
	过滤器及管路检查（1）		
	标气的有效期、钢瓶压力检查（1）		
	测量数据检查（1）		
	分析仪状态（1）		

续表

项目	内容	维护情况	备注
气态污染物监测设备检查	测量探头（3）		
	分析仪校准（3）		
	系统校验（5）		
颗粒物监测设备检查	监测数据检查（1）		
	鼓风机、空气过滤器检查（3）		
	分析仪的光路检查（3）		
	校准（3）		
流速监测系统检查	流速、流量、烟道压力测量数据（1）		
	反吹装置（3）		
	测量传感器（3）		
	探头检查（4）		
其他	氧含量测量数据检查（1）		
烟气监测参数	温度测量数据检查（1）		
	湿度测量数据检查（1）		
数据传输装置	通信线的连接（1）		
	传输设备电源（1）		
巡检人员签字：			
异常情况处理记录			
注1：正常请打"√"；不正常请打"×"并及时处理并做相应记录；未检查则不用标识 注2："（1）"为每7 d至少进行一次的维护，"（2）"为每15 d至少进行一次的维护，"（3）"为每30 d至少进行一次的维护，"（4）"为每90d至少进行一次的维护，"（5）"为每90d（无自动校准功能）或每180 d（有自动校准功能）至少进行一次的维护			

7.3.3　日常维护保养

应根据 CEMS 说明书的要求对 CEMS 系统保养内容、保养周期或耗材更换周期等做出明确规定，每次保养情况应记录并归档。每次进行备件或材料更换时，更换的备件或材料的品名、规格、数量等应记录并归档。如更换有证标准物质或标准样品，还需记录新标准物质或标准样品的来源、有效期和浓度等信息。对日常巡检或维护保养中发现的故障或问题，系统管理维护人员应及时处理并记录。

CEMS 日常运行管理参照巡检记录表及表 7.3-4 的记录表格式进行记录。

表 7.3-4　CEMS 零点/量程漂移与校准记录表

企业名称：　　　　　　　　　　　　　　安装地点：

气态污染物 CEMS 设备生产商		气态污染物 CEMS 设备规格型号		校准日期	
颗粒物 CEMS 设备生产商		颗粒物 CEMS 设备规格型号		校准开始时间	
安装地点		维护管理单位			

SO₂分析仪校准：

分析仪原理			分析仪量程		计量单位		
零点漂移校准	零气浓度值	上次校准后测试值	校前测试值	零点漂移%F.S.	仪器校准是否正常	校准后测试值	
量程漂移校准	标气浓度值	上次校准后测试值	校前测试值	量程漂移%F.S.	仪器校准是否正常	校准后测试值	

NOx 分析仪校准：

分析仪原理			分析仪量程		计量单位		
零点漂移校准	零气浓度值	上次校准后测试值	校前测试值	零点漂移%F.S.	仪器校准是否正常	校准后测试值	
量程漂移校准	标气浓度值	上次校准后测试值	校前测试值	量程漂移%F.S.	仪器校准是否正常	校准后测试值	

O₂分析仪校准：

分析仪原理			分析仪量程		计量单位		
零点漂移校准	零气浓度值	上次校准后测试值	校前测试值	零点漂移%F.S.	仪器校准是否正常	校准后测试值	
量程漂移校准	标气浓度值	上次校准后测试值	校前测试值	量程漂移%F.S.	仪器校准是否正常	校准后测试值	

颗粒物测量仪校准：

分析仪原理			分析仪量程		计量单位		
零点漂移校准	零气浓度值	上次校准后测试值	校前测试值	零点漂移%F.S.	仪器校准是否正常	校准后测试值	
量程漂移校准	标气浓度值	上次校准后测试值	校前测试值	量程漂移%F.S.	仪器校准是否正常	校准后测试值	

校准人：　　　　　　　　　　　　　　校准结束时间：

表 7.3-5 CEMS 校验测试记录表

企业名称：

CEMS 供应商：				
CEMS 主要仪器型号				
仪器名称	设备型号	制造商	测试项目	测量原理

CEMS 安装地点		维护管理单位		
本次校验日期		上次校验日期		

颗粒物校验					
监测时间	参比方法测定值/（mg/m³）	CEMS 测定值/（mg/m³）	□相对误差 □绝对误差	评价标准	评价结果
平均值					

SO₂校验					
监测时间	参比方法测量值 □ μmol/mol □mg/m³	CEMS 测量值 □ μmol/mol □mg/m³	□相对准确度 □相对误差 □绝对误差	评价标准	评价结果
平均值					

续表

NOx 校验					
监测时间	参比方法测量值 □ μmol/mol □mg/m³	CEMS 测量值 □ μmol/mol □mg/m³	□相对准确度 □相对误差 □绝对误差	评价标准	评价结果
平均值					
O_2校验					
监测时间	参比方法测定值 /%	CEMS 测定值/%	□相对误差 □绝对误差	评价标准	评价结果
平均值					
流速校验					
监测时间	参比方法测定值 /（m/s）	CEMS 测定值/（m/s）	□相对误差 □绝对误差	评价标准	评价结果
平均值					

烟温校验					
监测时间	参比方法测定值/ °C	CEMS 测定值/ °C	绝对误差/ °C	评价标准	评价结果
平均值					

湿度校验					
监测时间	参比方法测定值/%	CEMS 测定值/%	□相对误差 □绝对误差	评价标准	评价结果
	平均值:	平均值:			

校验结论	如校验合格前对系统进行过处理、调整、参数修改，请说明:
	如校验后，颗粒物测量仪、流速仪的原校正系统改动，请说明:
	总体校验是否合格:

标准气体		
标准气体名称	浓度值	生产厂商名称

参比方法测试设备			
测试项目	测试设备生产商	测试设备型号	方法依据

时间:　　　年　　　月　　　日

表 7.3-6　CEMS 维修记录表

企业名称：　　　　　　　　维修日期：　　　年　　月　　日

安装地点			停机时间	
颗粒物测量仪	检修情况描述			
	更换部件			
烟气分析仪	检修情况描述			
	更换部件			
烟气参数测试仪	检修情况描述			
	更换部件			
加热采样装置（含自控温气体伴热管）	检修情况描述			
	更换部件			
气体制冷装置	检修情况描述			
	更换部件			
数据采集与处理控制部分	检修情况描述			
	更换部件			
空压机及反吹风机部分	检修情况描述			
	更换部件			
采样泵、蠕动泵、控制阀部分	检修情况描述			
	更换部件			
维修后系统运行情况				
站房清理				
停机检修情况总结：				
备注：				
检修人：		离开时间：		

表 7.3-7 易耗品更换记录表

企业名称：

安装地点			维护管理单位			
序号	更换日期	易耗品名称	规格型号	单位	数量	更换原因说明（备注）
维护保养人：		时间：		审核人：		时间：
注：更换易耗品时应及时记录，每半年汇总存档						

表 7.3-8　标准气体更换记录表

企业名称：

安装地点				维护管理单位			
序号	更换日期	标准物质名称	气体浓度	单位	数量	供应商	有效期
维护保养人：		时间：		审核人：		时间：	
注：更换标准气体时应及时记录，每半年汇总存档							

7.3.4　CEMS 的校准和校验

应根据规定的校准校验方法和 7.3.5 小节质量保证规定的周期制订 CEMS 系统的日常校准和校验操作规程。校准和校验记录应及时归档。

7.3.5　烟气在线监测设备日常运行质量保证要求

7.3.5.1　一般要求

CEMS 日常运行质量保证是保障 CEMS 正常稳定运行、持续提供有质量保证监测数据的必要手段。当 CEMS 不能满足技术指标而失控时，应及时采取纠正措施，并应缩短下一次校准、维护和校验的间隔时间。

7.3.5.2　定期校准

CEMS 运行过程中的定期校准是质量保证中的一项重要工作，定期校准应做到：

① 具有自动校准功能的颗粒物 CEMS 和气态污染物 CEMS 每 24 h 至少自动校准一次仪器零点和量程，同时测试并记录零点漂移和量程漂移；

② 无自动校准功能的颗粒物 CEMS 每 15 d 至少校准一次仪器的零点和量程，同时测试并记录零点漂移和量程漂移；

③ 无自动校准功能的直接测量法气态污染物 CEMS 每 15 d 至少校准一次仪器的零点和量程，同时测试并记录零点漂移和量程漂移；

④ 无自动校准功能的抽取式气态污染物 CEMS 每 7 d 至少校准一次仪器零点和量程,同时测试并记录零点漂移和量程漂移;

⑤ 抽取式气态污染物 CEMS 每 3 个月至少进行一次全系统的校准,要求零气和标准气体从监测站房发出,经采样探头末端与样品气体通过的路径(应包括采样管路、过滤器、洗涤器、调节器、分析仪表等)一致,进行零点和量程漂移、示值误差和系统响应时间的检测;

⑥ 具有自动校准功能的流速 CMS 每 24 h 至少进行一次零点校准,无自动校准功能的流速 CMS 每 30 d 至少进行一次零点校准;

⑦ 校准技术指标应满足表 7.3-9 要求。定期校准记录内容按校准记录表格形式进行记录。

7.3.5.3 定期维护

CEMS 运行过程中的定期维护是日常巡检的一项重要工作,维护频次按照巡检记录表说明的进行,定期维护应做到:

① 污染源停运到开始生产前应及时到现场清洁光学镜面;

② 定期清洗隔离烟气与光学探头的玻璃视窗,检查仪器光路的准直情况;定期对清吹空气保护装置进行维护,检查空气压缩机或鼓风机、软管、过滤器等部件;

③ 定期检查气态污染物 CEMS 的过滤器采样探头和管路的结灰和冷凝水情况,气体冷却部件、转换器、泵膜老化状态;

④ 定期检查流速探头的积灰和腐蚀情况、反吹泵和管路的工作状态;

⑤ 定期维护记录内容按巡检记录表格形式进行记录。

7.3.5.4 定期校验

CEMS 投入使用后,燃料、除尘效率的变化,水分的影响,安装点的振动等都会对测量结果的准确性产生影响。定期校验应做到:

① 有自动校准功能的测试单元每 6 个月至少做一次校验,没有自动校准功能的测试单元每 3 个月至少做一次校验。校验用参比方法和 CEMS 同时段数据进行比对,按调试方法进行。

② 校验结果应符合表 7.3-9 要求,不符合时,则应扩展为对颗粒物 CEMS 的相关系数的校正或/和评估气态污染物 CEMS 的准确度或/和流速 CMS 的速度场系数(或相关性)的校正,直到 CEMS 满足本书 6.3.3 小节的技术指标验收要求,方法见指标调试检测方法。

③ 定期校验记录按校验测试记录表格形式记录。

7.3.5.5 常见故障分析及排除

当 CEMS 发生故障时,系统管理维护人员应及时处理并记录。维修处理过程中,要注意以下几点:

① CEMS 需要停用、拆除或者更换的,应当事先报经主管部门批准。

② 运行单位发现故障或接到故障通知,应在 4 h 内赶到现场进行处理。

③ 对于一些容易诊断的故障,如电磁阀控制失灵、膜裂损、气路堵塞、数据采集仪死机等,可携带工具或者备件到现场进行针对性维修,此类故障的维修时间不应超过 8 h。

④ 仪器经过维修后,在正常使用和运行之前应确保维修内容全部完成,性能通过检测程序,按本标准对仪器进行校准检查。若监测仪器进行了更换,在正常使用和运行之前应对系统进行重新调试和验收。

⑤ 若数据存储/控制仪发生故障，应在 12 h 内修复或更换，并保证已采集的数据不丢失。

⑥ 监测设备因故障不能正常采集、传输数据时，应及时向主管部门报告，缺失数据的替代按表 7.3-9 中的方式进行选取。

表 7.3-9　缺失数据的选取方式

季度有效数据捕集率 α	连续无效小时数 N/h	修约参数	选取值
$\alpha \geqslant 90\%$	$N \leqslant 24$	二氧化硫、氮氧化物、颗粒物的排放量	失效前 180 个有效小时排放量最大值
	$N > 24$		失效前 720 个有效小时排放量最大值
$75\% \leqslant \alpha < 90\%$	—		失效前 2160 个有效小时排放量最大值

除了上述方式，亦可以用参比方法监测的数据替代，频次不低于一天一次，直至 CEMS 技术指标调试到符合验收技术指标时为止。如使用参比方法监测的数据替代，则监测过程应按照 GB/T 16157 和 HJ/T 397 的要求进行，替代数据包括污染物浓度、烟气参数和污染物排放量。

7.3.5.6　CEMS 定期校准校验技术指标要求及数据失控时段的判别与修约

CEMS 在定期校准、校验期间的技术指标要求及数据失控时段的判别标准见表 7.3-10。

表 7.3-10　CEMS 定期校准校验技术指标要求及数据失控时段的判别

项目	CEMS 类型		校准功能	校准周期	技术指标	技术指标要求	失控指标	最少样品数/对
定期校准	颗粒物 CEMS		自动	24 h	零点漂移	不超过 ±2.0%	超过 ±8.0%	
					量程漂移	不超过 ±2.0%	超过 ±8.0%	
			手动	15 d	零点漂移	不超过 ±2.0%	超过 ±8.0%	
					量程漂移	不超过 ±2.0%	超过 ±8.0%	
	气态污染物 CEMS	抽取测量或直接测量	自动	24 h	零点漂移	不超过 ±2.5%	超过 ±5.0%	
					量程漂移	不超过 ±2.5%	超过 ±7.3%	
		抽取测量	手动	7 d	零点漂移	不超过 ±2.5%	超过 ±5.0%	
					量程漂移	不超过 ±2.5%	超过 ±7.3%	
		直接测量	手动	15 d	零点漂移	不超过 ±2.5%	超过 ±5.0%	
					量程漂移	不超过 ±2.5%	超过 ±10.0%	
	流速 CMS		自动	24 h	零点漂移或绝对误差	零点漂移不超过 ±3.0% 或绝对误差不超过 ±0.9 m/s	零点漂移超过 ±8.0% 且绝对误差超过 ±1.8 m/s	—
			手动	30 d	零点漂移或绝对误差	零点漂移不超过 ±3.0% 或绝对误差不超过 ±0.9 m/s	零点漂移超过 ±8.0% 且绝对误差超过 ±1.8 m/s	—
定期校验	颗粒物 CEMS		3 个月或6 个月		准确度	满足 HJ 75 标准9.3.8	超过 HJ 75 标准9.3.8 规定范围	5
	气态污染物 CEMS							9
	流速 CMS							5

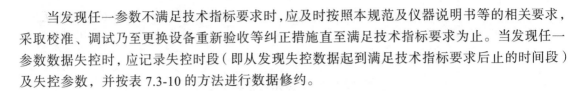

当发现任一参数不满足技术指标要求时,应及时按照本规范及仪器说明书等的相关要求,采取校准、调试乃至更换设备重新验收等纠正措施直至满足技术指标要求为止。当发现任一参数数据失控时,应记录失控时段(即从发现失控数据起到满足技术指标要求后止的时间段)及失控参数,并按表 7.3-10 的方法进行数据修约。

7.3.5.7 CEMS 技术指标抽检

主管部门按技术指标验收方法对部分或全部 CEMS 技术指标抽检时,检测结果应符合标准 HJ 75 验收技术要求。对 CEMS 技术指标进行抽检时,可不对 CEMS 仪表的零点和量程进行校准。

用参比方法开展 CEMS 准确度抽检(即比对监测)时,相比技术指标验收方法,监测样品数量可相应减少,颗粒物、流速、烟温、湿度至少获取 3 个平均值数据对,气态污染物和氧量至少获取 6 个数据对。

7.3.6 固定污染源烟气排放连续监测系统数据审核和处理

7.3.6.1 CEMS 数据审核

固定污染源生产状况下,经验收合格的 CEMS 正常运行时段为 CEMS 数据有效时间段。CEMS 非正常运行时段(如 CEMS 故障期间、维修期间、超校准期限未校准时段、失控时段以及有计划的维护保养、校准等时段)均为 CEMS 数据无效时间段。

污染源计划停运一个季度以内的,不得停运 CEMS,日常巡检和维护要求仍按前文执行;计划停运超过一个季度的,可停运 CEMS,但应报当地环保部门备案。污染源启运前,应提前启运 CEMS 系统,并进行校准,在污染源启运后的两周内进行校验,满足前文验收技术指标要求的,视为启运期间自动监测数据有效。

排污单位应在每个季度前五个工作日对上个季度的 CEMS 数据进行审核,确认上季度所有分钟、小时数据均按照要求正确标记,计算本季度的污染源 CEMS 有效数据捕集率。根据相关要求,上传至监控平台的污染源 CEMS 季度有效数据捕集率应达到 75%。

数据状态标记要求如下:

系统应在分钟数据报表和小时数据报表的数据组后面给出系统和(或)污染源运行状态标记。

分钟数据标记方法为:"N"表示系统各检测参数正常,"F"表示排放源停运,"St"表示排放源启炉过程,"Sd"表示排放源停炉过程,"B"表示排放源闷炉,"C"表示校准,"M"表示维护保养,"Md"表示系统无数据,"T"表示超测定上限,"D"表示系统故障。

小时数据标记方法为:

N——本小时内系统各检测参数正常,检测时间大于 45 min;

F——本小时内污染源处于停运状态,其时间大于等于 45 min;

St——本小时内污染源处于启炉状态,其时间大于等于 45 min;

Sd——本小时内污染源处于停炉状态,其时间大于等于 45 min;

B——本小时内污染源处于闷炉状态,其时间大于等于 45 min;

T——本小时内污染物排放浓度平均值超过系统测量上限;

C——本小时内系统处于校准状态，其时间大于 15 min；

M——本小时内系统处于维护、修理状态，其时间大于 15 min；

D——本小时内系统处于故障、断电状态，其时间大于 15 min。

Md——本小时内系统无数据。

对于 N、F、St、Sd、B 和 T 状态，均表明系统在本小时内处于正常工作状态；

对于 C、M、D 和 Md 状态，则表明系统在本小时内处于非正常工作状态；

数据标记优先级顺序从高到低依次为 F→D→M→C→T→St、Sd、B→N。数据审核标记（针对小时均值）实测数据计算、手工数据替代、按本标准修约数据。

注：季度有效数据捕集率（%）=（季度小时数 – 数据无效时段小时数-污染源停运时段小时数）/（季度小时数 – 污染源停运时段小时数）。

7.3.6.2 CEMS 数据无效时间段数据处理

CEMS 故障期间、维修时段数据按照后文方法（1）处理，超期未校准、失控时段数据按照后文方法（2）处理，有计划（质量保证/质量控制）的维护保养、校准等时段数据按照后文方法（3）处理。

方法（1）：因 CEMS 发生故障需停机进行维修时，其维修期间的数据替代按方法（3）处理，亦可以用参比方法监测的数据替代，频次不低于一天一次，直至 CEMS 技术指标调试到符合标准 HJ 75 验收指标技术要求为止。如使用参比方法监测的数据替代，则监测过程应按照 GB/T 16157 和 HJ/T 397 要求进行，替代数据包括污染物浓度、烟气参数和污染物排放量。

方法（2）：CEMS 系统数据失控时段污染物排放量数据按照表 7.3-11 进行修约，污染物浓度和烟气参数不修约。CEMS 系统超期未校准的时段视为数据失控时段，污染物排放量按照表 7.3-11 进行修约，污染物浓度和烟气参数不修约。

表 7.3-11　失控时段的数据处理方法

季度有效数据 捕集率 a	连续失控小时数 N/h	修约参数	选取值
a≥90%	N≤24	二氧化硫、氮氧化物、颗粒物的排放量	上次校准前 180 个有效小时排放量最大值
	N>24		上次校准前 720 个有效小时排放量最大值
75%≤α<90%	——		上次校准前 2 160 个有效小时排放量最大值

方法（3）：CEMS 系统有计划（质量保证/质量控制）的维护保养、校准及其他异常导致的数据无效时段，该时段污染物排放量数据按照表 7.3-12 处理，污染物浓度和烟气参数不修约。

表 7.3-12　维护期间和其他异常导致的数据无效时段的处理方法

季度有效数据捕集率 a	连续无效小时数 N/h	修约参数	选取值
α≥90%	N≤24	二氧化硫、氮氧化物、颗粒物的排放量	失效前 180 个有效小时排放量最大值
	N>24		失效前 720 个有效小时排放量最大值
75%≤α<90%	——		失效前 2 160 个有效小时排放量最大值

7.3.6.3 数据记录与报表

按安装调试检测原始记录表的表格形式记录监测结果。

按烟气排放连续监测平均值日报表、月报表、季报表、年报表的表格形式定期将 CEMS 监测数据上报，报表中应给出最大值、最小值、平均值、排放累计量以及参与统计的样本数。

7.4 非甲烷总烃在线监测设备（NMHC-CEMS）的运行维护

7.4.1 日常运行维护要求

CEMS 运行维护单位应根据 CEMS 使用说明书和本标准的要求编制仪器运行管理规程，确定系统 运行操作人员和管理维护人员的工作职责。运行维护人员应熟练掌握 CEMS 的原理、使用和维护方法。

CEMS 日常运行维护应包括日常巡检和日常维护保养，应满足标准 HJ 75 中日常巡检和日常维护保养的相关要求，记录格式参见表 7.4-1 至表 7.4-4。

表 7.4-1 NMHC-CEMS 日常巡检记录

企业名称：　　　　　　　　巡检日期：　　　年　　月　　日　　时

CEMS 生产商：		CEMS 规格型号：		
安装位置：		维护单位：		
项目	内容		维护情况	备注
维护预备	查询日志 a			
	检查耗材 a			
辅助设备检查	站房卫生 a			
	站房门窗的密封性检查 a			
	供电系统（稳压、UPS 等）a			
	室内温湿度 a			
	空调 a			
	空气压缩机压力 a			
	压缩机排水 a			
	氢气发生器除湿装置 a			
	除烃空气除湿装置 a			
	除烃装置温度在 350 ℃ 以上 a			
非甲烷总烃监测设备检查	采样管路气密性检查 b			
	清洗采样探头、过滤装置、采样泵 b			
	探头、管路加热温度检查 a			
	采样系统流量 a			
	反吹过滤装置、阀门检查 a			

项目	内容	维护情况	备注
	手动反吹检查 a		
	采样泵流量 a		
	样品预处理设备温度 a		
	排水系统、管路冷凝水检查 a		
	空气过滤器 a		
	标准气体有效期、钢瓶压力检查 a		
	非甲烷总烃分析仪状态检查 a		
	系统校准 c		
	正确度核查 c		
	FID 检测器点火 a		
	出峰时间与标准谱图一致性情况是否符合仪器使用手册要求 a		

运行维护内容及处理说明：

项目	内容		维护情况	备注
非甲烷总烃监测设备检查	温度	柱箱 a		
		检测器 a		
	气体流量/压力	燃烧气 a		
		载气 a		
流速监测系统检查	探头检查 c			
	反吹装置 b			
	测量传感器 b			
	流速、流量、烟道压力测量数据 a			
其他废气监测参数	氧含量测量数据 a			
	温度测量数据 a			
	湿度测量数据 a			
数据传输 装置	通信线的连接 a			
	传输设备电源 a			
巡检人员		企业人员		
异常情况 处理记录				
注：正常请打"√"；不正常请打"×"且及时处理并做相应记录；未检查则标记为"/"				
a 为每周（或每 7 d）至少进行一次维护。				
b 为每月至少进行一次维护。				
c 为每 3 个月至少进行一次维护				

表 7.4-2　CEMS 维修记录表

企业名称：　　　　　　　　　　维修日期：　　　年　　　月　　　日

安装位置		停机时间	
NMHC 分析仪	检修情况描述		
	更换部件		
废气参数测试仪	检修情况描述		
	更换部件		
加热采样装置 （含自控温气体伴热管）	检修情况描述		
	更换部件		
样品预处理设备装置	检修情况描述		
	更换部件		
氢气发生器	检修情况描述		
	更换部件		
除烃空气装置	检修情况描述		
	更换部件		
数据采集与处理控制部分	检修情况描述		
	更换部件		
空压机及反吹风机部分	检修情况描述		
	更换部件		
采样泵、蠕动泵、控制阀部分	检修情况描述		
	更换部件		
维修后系统运行情况			
站房清理			
停机检修情况总结：			
备注：			
检修人员：		离开时间：	

表 7.4-3　CEMS 正确度核查测试记录表

企业名称：

CEMS 供应商：				
CEMS 主要仪器型号				
仪器名称	设备型号	制造商	测试项目	测量原理
CEMS 安装位置		维护管理单位		
本次核查日期		上次核查日期		
非甲烷总烃核查				
监测时间	参比方法测定值/（mg/m³）	CEMS 测定值/（mg/m³）	□相对误差的95%置信上限/% □绝对误差平均值	评价标准	评价结果
平均值					
O_2 核查				
监测时间	参比方法测定值/%	CEMS 测定值/%	□相对误差的95%置信上限/% □绝对误差平均值	评价标准	评价结果
平均值					

续表

流速核查					
监测时间	参比方法测定值/（m/s）	CEMS 测定值/（m/s）	相对误差/%	评价标准	评价结果
平均值					

烟温核查					
监测时间	参比方法测定值/ °C	CEMS 测定值/ °C	绝对误差平均值/ °C	评价标准	评价结果
平均值					

湿度核查					
监测时间	参比方法测定值/%	CEMS 测定值/%	□相对误差/% □绝对误差平均值	评价标准	评价结果
平均值					

核查结论	如核查合格前对系统进行过处理、调整、参数修改，请说明：
	如核查后，流速仪的原校正系统改动，请说明：
	总体核查是否合格：

续表

所用标准气体		
标准气体名称	浓度值	生产厂商名称

参比方法测试设备			
测试项目	测试设备生产商	测试设备型号	方法依据

核查人员：

审核人员：　　　　　　　　　　　　　　　　　　时间：　　年　　月　　日

注：本标准中"相对误差的 95%置信上限"在标准 HJ 75 和 HJ 1013 中称作"相对准确度"

表 7.4-4　CEMS 零点/量程漂移与校准记录表

企业名称：		NMHC-CEMS 设备规格型号		校准日期	
NMHC-CEMS 设备生产商					
安装位置		维护管理单位		校准开始时间	

NMHC 分析仪校准：

分析仪原理			分析仪量程		计量单位		
零点漂移校准	零点气 浓度值	上次校准后 测试值	调整前测试值	零点漂移 %F.S.	仪器校准 是否正常	调整后测试值	
量程漂移校准	标准气体 浓度值	上次校准后 测试值	调整前测试值	量程漂移 %F.S.	仪器校准 是否正常	调整后测试值	

O$_2$ 分析仪校准：

分析仪原理			分析仪量程		计量单位		
零点漂移校准	零点气 浓度值	上次校准后 测试值	调整前测试值	零点漂移 %F.S.	仪器校准 是否正常	调整后测试值	
量程漂移校准	标准气体 浓度值	上次校准后 测试值	调整前测试值	量程漂移 %F.S.	仪器校准 是否正常	调整后测试值	

校准人员：　　　　　　　　　校准结束时间：

7.4.2　常见故障分析及排除

当 CEMS 发生故障时，系统管理维护人员应及时处理并记录。设备维修记录填入表7.4-2CEMS 维修记录表中。维修处理过程中要注意以下几点：

（1）CEMS 需要停用、拆除或者更换的，应当事先报经主管部门批准。

（2）运行单位发现故障或接到故障通知，应在 4 h 内赶到现场进行处理。

（3）对于一些容易诊断的故障，如电磁阀控制失灵、膜裂损、气路堵塞、数据采集仪死机等，可携带工具或者备件到现场进行针对性维修，此类故障维修时间不应超过 8 h。

（4）仪器经过维修后，在正常使用和运行之前应确保维修内容全部完成，性能通过检测程序，按本标准对仪器进行校准检查。若监测仪器进行了更换，在正常使用和运行之前应对系统进行重新调试和验收。

（5）若数据存储/控制仪发生故障，应在 12 h 内修复或更换，并保证已采集的数据不丢失。

（6）监测设备因故障不能正常采集、传输数据时，应及时向主管部门报告，并按要求妥善处理缺失数据，可以用参比方法监测的数据替代，频次不低于一天一次，直至 CEMS 技术指标调试到符合要求时为止。如使用参比方法监测的数据替代，则监测过程应按照标准 GB/T 16157 和 HJ/T 397 要求进行，替代数据包括污染物浓度、烟气参数和污染物排放量。

7.4.3　安全要求

运行维护、检测相关人员应注意以下安全要求：

（1）运行维护、检测人员应参加安全培训。

（2）运行维护、检测人员应掌握防火防爆常识，并熟练使用消防器材。

（3）设置安全监督员制度，在维护检测作业中，应接受安全员监督。

（4）应穿着防静电工作服和防静电工作鞋，在检测现场严禁穿脱和拍打衣服，不得梳头和追逐打闹。

（5）严禁将火种带入检测现场。

（6）雷雨天应停止检测作业，防止雷击。

7.4.4　质量保证和质量控制要求

日常运行中的质量保证和质量控制是保障 CEMS 正常稳定运行、持续提供具有质量保证监测数据的必要手段。当 CEMS 不能满足技术指标要求时，应及时采取纠正措施，并应缩短下一次校准、维护和核查的间隔时间。

定期校准：应满足标准 HJ 75 中抽取式气态污染物 CEMS 定期校准的相关要求。校准技术指标应满足该标准第 5 章相关要求，定期校准记录格式参见该标准附录 D。

定期维护时应做到：

（1）使用氢气钢瓶时，至少每周巡检一次钢瓶的气体压力并记录，同时对减压阀、气体管路进行安全检漏并书面记录，有条件的应做到一用一备；

（2）使用氢气发生器时，至少每周检查一次氢气发生器变色硅胶，硅胶超过 2/3 变色时应予以更换；

（3）使用氢气发生器时，应按其说明书规定，定期检查氢气压力、氢气发生器电解液等，根据使用情况及时更换电解液，定期添加去离子水。

（4）至少每周检查一次除烃装置的温度，应使其保持在 350 ℃ 以上。

（5）至少每周检查一次出峰时间与标准谱图的一致性是否符合仪器使用手册要求。

（6）至少每月检查一次燃烧气连接管路的气密性，NMHC-CEMS 的过滤器、采样管路的结灰情况，若发现数据异常应及时维护。

（7）至少每半年检查一次零点气发生器中的过滤填料，根据使用情况对其进行更换。

（8）使用催化氧化装置的 NMHC-CEMS 至少每年用丙烷标准气体检验一次转化效率，若丙烷转化效率不能达到 95% 以上，则应更换催化氧化装置。

（9）更换主要部件如色谱柱、定量环后应对 NMHC-CEMS 进行示值误差检测，并记录校准数据和过程，校准数据满足本书第 5 章相关要求且稳定后方可投入运行；

（10）维护频次和定期维护记录格式参见标准 HJ 75 的附录 D。

正确度核查：至少每 3 个月做一次正确度核查，将参比方法测定结果与 CEMS 同时段数据进行比对，数据对个数按要求执行，并规范记录数据。当核查结果不满足正确度指标要求时，则应对系统进行故障排查和维护，直至符合要求。

标准气体：日常运行中使用的标准气体应满足以下要求：

（1）标准气体应在有效期内使用，其标准物质证书中不确定度应在 ± 2% 以内；零点气可使用氮气（纯度 ≥99.999%）或除烃空气（其中碳氢化合物含量不得高于 0.3 mg/m³）。

（2）采用稀释设备稀释标准气体时，稀释设备的流量示值误差应在设定流量的 ± 1% 以内。

技术指标抽检：对部分或全部 CEMS 技术指标抽检时，检测结果应满足相关要求。对 CEMS 技术指标抽检时，可不开展零点校准和量程校准。

用参比方法开展 CEMS 正确度抽检时，样品数量可相应减少，非甲烷总烃和氧气至少获取 6 个数据对，流速、温度、湿度至少获取 3 个数据对。

开展系统响应时间抽检时，可从采样探头处通入标准气体，检测结果均应满足系统响应时间的要求。

7.5　环境空气在线监测设备的运行维护

7.5.1　基本要求

环境空气自动监测仪器应全年 365 天（闰年 366 天）连续运行，停运超过 3 天的，须报负责该点位管理的主管部门备案，并采取有效措施及时恢复运行。需要主动停运的，须提前报负责该点位管理的主管部门批准。

在日常运行中因仪器故障需要临时使用备用监测仪器开展监测，或因设备报废需要更新监测仪器的，须于仪器更换后 1 周内报负责该点位管理的主管部门备案。仪器更新须执行标准 HJ 655、HJ 193 的相关要求。

监测仪器主要技术参数应与仪器说明书要求和系统安装验收时的设置值保持一致。如确需对主要技术参数进行调整，应开展参数调整试验和仪器性能测试，记录测试结果并编制参数调整测试报告。主要技术参数调整须报负责该点位管理的主管部门批准。

监测结果的表示应按标准 GB 3095 的相关要求执行。

7.5.2　日常维护

7.5.2.1　监测站房及辅助设备日常巡检

应对子站站房及辅助设备进行定期巡检，每周至少巡检 1 次，巡检工作主要包括：

（1）检查站房内温度是否保持在 25 ℃ ± 5 ℃ 范围内，相对湿度保持在 80% 以下，在冬、夏季节应注意站房内外温差，应及时调整站房温度或对采样管采取适当的温控措施，防止因温差造成采样装置出现冷凝水的现象。

（2）检查采样总管进气、排气是否正常。

（3）检查采样支管是否存在冷凝水，如果存在冷凝水应及时进行清洁干燥处理。

（4）检查站房排风排气装置工作是否正常。

（5）检查标气钢瓶阀门是否漏气，检查标气消耗情况。

（6）检查采样头、采样管的完好性，及时对缓冲瓶内积水进行清理。

（7）各监测仪器工作参数和运行状态是否正常。振荡天平法仪器还应检查仪器测量噪声、振荡频率等指标是否在说明书规定的范围内。

（8）检查数据采集、传输与网络通信是否正常。

（9）检查各种运维工具、仪器耗材、备件是否完好齐全。

（10）检查空调、电源等辅助设备的运行状况是否正常，检查站房空调机的过滤网是否清洁，必要时进行清洗。

（11）检查各种消防、安全设施是否完好齐全。

（12）对站房周围的杂草和积水应及时清除，对采样或监测光束有影响的树枝应及时进行剪除。

（13）检查避雷设施是否正常，子站房屋是否有漏雨现象，气象杆是否损坏。

（14）记录巡检情况，巡检记录表参见表 7.5-1。

表 7.5-1　空气监测子站巡检记录表

城市：　　　　　　　　　　　空气监测子站名称：

时间：　　　年　　　月　　　日		
序号	巡查内容	正常 "√"	异常 "×"
	站房外部及周边		
1	点位周围环境变化情况		
2	点位周围安全隐患		
3	点位周围道路、供电线路、通信线路、给排水设施是完好还是损坏		
4	站房外围的防护栏、隔离带有无损坏情况		
5	视频监控系统是否正常		
6	周围树木是否需要修剪		

续表

序号	巡查内容	正常"√"	异常"×"
7	站房防雷接地是否完好		
8	站房屋顶是否完好,有无漏雨		
站房内部			
1	站房内部的供电、通信是否畅通		
2	站房内部给排水、供暖设施、空调工作状况		
3	各种消防、安全设施是否完好齐全		
4	站房内有无气泵产生的异常声音		
5	站房内有无异常气味		
6	站房温度、湿度是否符合要求		
7	气体采样总管风扇工作是否正常		
8	气体采样总管及支管是否由于室外温差产生冷凝水		
9	站房排风扇是否正常运行		
10	稳压电源参数是否正常		
11	各电源插头、线板工作是否正常		
12	颗粒物采样头是否清洁,雨水瓶是否有积水		
13	仪器气泵工作是否正常		
14.	干燥剂是否需更换(蓝色部分剩 $1/3 \sim 1/4$ 时应及时更换)		
15	钢瓶气减压阀压力指示是否正常		
16	颗粒物分析仪纸带位置是否正常(长度不足时应提前更换)		
17	振荡天平法仪器气水分离器是否有积水,必要时进行清理		

异常情况及处理说明:

7.5.2.2　监测仪器设备日常维护

（1）监测子站的仪器设备。

应对监测子站的仪器设备进行定期维护,主要内容包括:

① 每日远程查看仪器工作状态量,发现异常时,应及时对仪器相关部件进行维护或更换。

② 根据仪器说明书的要求,定期检查、清洗仪器内部的滤光片、限流孔、反应室、气路管路等关键部件。重污染天气后应及时检查和清洗。

③ 按仪器说明书的要求,定期更换监测仪器中的紫外灯、光电倍增管、制冷装置、转换炉、发射光源(氙灯)和抽气泵膜等关键零部件;更换后应对仪器重新进行校准,并进行仪器性能测试,测试合格后,方可投入使用。

④ 仪器配备的干燥剂等应每周进行检查,及时更换。

⑤ 根据仪器说明书的要求,定期更换和清洁仪器设备中的过滤装置。采样支管与监测仪

器连接处的颗粒物过滤膜一般情况下每 2 周更换 1 次,颗粒物浓度较高地区或浓度较高季节,应视颗粒物过滤膜实际污染情况加大更换频次。

⑥ 采样总管每年至少清洁 1 次,每次清洁后,应进行检漏测试。

注:采样总管检漏测试方法为将总管上的一个支路接头接上压力计,并将其他支路接头和采样口封死,然后抽真空至大约 1.25 hPa,将抽气口密封,使整个采样系统不与外界相通,15 min 内真空度不应有变化。

⑦ 采样支管每半年至少清洁 1 次,必要时更换。

⑧ 每月按仪器说明书的要求对采样支管和仪器气路进行气密性检查。

⑨ 开放光程监测仪器每周至少进行 1 次系统自动检查、光路检查、氙灯风扇和光强检查,若发现光强明显偏低,应立即查明原因并及时排除故障。发射/接收端的前窗玻璃窗镜至少每 3 个月清洁 1 次,清洁时应避免损坏镜头表面的镀膜。一般情况下氙灯每 6 个月更换 1 次,最长更换周期不得超过 1 年。

（2）采样系统。

每月至少清洁一次采样头。若遇到重污染过程或沙尘天气,还应在污染过程结束后及时清洁采样头;在受到植物飞絮、飞虫影响的季节,应增加采样头的检查和清洁频次。清洁时,应完全拆开采样头和 $PM_{2.5}$ 切割器,用蒸馏水或者无水乙醇清洁,完全晾干或用风机吹干后重新组装,组装时应检查密封圈的密封情况。

每年对采样管路至少进行一次清洁,在污染较重地区可增加清洁频次。采样管清洁后必须进行气密性检查,并进行采样流量校准。

（3）监测仪器。

① β 射线法仪器。

每周按仪器使用说明书检查监测仪器的运行状况和状态参数是否正常。

每周检查纸带:检查纸带位置是否正常,采样斑点是否圆滑、均匀、完整;检查纸带剩余长度,长度不足时应提前更换。

每月清洁一次 β 射线仪器的压头及纸带下的垫块,在污染较重的季节或连续污染天气后应增加清洁频次;应使用棉签棒蘸无水乙醇进行清洁。

每月检查颗粒物监测仪器的加热装置是否正常工作,加热温度是否正常。

每月对 β 射线仪器的时钟进行检查,如仪器与数据采集仪连接,应同时检查数据采集仪的时钟。

仪器说明书规定的其他维护内容。

每次巡检维护均要有记录,并定期存档。

② 振荡天平法仪器。

每周按仪器使用说明书检查监测仪器的运行状况和状态参数是否正常。

至少每月更换一次采样滤膜,如滤膜使用未到 1 个月而负载达到 80% 时也应更换,在高湿度条件下可适当提前更换。更换滤膜时应严格依照操作步骤,轻轻按压,避免损坏锥形振荡器。

在更换采样滤膜时更换冷凝器中的清洁空气滤膜,每月至少更换一次清洁空气滤膜。

每半年更换一次主路过滤器滤芯、旁路过滤器滤芯和气水分离器滤芯,污染较重时应及时更换滤芯。

对于加装滤膜动态测量系统的仪器，每年清洁一次基态/参比态气路切换阀，每年更换一次样品气体干燥器。当除湿性能下降，如当样品气体露点温度高于冷凝器设定值，或与冷凝器设定的温差持续小于 2 ℃，应及时更换样品气体干燥器。

每月对振荡天平法仪器的时钟进行检查，如仪器与数据采集仪连接，应同时检查数据采集仪的时钟。

仪器说明书规定的其他维护内容。

每次巡检维护均要有记录，并定期存档。

7.5.2.3　中心计算机室日常检查

中心计算机室日常检查内容包括：

（1）各子站监测数据与本地中心计算机室以及各级数据中心的传输情况。

（2）各子站计算机的时钟和日历设置。

（3）监测数据存储情况，每季度对监测数据备份 1 次。

（4）计算机系统的安全性。

（5）空调、稳压电源等辅助设备运行状态。

7.5.2.4　质量保证实验室日常检查

质量保证实验室日常检查内容包括：

（1）质量保证实验室环境条件。

（2）校准仪器设备工作状态。

（3）标准物质有效期。

（4）监测仪器计量检定证书、校准报告、检定校准计划。

（5）空调、稳压电源等辅助设备运行状态。

7.5.2.5　系统支持实验室日常检查

系统支持实验室日常检查内容包括：

（1）系统支持实验室环境条件。

（2）监测仪器设备定期维护保养、检修记录和计划。

（3）备用监测仪器的工作状态。

（4）耗材、备件使用情况。

（5）维修用仪器设备的工作状态。

（6）空调、稳压电源等辅助设备的运行状态。

7.5.3　故障检修

对出现故障的仪器设备应进行针对性的检查和维修。

（1）根据仪器厂商提供的维修手册要求，开展故障判断和检修。

（2）对于在现场能够诊断明确，并且可以通过简单更换备件解决的仪器故障，应及时检修并尽快恢复正常运行。

（3）对于不能在现场完成故障检修的仪器，应送至系统支持实验室进行检查和维修，并及时采用备用仪器开展监测。

（4）每次故障检修完成后，应对仪器进行校准。

（5）每次故障检修完成后，应对检修、校准和测试情况进行记录并存档。

7.5.4 质量保证和质量控制

7.5.4.1 基本要求

（1）β射线法仪器。

① 气路检漏：依据仪器说明书酌情进行流量检漏，每月1次；对仪器进行流量检查前应进行检漏，更换纸带或者清洁垫块时也应检漏。检漏时仪器示值流量≤1.0 L/min，通过检查；当示值流量>1.0 L/min时，表明存在泄漏，需排查并解决泄漏问题，直至通过检查。

② 流量检查：每月用标准流量计对仪器的流量进行检查，实测流量与设定流量的误差应在±5%范围内，且示值流量与实测流量的误差应在±2%范围内。当实测流量与设定流量的误差超过±5%，或示值流量与实测流量的误差超过±2%时，须对流量进行校准，校准后流量误差不超过设定流量的±2%。

校准方法如下：

当仪器处于采样状态，或手动调节使仪器处于抽气状态，进行采样流量校准；取下PM_{10}或$PM_{2.5}$采样头，从进气口处连接校准流量计，β射线法仪器直接测定采样管流量，振荡天平法仪器从流量分配器分接口处测定仪器的主流量和旁路流量；记录校准时的温度和大气压；读取校准流量计的测量结果，连续多次测量，记录测量结果；计算平均流量。如果使用质量流量计，则必须根据当前的温度和压力将读数转化为测定流量。根据计算出的平均流量，对仪器进行校准。校准后流量误差应在设定流量的±2%范围内。

③ 气温测量结果检查：每季度对仪器测量的气温进行检查，仪器显示温度与实测温度的误差应在±2 ℃范围内，当仪器显示温度与实测温度的误差超过±2 ℃时，应对温度进行校准。

④ 气压测量结果检查：每季度对仪器测量的气压进行检查，仪器显示气压与实测气压的误差应在±1 kPa范围内，当仪器显示气压与实测气压的误差超过±1 kPa时，应对气压进行校准。

⑤ 配备外置校准膜的β射线法仪器每半年进行一次标准膜检查，标准膜的检查可选在更换纸带时进行。检查结果与标准膜的标称值误差应在±2%范围内。

⑥ 仪器内部的气体湿度传感器应每半年检查一次，仪器读数与标准湿度计读数的误差应在±4%范围内，超过±4%时应进行校准。

⑦ 数据一致性检查：每半年应对仪器进行一次数据一致性检查。数据采集仪记录数据和仪器显示或存储监测结果应一致。当存在明显差别时，应检查仪器和数据采集仪参数设置是否正常。若使用模拟信号输出，两者相差应在±1 $\mu g/m^3$范围内。模拟输出数据应与时间、量程范围相匹配。

每次更换仪器后均应进行数据一致性检查。

⑧ 仪器说明书规定的其他质控内容。

⑨ 记录质控情况。质控工作记录表参见表 7.5-2。

表 7.5-2　β 射线法仪器质控工作记录表

子站名称			资产编号		
仪器型号			出厂编号		
环境条件	温　度/°C：		湿　度/%：		其他：
质控设备信息	设备名称	型号	资产编号	检定日期	
	流量计				
	温度计				
	气压计				
温度、气压检查					
温度检查	仪器显示温度		气压检查	仪器显示读数	
	标准温度计读数			标准气压计读数	
	是否合格			是否合格	
检漏					
流量读数/（L/min）	泵关	泵开	净读数	是否合格	
流量检查/（L/min）					
仪器设定值	仪器示值流量	标准流量计		设定流量误差	显示流量误差	是否合格
		修正前读数	修正后读数			

温度、气压校准			
参考标准读数	校准前		校准后
标准温度计	仪器显示温度		仪器显示温度
标准气压计	仪器显示气压		仪器显示气压

流量校准/（L/min）					
仪器设定流量	校准前			校准后	
	仪器显示流量	标准流量计		仪器显示流量	标准流量计
		修正前读数	修正后读数		修正前读数	修正后读数

标准膜检查/校准				
读数	标准膜片量值	误差/%	是否合格	是否校准

（2）振荡天平法仪器。

① 气路检漏：每月应对振荡天平法仪器进行流量检漏，检漏应在对仪器进行流量检查前

进行。检漏时仪器主流量应小于 0.15 L/min，旁路流量应小于 0.6 L/min，否则表明存在泄漏，需排查和解决泄漏问题，并重新开始新一轮流量检漏直至通过检查。

② 流量检查：每月用标准流量计对仪器的总流量、主流量和旁路流量进行检查，实测总流量、主流量和旁路流量与设定流量的误差均应在 ±5% 范围内，且示值流量与实测流量的误差应在 ±2% 范围内。当实测流量与设定流量的误差超过 ±5%，或示值流量与实测流量的误差超过 ±2% 时，须对流量进行校准，校准后流量误差应不超过设定流量的 ±2%。校准方法参照前文 β 射线法仪器的校准方法。

③ 气温测量结果检查：每季度对仪器测量的气温进行检查，仪器显示温度与实测温度的误差应在 ±2 ℃ 范围内，当仪器显示温度与实测温度的误差超过 ±2 ℃ 时，应对温度进行校准。

④ 气压测量结果检查：每季度对仪器测量的气压进行检查，仪器显示气压与实测气压的误差应在 ±1 kPa 范围内，当仪器显示气压与实测气压的误差超过 ±1 kPa 时，应对气压进行校准。

⑤ 校准常数（K_0）检查：每半年用标准膜对振荡天平进行检查。实测的校准常数与仪器出厂的校准常数（K_0）的误差应在 ±2.5% 范围内。

⑥ 仪器内部的湿度传感器应每半年检查一次，仪器读数与标准湿度计读数的误差应在 ±4% 范围内，超过 ±4% 时应进行校准。

⑦ 数据一致性检查：每半年应对仪器进行一次数据一致性检查。数据采集仪记录数据和仪器显示或存储监测结果应一致。当存在明显差别时，检查仪器和数据采集仪设置参数是否正常。若使用模拟信号输出，两者相差应在 ±1 μg/m³ 范围内。模拟输出数据应与时间、量程范围相匹配。

每次更换仪器后均应进行数据一致性检查。

⑧ 仪器说明书规定的其他质控内容。

⑨ 记录质控情况。质控工作记录表参见表 7.5-3。

表 7.5-3　振荡天平法仪器质控工作记录表

子站名称			资产编号		
仪器型号			出厂编号		
环境条件	温度/℃：		湿度/%：	其他：	
质控设备信息	设备名称	型号		资产编号	检定日期
	流量计				
	温度计				
	气压计				
温度、气压检查					
温度检查	仪器显示温度		气压检查	仪器显示读数	
	标准温度计读数			标准气压计读数	
	是否合格			是否合格	

续表

检漏		
	泄漏量/（L/min）	是否合格
主路		
旁路		

流量检查/（L/min）						
仪器设定值	仪器示值流量	标准流量计		设定流量误差	显示流量误差	是否合格
		修正前读数	修正后读数			
主流量						
旁路流量						
总流量						

温度、气压校准			
参考标准读数		校准前	校准后
标准温度计		仪器显示温度	仪器显示温度
标准气压计		仪器显示气压	仪器显示气压

流量校准/（L/min）				
仪器设定流量	校准前标准流量计读数		校准后标准流量计读数	
	修正前	修正后	修正前	修正后
主流量				
旁路流量				

K_0 常数检查（标准滤膜质量：　　　　　）			
显示 K_0	校准常数 K_0	误差/%	是否合格

7.5.4.2　量值溯源和传递

（1）量值溯源和传递要求。

① 用于量值传递的计量器具，如流量计、气压表、压力计、真空表、温度计等，应按计量检定规程的要求进行周期性检定。

② 用于工作标准的臭氧校准仪，如配备光度计，至少每半年使用传递标准进行 1 次量值传递，如未配备光度计，至少每三个月使用传递标准进行 1 次量值传递。用作传递标准的臭氧校准仪至少每半年送至有资质的标准传递单位进行 1 次量值溯源。

③ 作为工作标准的标气应为国家有证标准物质或标准样品，并在有效期内使用。

（2）量值溯源和传递方法。

① 臭氧校准设备。

臭氧校准设备（臭氧发生器、光度计、臭氧校准仪等）的量值溯源和传递方法如下：

可选用内置紫外光度计和反馈控制装置的臭氧发生器作为传递标准，对现场校准设备（如气体动态校准仪中的工作标准臭氧发生器）进行量值传递。传递标准一般配置两台以上，一台作为实验室控制标准，不用于日常量值传递；其余传递标准用于日常量值传递，必要时和实验室控制标准进行比对，确保传递标准的准确性。量值传递方法如下：

用传递标准对臭氧监测仪进行多点校准，绘制校准曲线，确保臭氧监测仪具有良好的线性。

如工作标准与传递标准臭氧发生器不含有零气发生器，应使用同一个零气发生器按图7.5-1 的方式连接至气路中。选用的零气发生器的稀释零气量要超过臭氧监测仪的气体需要量。使用前应检查零气发生器中的干燥剂、氧化剂和洗涤材料，确保提供的零气为干燥不含臭氧和干扰物质的空气。仪器连接后，应进行气路检查，严防漏气。对排空口排出的气体，应通过管线连接至室外或在排空口加装臭氧过滤器去除臭氧。

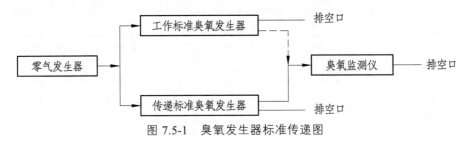

图 7.5-1 臭氧发生器标准传递图

在保证稀释零气流量恒定的前提下，调节工作标准臭氧发生器的臭氧发生控制装置，向臭氧监测仪输出仪器响应满量程的 0、10%、20%、40%、60%、80%浓度的臭氧气体。

通过传递标准臭氧发生器与臭氧监测仪的校准曲线，计算工作标准臭氧发生器向臭氧监测仪输出臭氧时，臭氧监测仪示值对应的臭氧标准值，并与工作标准臭氧发生器的臭氧浓度示值或设置值一起记录。

绘制工作标准臭氧发生器臭氧浓度示值或设置值与传递用臭氧监测分析仪示值对应的臭氧标准值之间的校准曲线，所获校准曲线的检验指标应符合以下要求：

相关系数（r）> 0.999；

0.97 ≤ 斜率（a）≤ 1.03；

截距（b）在满量程的 ±1%范围内。

② 标准气体。

标气钢瓶应放置在温度和湿度适宜的地方，并用钢瓶柜或钢瓶架固定，以防碰倒或剧烈震动。

标气钢瓶每次装上减压调节阀，连接到气路后，应检查气路是否漏气。

应经常检查并记录标气消耗情况，若气体压力低于要求值，应及时更换。

③ 零气发生器。

应定期检查零气发生器的温度控制和压力是否正常，气路是否漏气。

温度控制器出现故障报警或维修更换后，必须用工作标准进行校准。

应定期检查并排空空气压缩机储气瓶中的积水。

按仪器说明书的要求，对零气发生器中的分子筛、氧化剂、活性炭等气体净化材料进行定期更换，净化材料每 6 个月至少更换 1 次。若发现各项目的监测误差和零点漂移明显增大，应查明原因，必要时更换净化材料。

④ 动态校准仪。

对动态校准仪中的质量流量控制器，应至少每季度使用标准流量计进行 1 次单点检查，流量误差应≤1%，否则应及时进行校准。

7.5.4.3　监测仪器的校准

（1）校准的周期和要求。

点式监测仪器：

① 具备自动校准条件的，每天进行 1 次零点检查；不具备自动校准条件的，至少每周进行 1 次零点检查。当发现零点漂移超过仪器调节控制限时，及时对仪器进行校准。

② 具备自动校准条件的，每天进行 1 次跨度检查，不具备自动校准条件的，至少每周进行 1 次跨度检查。跨度检查所用标气浓度一般为仪器 80%量程对应的浓度，也可根据不同地区、不同季节环境中污染物实际浓度水平来确定，但应高于上一年污染物小时浓度的最高值。当发现跨度漂移超过仪器调节控制限时，应及时对仪器进行校准。

③ O_3 监测仪器的零点检查（或校准）、跨度检查（或校准）操作应避免在每日 12：00 时至 18：00 臭氧浓度较高时段内进行，若必须在该时段进行，检查（或校准）时间不应超过 1 h。对 SO_2、NO_2、CO 等监测仪器的零点检查（或校准）、跨度检查（或校准）操作也应根据实际情况尽可能避开污染物浓度较高时段。

④ 至少每半年进行 1 次多点校准（又称线性检查）。

⑤ 对于采用化学发光法的 NO_2 监测仪器，至少每半年检查 1 次 NO_2 转换炉的转换效率，转换效率应≥96%，否则应进行维修或更换。

⑥ 对于监测仪器的采样流量，至少每月进行 1 次检查，当流量误差超过 ±10%时，应及时进行校准。

开放光程监测仪器：

⑦ 至少每季度进行 1 次光波长的校准。

⑧ 至少每半年进行 1 次跨度检查，当发现跨度漂移超过仪器调节控制限时，须及时校准仪器。

⑨ 至少每年进行 1 次多点校准。

⑩ 按照仪器说明书的要求定期对标准参考光谱进行校准。

（2）校准方法。

监测仪器的校准方法如下：

① 单点校准

向监测仪器通入零气，待稳定后，记录仪器响应值 ZD，即零点漂移量。

向监测仪器通入满量程 80%浓度的标气（标气浓度也可以根据不同地区、不同季节环境中污染物实际浓度水平来确定，但应高于相应污染物小时浓度的最高值。对于开放光程仪器采用相应的等效浓度），用下式计算跨度漂移量。

$$SD(\%) = (S' - ZD - Z) / S \times 100 \qquad (7.5\text{-}1)$$

式中：SD——跨度漂移量，%；

$\qquad$ S'——监测分析仪不做零调节对该标气的响应值，nmol/mol 或 μmol/mol；

$\qquad$ ZD——零点漂移量，nmol/mol 或 μmol/mol；

$\qquad$ S——通入标气的浓度值，nmol/mol 或 μmol/mol。

当监测仪器零点漂移超过调节控制限，需要对仪器进行重新调零时，调零后的跨度漂移计算公式可以简化为下式：

$$SD(\%) = (S' - S) / S \times 100 \qquad (7.5\text{-}2)$$

式中：SD——跨度漂移量，%；

$\qquad$ S'——监测仪器对标气的响应值，nmol/mol 或 μmol/mol；

$\qquad$ S——规定检查用标气的浓度值，nmol/mol 或 μmol/mol。

按图 7.5-2 中的质量控制要求，当零点漂移或跨度漂移超出仪器调节控制限时，对仪器进行校准（必要时应对仪器进行维修），直至零点漂移或跨度漂移小于仪器调节控制限。

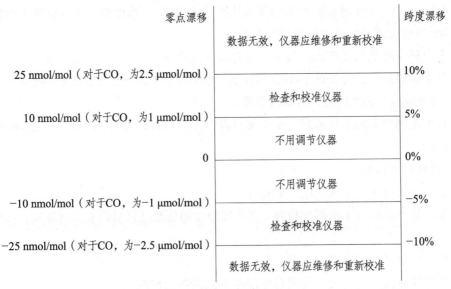

图 7.5-2 质量控制图

② 多点校准

在确保气体动态校准仪经检验仪器性能完全符合要求的情况下，向监测仪器分别通入该仪器满量程 0、10%、20%、40%、60% 和 80% 浓度的标气（对于开放光程仪器采用相应的等效浓度），待各点读数稳定后分别记录各点的响应值。

用最小二乘法绘制仪器校准曲线，最小二乘法的计算公式见表 7.5-4。

表 7.5-4　最小二乘法计算公式（$Y=aX+b$）

$\bar{X}=\left(\sum X\right)/N$	$r-uS_x/S_y$
$\bar{Y}=\left(\sum Y\right)/N$	$S_Y=\left[\left(\sum Y^2/N-Y^{-2}\right)/(N-1)\right]^{1/2}$
$a=\left[\sum XY-\left(\sum X\sum Y\right)/N\right]/\left[\sum X^2-\left(\sum X\sum Y\right)^2/N\right]$	$S_X=\left[\left(\sum X^2/N-X^{-2}\right)/(N-1)\right]^{1/2}$
$b=\bar{Y}-a\bar{X}$	

式中：$\bar{X}$ 为 X 变量的平均值；$\bar{Y}$ 为 Y 变量的平均值；S_Y 为 Y 变量的标准偏差；S_X 为 X 变量的标准偏差；a 为斜率；b 为截距；r 为相关系数。

对所获校准曲线的检验指标应符合以下要求：

相关系数（r）>0.999；

0.95≤斜率（a）≤1.05；

截距（b）在满量程的 ±1% 范围内。

若其中任何一项指标不满足要求，则需对监测仪器进行保养、检修、零跨校准后重新进行多点校准，直至检验指标符合要求。

③ 开放光程仪器标气等效浓度计算方法。

开放光程仪器标气等效浓度按下式计算。

$$C_e=C_t\times L_c/L \qquad\qquad (7.5\text{-}3)$$

式中：C_e——标气等效浓度，μmol/mol；

　　　C_t——钢瓶标准气浓度，μmol/mol；

　　　L_e——检查池长度，m；

　　　L——监测光程长度，m。

7.5.4.4　监测仪器的性能审核

（1）精密度审核。

① 审核方法。

精密度审核采用连续多次向分析仪通入同一浓度的标气，标气浓度为满量程的 20%（也可根据实际情况选择接近环境中污染物实际浓度水平的浓度点，对于开放光程仪器采用相应的等效浓度），每次等待仪器读数稳定后记录仪器示值，根据仪器示值的相对标准偏差，来确定仪器的精密度。

② 审核流程。

精密度审核时应先向监测仪器通入零气，待仪器示值达到零点附近时（对于 SO_2、NO_2、O_3 监测仪器示值要低于 10 nmol/mol，对于 CO 监测仪器示值要低于 1 μmol/mol），向监测仪器通入要求浓度的标气，待仪器读数稳定后，记录仪器示值（Y_i），记录标气值为（X_i），重复上述操作 6 次以上。

该仪器示值的相对标准偏差按照下式计算。

$$SD = \sqrt{\frac{\sum_{i=1}^{n}(Y_i - \bar{Y})^2}{n-1}}$$

$$RSD = \frac{SD}{\bar{Y}} \times 100\% \tag{7.5-4}$$

式中：SD——标准偏差；

$\quad\quad Y_i$——标准气体第 i 次测量值；

$\quad\quad \bar{Y}$——标准气体测量平均值；

$\quad\quad n$——测量次数。

$\quad\quad RSD$——相对标准偏差；

$\quad\quad SD$——标准偏差。

用相对标准偏差作为该仪器报出的精密度。

在精密度审核之前，不能改动监测仪器的任何设置参数，如果精密度审核连同仪器零/跨调节一起进行，精密度审核必须安排在零/跨调节之前。

精密度审核时，仪器示值相对标准偏差应≤5%。

每台监测仪器至少每季度进行 1 次精密度审核。

精密度审核用于对环境空气连续自动监测系统进行外部质量控制，审核人员不从事所审核仪器的日常操作和维护。用于精密度审核的标准物质和相关设备不得用于日常的质量控制。

（2）准确度审核。

① 审核方法。

准确度审核采用向每台分析仪通入一系列浓度的标气，每次等待仪器读数稳定后记录仪器示值，计算仪器示值与标气浓度的平均相对误差，来确定仪器的准确度。标气浓度要求见表 7.5-5（对于开放光程仪器采用相应的等效浓度）。准确度审核也可以按上文规定的最小二乘法步骤做出多点校准曲线，用斜率。截距和相关系数对仪器准确度进行评价。

② 审核流程。

每次准确度审核时，依次向监测仪器通入要求浓度的标气，记录仪器响应值（Y_i），记录标气值（X_i）。

仪器的平均相对误差按下式计算。

$$d_i = |Y_i - X_i| / X_i \times 100\%$$

$$D = \sum d_i / k \tag{7.5.5}$$

式中：d——每个审核点的相对误差；

$\quad\quad Y_i$——仪器响应值，nmol/mol 或 μmol/mol；

$\quad\quad X_i$——标气值，nmol/mol 或 μmol/mol。

K——审核点数；

d_i——每个审核点的相对误差；

D——平均相对误差。

用平均相对误差作为该仪器报出的准确度。

表 7.5-5　最小二乘法计算公式（$Y = aX + b$）

审核点	标气体积分数（仪器满量程/%）
1	10
2	20
3	40
4	60
5	80
注：对于开放光程仪器采用相应的等效浓度	

在准确度审核之前，不能改动监测仪器的任何设置参数，若准确度审核连同仪器零/跨调节一起进行时，则要求准确度审核必须在零/跨调节之前进行。

准确度审核时，仪器示值的平均相对误差应≤5%。

准确度审核也可按照上文规定的最小二乘法步骤做出多点校准曲线，用斜率、截距和相关系数对仪器准确度进行评价。所获校准曲线的检验指标应符合以下要求：

相关系数（r）>0.999；

0.95≤斜率（a）≤1.05；

截距（b）在满量程的 ±1% 范围内。

每台监测仪器至少每年进行 1 次准确度审核。

准确度审核用于对环境空气连续自动监测系统进行外部质量控制，审核人员不从事所审核仪器的日常操作和维护。用于准确度审核的标准物质和相关设备不得用于日常的质量控制。

7.5.5　数据有效性判断

（1）监测系统正常运行时的所有监测数据均为有效数据，应全部参与统计。

（2）对仪器进行检查、校准、维护保养或仪器出现故障等非正常监测期间的数据为无效数据；仪器启动至仪器预热完成时段内的数据为无效数据。

（3）在监测仪器零点漂移控制限内的零值或负值，应采用修正后的值参与统计。修正规则为：SO_2 修正值为 3 $\mu g/m^3$、NO_2 修正值为 2 $\mu g/m^3$、CO 修正值为 0.3 mg/m^3、O□ 修正值为 2 $\mu g/m^3$。在仪器故障、运行不稳定或其他监测质量不受控情况下出现的零值或负值为无效数据，不参与统计。

（4）对于每天进行自动检查/校准的仪器，发现仪器零点漂移或跨度漂移超出漂移控制限，从发现超出控制限的时刻算起，到仪器恢复至控制限以下时段内的监测数据为无效数据。

（5）对于手工校准的仪器，发现仪器零点漂移或跨度漂移超出漂移控制限，从发现超出控制限时刻的前 24 h 算起，到仪器恢复到控制限以下时段内的监测数据为无效数据。

（6）对于缺失和判断为无效的数据均应注明原因，并保留原始记录。

第8章　自动在线监测典型问题案例及其要点解析

8.1　案例：未按照规定预处理排入管网被入口在线监测仪器发现案

8.1.1　某冷链物流集团有限公司向污水集中处理设施排放不符合处理工艺要求的工业废水案

某冷链物流集团有限公司在生产过程中，将生产废水经污水处理站预处理后排入某污水处理厂，污水处理厂进水在线监测仪器监测发现该冷链物流集团排水时间段内的 COD 值超过进水标准。监测人员对该公司预处理后的外排废水进行采样监测，《监测报告》显示外排废水中 COD 浓度 5 076 mg/L，超过某污水处理厂纳管进水标准（《污水排放综合标准》GB 8978—1996 三级标准）的 9.2 倍，不符合某污水处理厂处理工艺要求。

8.1.2　案例解析

（1）"超标排放水污染物"与"向污水集中处理设施排放不符合处理工艺要求的工业废水"的区别？

关于此案涉违法行为的法律适用，对比《中华人民共和国水污染防治法》第八十三条第二项和第四项规定，核心在于排污单位是否直排至外环境，第八十三条第二项适用范围为排污单位直接向外环境超标排放水污染物，且客观上不存在后续达标处置措施的情形。第八十三条第四项适用范围为排污单位向厂界外排放水污染物，因其流向的特定性，该水污染物到达外环境之前还需经过污水集中处理设施处理，经处理后再直排外环境的情形。

（2）在企业约定的纳管进水标准与国家标准不一致时，应当如何适用？

《国家水污染物排放标准制订技术导则（HJ 945.2—2018）》规定：如果排向城镇污水集中处理设施，应根据行业污水特征、污染防治技术水平以及城镇污水集中处理设施处理工艺确定间接排放限值，原则上其间接排放限值不宽于《污水排放综合标准》（GB 8978—1996）规定的相应间接排放限值，但对于可生化性较好的农副食品加工工业等污水，可执行协商限值。同时，根据生态环境部《关于进一步规范城镇（园区）污水处理环境管理的通知》的规定，在责任明晰的基础上，运营单位和纳管企业可以对工业污水协商确定纳管浓度，报送生态环境部门并依法载入排污许可证后，作为监督管理依据。

《中华人民共和国水污染防治法》第四十五条第三款规定"向污水集中处理设施排放工业废水的，应当按照国家有关规定进行预处理，达到集中处理设施处理工艺要求后方可排放。"该条核心在于"达到集中处理设施处理工艺要求"，若排污单位与污水处理厂约定进水标准，且该进水标准符合集中处理设施处理工艺要求的，则应当依法予以认可。

8.1.3 案例点评

向污水集中处理设施排放工业废水的，需要符合处理工艺要求，反之则可能导致污水集中处理设施处理后的污水无法达标排放。未按照规定进行预处理，向污水集中处理设施排放不符合处理工艺要求的工业废水，该违法行为的构成并不以污水集中处理设施处理后的污水超标排放为条件。也就是说，违反《中华人民共和国水污染防治法》规定，未按照规定进行预处理，向污水集中处理设施排放不符合处理工艺要求的工业废水的，无论污水集中处理设施处理后的污水是否达标排放，均属违法行为。在此立法背景下，可以进一步明确划分排污企业、污水处理厂的污染治理责任，督促其履行各自的水污染物防治责任，行政处罚也更符合合理性要求。

8.1.4 相关法条——《中华人民共和国水污染防治法》

第四十五条第三款：向污水集中处理设施排放工业废水的，应当按照国家有关规定进行预处理，达到集中处理设施处理工艺要求后方可排放。

第八十三条：违反本法规定，有下列行为之一的，由县级以上人民政府环境保护主管部门责令改正或者责令限制生产、停产整治，并处十万元以上一百万元以下的罚款；情节严重的，报经有批准权的人民政府批准，责令停业、关闭：（一）未依法取得排污许可证排放水污染物的；（二）超过水污染物排放标准或者超过重点水污染物排放总量控制指标排放水污染物的；（三）利用渗井、渗坑、裂隙、溶洞，私设暗管，篡改、伪造监测数据，或者不正常运行水污染防治设施等逃避监管的方式排放水污染物的；（四）未按照规定进行预处理，向污水集中处理设施排放不符合处理工艺要求的工业废水的。

8.1.5 案例查处

该冷链物流集团有限公司的行为违反了《中华人民共和国水污染防治法》第四十五条第三款规定，依据《中华人民共和国水污染防治法》第八十三条第四项规定，所在地某生态环境局责令该公司改正违法行为，并处以罚款 33.62 万元。

8.2 案例：超标排放水污染物被水质自动监控系统记录案

8.2.1 某纸业有限公司超标排放水污染案

2021 年 7 月 5 日，某市生态环境局执法人员在巡查重点污染源自动监控与基础数据库系统时，发现某纸业有限公司 2021 年 7 月 3 日废水总排口监控点的总氮自动监控数据日均值为 13.29 mg/L（修正值 12.567 mg/L），超过《制浆造纸工业水污染物排放标准》（GB 3544—2008）规定总氮浓度限值。执法人员立即前往现场开展调查，同步委托第三方检测公司对废水自动监控水质自动采样器中留存的水样进行提取检测，并对废水自动监控设备进行比对检测。留存的水样检测结果显示，总氮浓度为 13.7 mg/L，与自动监控设备数值 13.29 mg/L 接近，均超过国家规定的总氮浓度限值。自动监控设备比对检测报告显示，总氮质控样和实际水样比

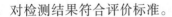

对检测结果符合评价标准。

8.2.2　案例解析

（1）废水自动监测留样器中留存水样检测结果能否作为定案证据？

根据《环境行政处罚办法》第三十六条规定"环境保护主管部门可以利用在线监控或者其他技术监控手段收集违法行为证据。经环境保护主管部门认定的有效性数据，可以作为认定违法事实的证据"，故自动监测数据可以作为环境行政处罚的证据，但需要对其数据的有效性进行认定。

目前，自动监控留样器中留存水样的采集方式、贮存条件等能否作为定案证据尚无相关规定，但留存水样的检测结果能客观上反映案发时是否超标排放水污染物的事实，并印证自动监控设备的正常运行，故废水自动监测留样器中留存水样可作为证据链重要的一个环节来印证自动监测数据的有效性，进而证明企业水污染物达标排放情况。

（2）如何认定自动监测数据的有效性？

《污染物排放自动监测设备标记规则》规定，排污单位是审核确认自动监测数据有效性的责任主体，应当按照规则确认自动监测数据的有效性。一般情况下，每日12：00时前完成前一日自动监测数据的人工标记，逾期则视为对自动监测数据的有效性无异议。依据规则标记为无效的自动监测数据，不作为判定污染物排放是否超过相关标准的依据。依据工况标记规则标记为非正常工况，并且生产设施、污染防治设施运行达到生态环境保护相关标准、规范性文件要求的，限定时间内的自动监测数据不作为判定污染物排放是否超过相关标准的依据。生活垃圾焚烧发电、火力发电、水泥制造和造纸等行业应直接适用该规则，其他行业可以参照适用。在执法调查过程中，可以依据排污单位的标记认定自动监测数据有效性，同时应对"自动监测设备维护"标记的情况进行取证核实。

8.2.3　案例点评

以废水自动监测超标数据作为认定违法事实的主要证据，以留样器留存水样检测数据、自动监控设备运维记录、自动监控设备比对检测结果、企业生产情况和污染防治设施运行情况等证据来印证自动监控设备数据的真实性、准确性，探索以现场核查与非现场执法衔接形成证据链，进一步强化证据的证明力，锁定企业超标排放水污染物的违法事实。

8.2.4　相关法条

（1）《中华人民共和国水污染防治法》。

第十条：排放水污染物，不得超过国家或者地方规定的水污染物排放标准和重点水污染物排放总量控制指标。

第八十三条第二项：违反本法规定，有下列行为之一的，由县级以上人民政府环境保护主管部门责令改正或者责令限制生产、停产整治，并处十万元以上一百万元以下的罚款；情节严重的，报经有批准权的人民政府批准，责令停业、关闭：超过水污染物排放标准或者超过重点水污染物排放总量控制指标 排放水污染物的。

（2）《环境行政处罚办法》。

第三十六条：环境保护主管部门可以利用在线监控或者其他技术监控手段收集违法行为证据。经环境保护主管部门认定的有效性数据，可以作为认定违法事实的证据。

8.2.5　案例查处

该纸业有限公司的行为违反了《中华人民共和国水污染防治法》第十条规定，依据《中华人民共和国水污染防治法》第八十三条第二项规定，该纸业有限公司所在地的某市生态环境局责令该公司立即改正违法行为，并处以罚款 10 万元。

8.3　案例：超标排放水污染、自动监测数据弄虚作假案

8.3.1　某工业园区污水处理厂以篡改、伪造监测数据的方式逃避监管排放水污染物和超标排放水污染物案

2021 年 3 月 30 日，某省生态环境保护综合行政执法总队通过视频监控系统发现某工业园区污水处理厂白天排水量较少，夜间则持续 2～4 h 排放大量黑色污水，但在线监测数据显示未超标，涉嫌作假。3 月 31 日，该省生态环境保护综合行政执法总队会同省生态环境监测总站对该厂开展突击检查。检查时该厂正常运行，废水总排口正在排水，排口 COD、氨氮、总磷、总氮四台自动监测设备正在运行，设备采样管均插入站房外盛装"干净"水样的矿泉水瓶和水桶中，监测数据均显示达标，并上传生态环境部门监控平台。监测人员同步对该厂外排水进行了采样监测，监测报告显示：COD、总磷、汞的浓度分别为 1 110 mg/L、5.26 mg/L、$1.7×10^{-3}$ mg/L，超过《城镇污水处理厂污染物排放标准》（GB 18918—2002）规定排放限制的 21.2 倍、9.5 倍和 0.7 倍。

8.3.2　案例解析

（1）现场即时采样的监测数据是否可以作为执法证据？

《环境行政处罚办法》第三十七条规定："环境保护主管部门在对排污单位进行监督检查时，可以现场即时采样，监测结果可以作为判定污染物排放是否超标的证据。"同时，2018 年 11 月 5 日，生态环境部《关于环境行政处罚即时采样问题的复函》（环办法规函〔2018〕1246 号）中明确："现场即时采样是指现 场检查时可以采取一个样品进行监测，监测的结果可以作为判定污染物排放是否超标的证据。"需要注意的是，样品的采集需按照相关技术规范进行。

（2）篡改、伪造监测数据逃避监管排污的违法行为是否以超标排污为前提条件？

"篡改、伪造监测数据逃避监管排污"与"超标排污"是两个不同的违法行为，"篡改、伪造监测数据逃避监管排污"是行为违法，"超标排污"是结果违法。篡改、伪造监测数据逃避监管排放污染物违法行为的认定不以当事人排放污染物是否超标为前提，在排放污染物的过程中实施了篡改、伪造自动监测数据的行为，不论排放的污染物是否超标，均应当认定为篡改、伪造监测数据逃避监管排放污染物的违法行为。

8.3.3 案例点评

自动监测系统相关技术规范较复杂，专业性强，对执法人员的现场执法能力要求较高。自动监测数据能直接反映排污单位生产或者治理设施运行情况，现场检查时要以自动监测数据异常为突破口，将自动监测数据、DCS系统数据进行关联分析，推算排污单位生产、污染治理和污染物排放相关性，排查出偷排、超标、不正常运行污染治理设施，甚至篡改监测数据等违法行为。全面提高固定污染源远程监测监控自动化、标准化、信息化水平，是当前和今后一个时期强化固定污染源监管执法能力建设的重要举措。

8.3.4 相关法条

（1）《中华人民共和国水污染防治法》。

第十条：排放水污染物，不得超过国家或者地方规定的水污染物排放标准和重点水污染物排放总量控制指标。

第八十三条第二项：违反本法规定，有下列行为之一的，由县级以上人民政府环境保护主管部门责令改正或者责令限制生产、停产整治，并处10万元以上100万元以下的罚款；情节严重的，报经有批准权的人民政府批准，责令停业、关闭：超过水污染物排放标准或者超过重点水污染物排放总量控制指标 排放水污染物的。

（2）《排污许可管理条例》。

第十九条第二款：排污单位应当对自行监测数据的真实性、准确性负责，不得篡改、伪造。

第三十四条第二项：违反本条例规定，排污单位有下列行为之一的，由生态环境主管部门责令改正或者限制生产、停产整治，处20万元以上100万元以下的罚款；情节严重的，吊销排污许可证，报经有批准权的人民政府批准，责令停业、关闭：通过暗管、渗井、渗坑、灌注或者篡改、伪造监测数据，或者不正常运行污染防治设施等逃避监管的方式违法排放污染物。

第四十四条第二项：排污单位有下列行为之一，尚不构成犯罪的，除依照本条例规定予以处罚外，对其直接负责的主管人员和其他直接责任人员，依照《中华人民共和国环境保护法》的规定处以拘留：通过暗管、渗井、渗坑、灌注或者篡改、伪造监测数据，或者不正常运行污染防治设施等逃避监管的方式违法排放污染物。

（3）《中华人民共和国环境保护法》。

第四十二条第四款：严禁通过暗管、渗井、渗坑、灌注或者篡改、伪造监测数据，或者不正常运行防治污染设施等逃避监管的方式违法排放污染物。

第六十三条第三项：企业事业单位和其他生产经营者有下列行为之一，尚不构成犯罪的，除依照有关法律法规规定予以处罚外，由县级以上人民政府环境保护主管部门或者其他有关部门将案件移送公安机关，对其直接负责的主管人员和其他直接责任人员，处十日以上十五日以下拘留；情节较轻的，处五日以上十日以下拘留：通过暗管、渗井、渗坑、灌注或者篡改、伪造监测数据，或者不正常运行防治污染设施等逃避监管的方式违法 排放污染物的。

8.3.5　案例查处

该工业园区污水处理厂超标排放水污染物的行为违反了《中华人民共和国水污染防治法》第十条规定，依据《中华人民共和国水污染防治法》第八十三条第二项规定，该工业园区污水处理厂所在地的省生态环境厅责令该厂改正违法行为，并处以罚款 76.15 万元。

该工业园区污水处理厂篡改、伪造监测数据逃避监管的方式排放水污染物的行为，违反了《排污许可管理条例》第十九条第二款和《中华人民共和国环境保护法》第四十二条第四款规定，依据《排污许可管理条例》第三十四条第二项、第四十四条第一项和《中华人民共和国环境保护法》第六十三条第三项规定，该工业园区污水处理厂所在地的省生态环境厅责令该厂改正违法行为，处以罚款 65 万元，并将案件移送公安机关。

8.4　案例：通过篡改自动监测数据形式弄虚作假案

8.4.1　某科技有限公司通过篡改监测数据的方式逃避监管排放大气污染物案

2021 年 4 月 12 日，某市生态环境局执法人员对其所管辖区的某科技有限公司检查时，发现该公司燃煤锅炉废气排口粉尘仪玻璃镜粘贴黑色胶布，自动监测数据显示颗粒物浓度（折算值）基本稳定在 10 mg/m³ 以内波动，撕下黑色胶布后，颗粒物浓度（折算值）大幅上升，并保持在 60 mg/m³ 以上。

8.4.2　案例解析

（1）涉及自动监测设备的常见违法行为有哪些？

近年来生态环境部发布的废气自动监测设备相关典型案例，将该领域涉及的常见违法行为归纳为：① 篡改或者伪造监测数据；② 未保证监测设备正常运行（具体包括未按规定对污染物自行监测并保存原始监测记录；未按规定安装污染物自动监测设备、未按规定联网并保证监测设备正常运行等）；③ 不正常运行大气污染防治设施。

根据《行政主管部门移送适用行政拘留环境违法案件暂行办法》第六条规定，环境保护法第六十三条第三项规定的通过篡改、伪造监测数据等逃避监管的方式违法排放污染物，是指篡改、伪造用于监控、监测污染物排放的手工及自动监测仪器设备的监测数据，包括以下情形：① 违反国家规定，对污染源监控系统 进行删除、修改、增加、干扰，或者对污染源监控系统中存储、处理、传输的数据和应用程序进行删除、修改、增加，造成污染源监控系统不能正常运行的；② 破坏、损毁监控仪器站房、通讯线路、信息采集传输设备、视频设备、电力设备、空调、风机、采样泵及其他监控设施的，以及破坏、损毁监控设施采样管线、破坏、损毁监控仪器、仪表的；③ 稀释排放的污染物故意干扰监测数据的；④ 其他致使监测、监控设施不能正常运行的情形。

（2）篡改、伪造自动监测数据是否必须进行采样监测？

篡改、伪造监测数据情形多种多样，并非每种情形下都要进行采样监测，应根据其具体情形固定相应的违法事实。从实际情况来看，篡改、伪造自动监测数据往往伴随着超标超总量排放污染物的情况，办理此类案件原则上应当坚持全面调查，进行采样监测和自动监测设备比对监测。

采样监测是对篡改、伪造自动监测数据这一行为结果的认定，而非对其具体行为的认证。因此，在未进行采样监测时，可通过复刻或者解除当事人违法行为的方式，观察监测数据是否产生明显波动，来佐证其是否符合篡改、伪造数据的情形。

8.4.3　案例点评

生态环境监测数据质量是生态环境保护的"生命线"。近两年，生态环境部持续组织打击自动在线监测设备弄虚作假违法行为。2020 年《中华人民共和国刑法修正案（十一）》将环境监测弄虚作假列入刑法。2021 年，生态环境部印发《"十四五"生态环境监测规划》，进一步要求"完善监测数据弄虚作假等违法行为管理约束和调查处理机制，对数据造假行为严查严罚，确保监测数据真实、准确"。生态环境部、最高人民检察院、公安部在全国联合开展"打击危险废物环境违法犯罪和重点排污单位自动监测数据弄虚作假违法犯罪专项行动"，采用大数据分析、突击检查等方式重点打击排污单位和运维单位、人员实施或者参与篡改伪造自动监测数据或者干扰自动监测设施行为，对重点案件开展专案经办，依法从重处罚。以上充分表明国家坚决打击自动监测数据弄虚作假行为的严厉态度。

8.4.4　相关法条

（1）《中华人民共和国大气污染防治法》。

第二十条第二款：禁止通过偷排、篡改或者伪造监测数据、以逃避现场检查为目的的临时停产、非紧急情况下开启应急排放通道、不正常运行大气污染防治设施等逃避监管的方式排放大气污染物。

第九十九条第三项：违反本法规定，有下列行为之一的，由县级以上人民政府环境保护主管部门责令改正或者限制生产、停产整治，并处十万元以上一百万元以下的罚款；情节严重的，报经有批准权的人民政府批准，责令停业、关闭；通过逃避监管的方式排放大气污染物的。

（2）《中华人民共和国环境保护法》。

第四十二条第四款：严禁通过暗管、渗井、渗坑、灌注或者篡改、伪造监测数据，或者不正常运行防治污染设施等逃避监管的方式违法排放污染物。

第六十三条第三项：企业事业单位和其他生产经营者有下列行为之一，尚不构成犯罪的，除依照有关法律法规规定予以处罚外，由县级以上人民政府环境保护主管部门或者其他有关部门将案件移送公安机关，对其直接负责的主管人员和其他直接责任人员，处十日以上十五日以下拘留；情节较轻的，处五日以上十日以下拘留；通过暗管、渗井、渗坑、灌注或者篡改、伪造监测数据，或者不正常运行防治污染设施等逃避监管的方式违法 排放污染物的。

8.4.5　案例查处

该科技有限公司的行为违反了《中华人民共和国大气污染防治法》第二十条第二款和《中华人民共和国环境保护 法》第四十二条第四款规定，依据《中华人民共和国大气污染防治法》第九十九条第三项和《中华人民共和国环境保护法》第六十三条第三项规定，某市生态环境局责令该公司改正违法行为，处以罚款 58.09 万元，并将案件移送公安机关。

8.5　案例：自动监测设备未与生态环境主管部门的监控设备联网

8.5.1　某陶瓷有限公司自动监测设备未与生态环境主管部门的监控设备联网案

2021 年 6 月 23 日，某生态环境局执法人员对某陶瓷有限公司开展现场检查，发现该公司压机、炉窑等工段正在生产，脱硫塔排口安装的自动监测设备未与生态环境主管部门联网，监测数据未上传生态环境主管部门。经查，该公司于 2020 年 12 月 31 日取得排污许可证，排污许可管理类别为重点管理，排污许可证自行监测明确要求脱硫塔排口氮氧化物、二氧化硫、颗粒物的监测方式为自动，该公司脱硫塔排口于 2020 年 9 月安装了废气自动监测设备，但截至检查时，仍未与生态环境主管部门联网。

8.5.2　案例解析

（1）排污许可重点管理类别的排污单位是否必须安装自动监测设备？

根据《排污许可管理条例》，为规范排污单位和其他生产经营者排污行为，排污单位应当按照排污许可证规定和有关标准规范，依法开展自行监测，并保存原始监测记录。实行排污许可重点管理的排污单位，应当依法安装、使用、维护污染物排放自动监测设备。根据《关于做好重点单位自动监控安装联网相关工作的通知》的规定，排污单位应在取得排污许可证后 3 个月内完成自动监测设备调试和联网。

（2）排污单位应如何安装自动监测设备？

排污单位应当依据排放标准、《排污许可证》《排污许可证申请与核发技术规范》《排污单位自行监测技术指南》等，确定具体监测点位、监测指标，经核实现场运行条件或者技术水平不具备污染物排放浓度自动监测可行性的，应当按照"分类指导、实事求是"的原则，在主要生产工序、治理工艺或者排放口等关键位置，安装使用工况参数、用水用电用能、视频探头监控等间接反映水和大气污染物排放状况的自动监测设备。

（3）在查处"自动监测设备未与生态环境主管部门的监控设备联网"案件中，有哪些免罚情形？

首先，《排污许可管理条例》第二十条第一款规定"实行排污许可重点管理的排污单位，应当依法安装、使用、维护污染物排放自动监测设备，并与生态环境主管部门的监控设备联网。"对于非排污许可重点管理单位，其自动监测设备未与生态环境主管部门监控设备联网的，不违反该条例。

其次，《污染源自动监控设备运行管理办法》规定：当污染源自动监控设备发生故障时，或者因维修、更换、停用、拆除等原因将影响自动监控设施正常运行时，运行单位应当事先报告县级以上环境保护行政主管部门，说明原因、时段等情况，递交人工监测方法报送数据方案，并取得县级以上生态环境行政主管部门的批准。此时，即使自动监测设备未与生态环境主管部门的监控设备联网，亦不用承担行政违法之责。但需注意的是，对设施的维修、更换、停用、拆除等相关工作均须符合国家或者地方相关标准，且针对设施的维修、更换，必须在 48 h 内恢复自动监控设施正常运行。设施不能正常运行期间，要采取人工采样监测的方式报送数据，数据报送每天不少于 4 次，间隔不得超过 6 h。

最后，电信运营商服务中断、自然灾害等情形。

8.5.3 案例点评

根据相关法律法规，重点排污单位和实施排污许可重点管理类别的排污单位应当按照国家有关规定和监测技术规范安装并使用自动监测设备，保证自动在线监测设备的正常运行，保存原始监测记录，并且自动监测设备要与生态环境主管部门的监控设备联网，这是一项重要的环境管理制度，是加强生态环境监管、落实排污单位主体责任的重要手段。生态环境主管部门要持续开展大数据分析，依法查处自动监测设备未与生态环境主管部门的监控设备联网等违法行为，形成高压震慑，不断增强企业自我守法意识，从而保障生态环境质量。

8.5.4 相关法条

《排污许可管理条例》中的相关法条如下。

第二十条第一款：实行排污许可重点管理的排污单位，应当依法安装、使用、维护污染物排放自动监测设备，并与生态环境主管部门的监控设备联网。

第三十六条第四项：违反本条例规定，排污单位有下列行为之一的，由生态环境主管部门责令改正，处 2 万元以上 20 万元以下的罚款；拒不改正的，责令停产整治：未按照排污许可证规定安装、使用污染物排放自动监测设备并与生态环境主管部门的监控设备联网，或者未保证污染物排放自动监测设备正常运行。

8.5.5 案例查处

某陶瓷有限公司的行为违反了《排污许可管理条例》第二十条第一款规定，依据《排污许可管理条例》第三十六条第四项规定，某市生态环境局责令该公司改正违法行为，并处以罚款 8.07 万元。

8.6 案例：在线监测数据存在长期超标行政诉讼案

8.6.1 某实业有限公司行政诉讼案

2018 年 1 月 23 日，某市生态环境局配合原市经信委开展工业环保暗访督查时发现某实业有限公司生产废水在线监测数据存在长期超标情况，委托第三方检测机构对所管辖区某实业有限公司生产废水进行了监督性监测，发现该公司外排废水的化学需氧量（COD）浓度值为 192 mg/L，超标倍数为 0.92 倍；五日生化需氧量（BOD_5）浓度值为 55 mg/L，超标倍数为 1.8 倍，其浓度值均超过《污水综合排放标准》（GB 8978—1996）。该市生态环境局责令该公司改正违法行为，并于 2018 年 4 月 11 日处以罚款 10 万元。

该市生态环境局于 2018 年 2 月 27 日对该公司生产废水进行复查监测时发现，排放废水化学需氧量（COD）浓度值为 149 mg/L，超标倍数为 0.49 倍；五日生化需氧量（BOD_5）浓度值为 39.1 mg/L，超标倍数为 0.96 倍。该实业有限公司的行为违反了《中华人民共和国水污染防治法》第十条规定，属于《环境保护主管部门实施按日连续处罚办法》第十三条第一项认定的拒不改正情形，依据《中华人民共和国环境保护法》第五十九条和《环境保护主管部门实施按日连续处罚办法》第十七条和第十九条规定，该市生态环境局对该公司实施按日连续处罚，处以罚款 150 万元。

8.6.2　诉讼情况

该实业有限公司于 2019 年 1 月 3 日向该市人民法院提起行政诉讼。一审法院认为该市生态环境局 2018 年 7 月 2 日作 出的案涉《行政处罚决定书》事实清楚，证据充分，程序合法，适用法律正确，但《行政处罚决定书》缺乏对证据的全面分析认定，运用事实依据和法律依据说理不够充分，需要在今后的工作中加以改进和完善。

该实业有限公司不服一审判决，向该市中级人民法院提起上诉。 该实业有限公司称：① 该市生态环境局作出的案涉行政处罚适用法律错误。《行政处罚决定书》中未载明《环境保护主管部门实施按 日连续处罚办法》第十六条第二款的规定事项。一审法院将《行政处罚决定书》未引用相关条文认定属瑕疵错误。②案涉行政处罚程序违法。一审审理过程中，该市生态环境局未提供证据证明案涉行政处罚决定经过取得法律职业资格人员的审核，其行政处罚程序违法。③该市生态环境局 2018 年 2 月 27 日的检查并非复查，该实业有限公司不存在拒不改正的情形，案涉行政处罚缺乏证据。④行政处罚本着处罚与教育相结合为目的，一次行政处罚已足以警诫上诉人，无按日连续处罚的必要。因此，请求撤销原判，同时撤销该市生态环境局 2018 年 7 月 2 日作出的案涉《行政处罚决定书》。

该市生态环境局答辩称：① 该市生态环境局作出的案涉 行政处罚决定不存在"适用法律错误"的问题。② 案涉行政处罚作出的程序并未违法。本案中行政处罚的审核人员从事法制审核有 8 年多，不是初次从事法制审核。③该市生态环境局 2018 年 2 月 27 日检查属于复查，对该实业有限公司的行为处"按日连续处罚"符合事实和法律规定。

二审法院认为：《中华人民共和国行政处罚法》第三十九条明确规定行政处罚决定书应当载明的内容，其中就明确了"行政处罚的种类和依据"，本案所涉行政处罚应适用的规章《环境保护主管部门实施按日连续处罚办法》第十六条第二款第（二）项、 第（三）项更加明确了行政处罚决定书应当载明的相关内容。从原市环保局作出的资环通字（2018）9 号《行政处罚事先告知书》和资环罚（2018）15 号《行政处罚决定书》所载明的内容可见，其没有明确初次检查双龙公司发现的环境违法行为及对该实业有限公司的原处罚决定以及按日连续处罚依据和按日连续处罚的起止时间。因此案涉行政处罚决定未运用事实依据和引用相关条文进行充分说理，未详细阐明处理罚款的计算标准、计罚日数的计算方式等，属于适用法律、法规错误。

综上，依照《中华人民共和国行政诉讼法》第八十九条第一款第（二）项、第七十条第（二）项规定，作出如下判决：撤销该市雁江区人民法院（2019）川 2002 行初 1 号行政判决；撤销原该市环境保护局于 2018 年 7 月 2 日作出的资环罚（2018）15 号《行政处罚决定书》。

8.6.3　案例解析

（1）法律适用有哪些应当注意的问题？

在作出行政处罚时使用法律规范条文时，应当注意以下几个方面：一是在作出处罚决定时应通过书面或口头的方式，向行政相对人明确告知处罚决定所依据的法律规范条文，并注意留存告知的证据，原则上应在处罚决定书中予以载明。二是行政处罚决定文书中应当载明所适用的法律、法规、规章的名称（全称）， 以及具体的条、款、项、目，否则在行政诉讼中会被认定为未适用法律。三是行政处罚决定文书中所载明适用的法律规范，应引用该条文的全部内容，不得遗漏。

（2）按日连续处罚决定书制作时需注意什么？

《环境保护主管部门实施按日连续处罚办法》第十六条规定，处罚决定书应当载明下列事项：① 排污者的基本情况，包括名称或者姓名、营业执照号码或者居民身份证号码、地址以及法定代表人或者主要负责人姓名等；② 初次检查发现的环境违 法行为及该行为的原处罚决定、拒不改正的违法事实和证据；③ 按日连续处罚的起止时间和依据；④ 按照按日连续处罚规则决定的罚款数额；⑤ 按日连续处罚的履行方式和期限；⑥ 申请行政复议或者提起行政诉讼的途径和期限；⑦ 环境保护主管部门名称、印章和决定日期。

8.6.4　案例点评

行政机关的行政执法文书具有行政拘束力，应当做到格式规范，结构严谨，用语准确，有理有据，运用事实依据和法律依据充分说理，有足够的依据和理由让行政相对人信任行政行为的正确性。行政执法文书引用的法条中有多个款、项的，应当具体载明。

8.6.5　相关法条

（1）《中华人民共和国水污染防治法》。

第十条：排放水污染物，不得超过国家或者地方规定的水污染物排放标准和重点水污染物排放总量控制指标。

第八十三条第二项：违反本法规定，有下列行为之一的，由县级以上人民政府环境保护主管部门责令改正或者责令限制生产、停产整治，并处 10 万元以上 100 万元以下的罚款；情节严重的，报经有批准权的人民政府批准，责令停业、关闭：超过水污染物排放标准或者超过重点水污染物排放总量控制指标 排放水污染物的。

（2）《环境保护主管部门实施按日连续处罚办法》。

第十三条第一项：排污者具有下列情形之一的，认定为拒不改正：令改正违法行为决定书送达后，环境保护主管部门复查发现仍在继续违法排放污染物的；

第十六条：环境保护主管部门决定实施按日连续处罚的，应 当依法作出处罚决定书。处罚决定书应当载明下列事项：① 排污者的基本情况，包括名称或者姓名、营业执照号码或者居民身份证号码、组织机构代码、地址以及法定代表人或者主要负责人姓名等；② 初次检查发现的环境违法行为及该行为的原处罚决定、拒不改正的违法事实和证据；③ 按日连续处罚的起止时间和依据；④ 按照按日连续处罚规则决定的罚款数额；⑤ 按日连续处罚的履行方式和期限；⑥ 申请行政复议或者提起行政诉讼的途径和期限；⑦ 环境保护主管部门名称、印章和决定日期。

第十七条：按日连续处罚的计罚日数为责令改正违法行为决定书送达排污者之日的次日起，至环境保护主管部门复查发现违法排放污染物行为之日止。再次复查仍拒不改正的，计罚日数累计执行

第十九条：按日连续处罚每日的罚款数额，为原处罚决定书确定的罚款数额。按照按日连续处罚规则决定的罚款数额，为原处罚决定书确定的罚款数额乘以计罚日数。

（3）《中华人民共和国环境保护法》。

第五十九条：企业事业单位和其他生产经营者违法排放污染物，受到罚款处罚，被责令改正，拒不改正的，依法作出处罚决定的行政机关可以自责令改正之日的次日起，按照原处罚数额按日连续处罚。前款规定的罚款处罚，依照有关法律法规按照防治污染设施的运行成本、违法行为造成的直接损失或者违法所得等因素确定的规定执行。

（4）《中华人民共和国行政处罚法》。

第五十九条：行政机关依照本法第五十七条的规定给予行政处罚，应当制作行政处罚决定书。行政处罚决定书应当载明下列事项：① 当事人的姓名或者名称、地址；② 违反法律、法规、规章的事实和证据；③ 行政处罚的种类和依据；④ 行政处罚的履行方式和期限；⑤ 申请行政复议、提起行政诉讼的途径和期限；⑥ 作出行政处罚决定的行政机关名称和作出决定的日期。行政处罚决定书必须盖有作出行政处罚决定的行政机关的印章。

（5）《中华人民共和国行政诉讼法》。

第七十条第（二）项：行政行为有下列情形之一的，人民法院判决撤销或者部分撤销，并可以判决被告重新作出行政行为：适用法律、法规错误的。

第八十九条第一款第（二）项：人民法院审理上诉案件，按照下列情形，分别处理：原判决、裁定认定事实错误或者适用法律、法规错误的，依法改判、撤销或者变更。

8.7　案例：其他自动监测典型问题案例

8.7.1　污染源自动监控平台发现违法排污案

2021 年 12 月中下旬，某市生态环境局通过分析污染源自动监控平台数据、现场端视频监控录像，发现某市某家纺有限公司在废水处理站终沉池设有一根异常管道，存在环境违法嫌疑。执法人员随即召开案情专题分析会，对案件线索展开会商、研判，对现场检查流程进行周密部署。2021 年 12 月 23 日下午，某市生态环境局对该公司开展突击检查，并启动公检法司环五部门联动机制，邀请其他部门联合办案。

通过无人机侦查确认，该公司在废水站终沉池安装的异常管道连接至厂区边的河道，现场检查时该管道正在抽取河道水排入终沉池，稀释排向水质自动采样器的废水，涉嫌篡改伪造监测数据；进一步检查发现，该公司在废水处理中间环节储水罐底部私设暗管，大量未经处理的生产废水通过暗管被直接偷排到市政管网污水井，经监测偷排废水浓度 COD（化学需氧量）高达 5 100 mg/L（超标近 25 倍），偷排废水量约 180 t/d。

违反相关法条：该公司上述行为违反了《中华人民共和国水污染防治法》第三十九条"禁止利用渗井、渗坑、裂隙、溶洞，私设暗管，篡改、伪造监测数据，或者不正常运行水污染防治设施等逃避监管的方式排放水污染物"的规定。

2022 年 1 月 10 日，某市生态环境局依据《中华人民共和国刑法》第三百三十八条、《最高人民法院 最高人民检察院关于办理环境污染刑事案件适用法律若干问题的解释》第一条第（七）项的规定，将该案件移送公安机关。2022 年 10 月 20 日，某市人民检察院对 3 名涉案人员提起公诉。2022 年 11 月 1 日，某市人民法院依法判决：3 名被告人犯污染环境罪，分别判处有期徒刑 7 至 8 个月不等，并处罚金人民币 0.5 万至 2 万元不等。同时，某市生态环境局于 2022 年 3 月 22 日下发《行政处罚决定书》，责令该公司立即改正利用私设暗管等逃避监管方式排放水污染物的行为，并处罚款 55 万元整。

启示意义：2020 年某市生态环境局联合法院、检察院、公安局、司法局等 4 部门印发了《关于加强生态环境行政执法司法保障的实施意见》，创建了公检法司环五部门联动机制（生态环境司法衔接大平台）。本案现场勘察结束后，执法人员和公安人员依据该机制对企业涉案人员进行审讯，讲明利害，还原企业篡改伪造监测数据组织分工、作案经过、持续时间等违法事实，大幅提升了案件办理效率，有效打击篡改伪造自动监测数据环境违法犯罪。

8.7.2　某建材公司违法稀释自动监测系统样品案

2021 年 12 月 14 日，某省生态环境保护综合行政执法局根据群众举报线索，联合某市所管辖区域某县生态环境分局对某县某新型建材有限公司进行突击检查，发现该公司自动监测站房一侧墙壁设有约 60 cm 宽的夹层，夹层内一根透明塑料管一端连通自动监测设备采样管，另一端经屋顶连接至站房隔壁房间内有"氮气"标识的钢制气瓶。执法人员现场打开气瓶阀门，自动监测设备分析仪显示氮氧化物、二氧化硫和氧含量自动监测数据突降。

经查，该公司多名责任人为防止外排废气自动监测数据超标影响经营，自 2019 年起委托某环保材料公司铺设秘密输气管线，将氮气充入样品气体中稀释污染物浓度，以达到自动监测数据"合格"的目的，涉嫌篡改自动监测数据。

违反相关法条：该公司上述行为违反了《中华人民共和国大气污染防治法》第二十条第二款"禁止通过偷排、篡改或者伪造监测数据、以逃避现场检查为目的的临时停产、非紧急情况下开启应急排放通道、不正常运行大气污染防治设施等逃避监管的方式排放大气污染物"的规定。2022 年 1 月 7 日，某市某县生态环境分局依据《中华人民共和国刑法》第二百八十六条、《最高人民法院最高人民检察院关于办理环境污染刑事案件适用法律若干问题的解释》第十条第一款第（一）项和第（二）项的规定，将该案件移送公安机关。2022 年 2 月 11 日，某县公安局立案侦查，对 6 名责任人实施刑事拘留。2022 年 9 月 19 日，某县人民法院对 4 名责任人已作出一审判决。2 名责任人另案处理，已移送某县检察院审查起诉。

启示意义：某省生态环境部门高度重视群众信访举报线索，及时开展突击检查核实情况，发现并依法查处一起自动监控违法犯罪案件，充分发挥了群众监督在发现环境污染问题中的积极作用，切实维护群众环境权益。

8.7.3　某食品公司人为停止废水在线监测设备运行案

2021 年 11 月月底，某市生态环境综合行政执法局执法人员在对重点排污单位自动监测数据开展非现场执法时发现，某食品有限公司污水排放口自动监测数据中，COD、氨氮、悬浮物等数值多次出现恒值，存在自动监测设备运行不正常或篡改、伪造自动监测数据的嫌疑。

经查，该公司自 2021 年 8 月份以来频繁人为停止智能水质采样器采集水样，使 COD、氨氮、悬浮物等自动分析仪器抽取上次采样后采样管中留存的水样进行分析（采样管中留存水样大约能供自动分析仪继续取样分析 5 天）。经与市公安部门联合侦办，还发现该公司存在使用低于排放标准的水样替代实际排放水样的情况，涉嫌篡改自动监测数据。

违反相关法条：该公司上述行为违反了《中华人民共和国水污染防治法》第三十九条"禁

止利用渗井渗坑、裂隙、溶洞，私设暗管，篡改、伪造监测数据，或者不正常运行水污染防治设施等逃避监管的方式排放水污染物"的规定。2021 年 12 月 10 日，某市生态环境局依据《中华人民共和国刑法》第三百三十八条、《最高人民法院 最高人民检察院关于办理环境污染刑事案件适用法律若干问题的解释》第一条第（七）项的规定，将该案件移送公安机关。2022 年 2 月 18 日，某市公安局食药环侦支队立案侦查，已抓捕犯罪嫌疑人 11 人，2022 年 5 月 16 日，该案件移送该市铁路运输检察院审查起诉。目前，该市铁路运输检察院对该公司污水处理工作负责人提起公诉。

经磋商，2022 年 8 月 16 日该公司与某市生态环境局签订生态环境损害赔偿协议，缴纳生态环境损害赔偿金人民币 544136 元，并承诺开展生态修复。

启示意义：监测数据质量是生态环境监测的"生命线"。近年来使用配置好的水样代替实际排放水样干扰自动监测的违法行为频发，均被追究刑事责任，望有关企业引以为鉴，树立知法守法、诚信经营意识，切莫"铤而走险""心存侥幸"。

8.7.4　某县垃圾渗滤液处理站伪造自动监测数据案

2022 年 5 月 20 日下午，某市生态环境局执法人员通过分析污染源自动监控平台自动监测数据，发现某省某环境技术股份有限公司通过招投标负责运营的该省所辖区某县生活垃圾填埋场渗滤液处理站废水排放口氨氮和 COD 小时数据极低，进一步查看视频监控发现，自动监控站房有人员频繁进出。此外，废水排放口处排入自动监测设施采样池的三股废水颜色存在差异，自动监测设施采样管未正常置于采样池内，而是插在其中一根相对清澈排水管中。

经查，该公司废水排放口自动监控采样池有一根生化系统产水排污管和两根 DTRO 产水排污管，同时汇入水质自动采样器的采样池中，但该公司操作人员因担心废水排放口出水水质不达标被生态环境管理部门处罚，遂私自调整污水排放口视频监控球机摄像头角度，将自动监测设备的采样头自采样池拔出，插入在污染物浓度较低的一根排污管中，持续时间长达 23 天，涉嫌篡改自动监测数据。

违反相关法条：该公司上述行为违反了《中华人民共和国水污染防治法》第三十九条"禁止利用渗井、渗坑、裂隙、溶洞，私设暗管，篡改、伪造监测数据，或者不正常运行水污染防治设施等逃避监管的方式排放水污染物"的规定。2022 年 6 月 21 日，该市生态环境局依据《中华人民共和国刑法》第三百三十八条、《最高人民法院 最高人民检察院关于办理环境污染刑事案件适用法律若干问题的解释》第一条第（七）项的规定，将该案件移送公安机关。2022 年 6 月 29 日，该市该县公安局依法对该案立案。2022 年 8 月 9 日，该市该县公安局将案件移送当地人民检察院审查起诉，现案件正在进一步办理中。

启示意义：本案充分运用污染源监控平台和视频监控手段查处篡改伪造自动监测数据等隐蔽违法行为，及时发现可疑数据，锁定违法问题线索；再通过调阅自动监控站房视频监控，固定证据，形成了"线上+线下"组合拳，打击了自动监测数据违法犯罪行为。

8.7.5　某煤矸石砖厂违规标记停产状态逃避监管案

2022 年 8 月 18 日，某市生态环境局会同某市生态环境局执法人员对该市重点排污单位某泰新煤矸石砖厂进行现场检查时，发现该企业正常生产，环境自动监测监控系统 V6.0 平台显示该企业生产状态标记为停产，自动监控设备状态标记为监测设备停运，与企业实际情况不符。经查，该企业于 2022 年 4 月正式恢复生产，排放废气污染物，自动监控设备运维人员、数采仪设备厂家于 2022 年 5 月对自动监测设施进行维护，并具备运行条件。但该企业经营者陈某某在明知污染源启动前应启动自动监测设施的情况下，故意将企业生产状态虚假标记为停产，并人为断开数据采集仪电源使自动监控数据无法上传监控平台。

违反相关法条：该企业上述行为违反了《中华人民共和国大气污染防治法》第二十四条第一款"企业事业单位和其他生产经营者应当按照国家有关规定和监测规范，对其排放的工业废气和本法第七十八条规定名录中所列有毒有害大气污染物进行监测，并保存原始监测记录。其中，重点排污单位应当安装、使用大气污染物排放自动监测设备，与生态环境主管部门的监控设备联网，保证监测设备正常运行并依法公开排放信息。监测的具体办法和重点排污单位的条件由国务院生态环境主管部门规定"的规定。2022 年 9 月 5 日，该市生态环境局依据《中华人民共和国刑法》第三百三十八条、《最高人民法院 最高人民检察院关于办理环境污染刑事案件适用法律若干问题的解释》第一条第（七）项的规定，将案件移送公安机关。目前，公安机关已对 1 名涉案人员采取刑事强制措施，案件正在办理中。

启示意义：近年来，该省逐步完善固定污染源自动监控管理制度，细化了安装、传输、运维、标记、管理有关要求，通过锁定参数、取消数据改动功能、取缔工控机，对设备运行操作过程全程记录，实现对自动监测设备的动态管控。使得通过植入软件、修改参数、改动设备等手段，实施非法篡改、伪造数据或干扰自动监测设备等行为难度大增。在上述管控方式下，少数企业只能采取虚假标记生产经营状态、外部干扰采样等违法痕迹较为明显的方式影响自动监测数据，生态环境执法人员更容易发现环境违法犯罪行为，固定违法犯罪证据。

8.7.6 某木业公司未正常设置在线监测参数案

2022 年 5 月 26 日，某市生态环境保护综合行政执法总队接生态环境部非现场执法线索移送，对位于某县某镇的某木业有限公司开展现场执法检查。该公司主要生产刨花板颗粒板，主要生产工艺为原料（家具下脚料）-破碎-烘干-拌胶-铺装热压-成品。生产过程中产生的废气污染物主要包括破碎粉尘、拌胶热压过程中的 VOCs、生物质锅炉的废气和颗粒物。该公司为某市废气重点排污单位，锅炉废气安装有一套 CEMS 在线监测设备，执法人员对该公司废气在线监测设施进行检查发现，在线监测设施存在如下问题：

（1）该公司 5 月 21 日、22 日在重点排污单位在线监测数据平台上存在连续 6 h 数据超标情况，未及时进行标记；

（2）该公司未建立废气在线运维记录，运维频次也未按照要求开展；

（3）废气在线监测设备内废气进气管与冷凝器连接管路脱落、废气过滤滤芯呈黑色、废气管路中存在大量积水；

（4）废气在线监测设备参数设置错误，烟道面积设置为"1"，而实际踏勘现场数据应设置为"1.13"；

（5）采样探头陶瓷滤芯沾满污垢，长时间未清扫；

（6）采样平台粉尘仪无法实现实时吹扫功能；

（7）废气在线监测设备未实现全程通标功能；

（8）在线运维人员未取得上岗资质或能力认证。

8.7.7　某公司要求运维单位篡改在线监测数据案

某年某月某日某市环保执法人员在调阅在线监测数据时发现某有限公司监测数据存在异常。执法人员当即赶赴这家公司进行突击检查。然而执法人员仔细检查了在线监测站房等相关设施后，却未发现问题。为不打草惊蛇，执法人员在排污口采集水样后便离开公司前往其他企业进行检查。

当日下午 17：45，执法人员杀了一个"回马枪"，再次对该公司进行突击检查。一到场，执法人员便直奔排污口，采集水样后立即对污水处理设施进行检查。18：10，检查完污水处理设施回到站房后，执法人员发现放置于站房内的水样与 17：45 采集的水样不一致，透明度、浊度明显不同，水样很可能被人调包了。执法人员当即在排污口重新采样。

当执法人员欲通过在线监测设备对水样进行分析时，发现在氨氮在线监测设备预处理柜门后，有一个总容积为 500 mL 的圆柱形透明玻璃瓶，瓶内装有约 4/5 容量的水，且氨氮分析仪进水管已被人为脱开并插入玻璃瓶内。

氨氮监测设备显示，玻璃瓶内水样氨氮浓度为 3.936 mg/L。经分析，执法人员在排污口采集的水样，氨氮浓度为 16.06 mg/L，超标 1.01 倍。

经调查，在执法人员取样后离开站房到污水处理设施处进行检查时，企业负责人擅自进入站房将执法人员采集的水样调了包。他的这一举动刚好被在线监测设施第三方委托运维的工作人员看到。为掩盖违法事实，企业负责人竟要求第三方运维人员不要将其进入站房一事告诉执法人员。

在执法人员制作勘验笔录时，这位企业负责人仍不知悔改，强行要求第三方运维人员帮其顶替"擅自将在线监测设施取样管插入事先调制好的样品瓶中"一事。第三方运维人员坚决拒绝了其无理要求。

8.7.8　某水泥公司远程篡改自动在线监测氮氧化物运行参数案

某年某月某日某环保局会同执法人员对某水泥有限公司进行检查，发现这家公司两条水泥熟料生产线烟气在线监测数据异常，经进一步检查，发现这家公司使用自动化部一台计算机远程控制两条水泥生产线窑尾烟气自动监控设施工控机，篡改工控机氮氧化物运行参数，导致两条生产线窑尾分析仪实测氮氧化物浓度值数据与工控机显示数据存在明显偏差（工控机数据最终上传至江西省重点污染源自动监控系统平台）。

执法人员当场对这家公司烟气自动监控设备站房予以查封，并对这家公司放置于生产楼 3 楼自动化办公室内用于远程控制的计算机予以扣押。

经查实，该水泥有限公司近几个月来，氮氧化物排放数据造假，采取远程控制脱硝装置仪表显示数据，将仪表显示数据人为降低，实际脱硝装置使用的是自来水。当环保人员检查时，就提前把显示值恢复正常，关闭自来水，脱硝装置重新喷洒氨水。

8 月 22 日，该环保局依法对该水泥有限公司下达了责令改正、拟处罚款 52 万元的行政处罚事先告知书，并依法向所报辖区的公安局移送了该水泥有限公司篡改在线监测数据案。该公安局依法受理了此案，并已进入法定程序。

8.7.9　某橡胶公司违规设置自动监测设备氧含量下限案

2019 年 7 月 17 日，某省环境监察局联合该省所辖区的某市环境监察支队对某橡胶股份有限公司进行现场检查时发现，该公司违规将自动监测设备停炉判定条件烟气氧含量下限值调整为 15%（相关标准和设备程序要求该值为 19%）。该市环境监测站对锅炉水膜除尘池循环液进行采样监测，结果显示 pH 值为 2.77，循环液不符合有关技术指标，达不到脱硫效果。该市环境监测站对锅炉烟气进行执法监测，结果显示燃煤锅炉废气出口的二氧化硫瞬时最大浓度为 850 mg/m³，平均浓度为 801 mg/m³，分别超过《锅炉大气污染物排放标准》（GB 13271 —2014）规定限值 1.12 倍和 1 倍。7 月 18 日，执法人员再次对该公司进行检查，发现该公司自动监测设备工控机经过人为设置，致使传输至生态环境部门自动监控系统平台的二氧化硫、氮氧化物浓度均低于 1 mg/m³，与实际排放的污染物浓度严重不符。

8.7.10　某纸业公司伪造自动监测样品案

2020 年 7 月 23 日，某省某市生态环境局对某纸业有限公司开展专项检查，该公司正在生产，污水处理站正在运行，废水总排口和雨水排放口正在排水。执法人员检查时发现，该公司化学需氧量和总氮自动监测设备分析仪采样管与采样泵后取样管路断开，被分别插入玻璃烧杯和塑料量杯内液体液面以下，采集经清水稀释后的废水固定样进行数据分析并上传至国发平台。经第三方监测单位现场取样监测，该公司污水处理总排口出水化学需氧量浓度为 320 mg/L，超过其排污许可证规定的许可排放浓度限值（化学需氧量 300 mg/L）；雨水排放口出水化学需氧量、悬浮物、总氮均超过《制浆造纸工业水污染物排放标准》（GB 3544—2008）规定的限值。经调查核实，该公司制浆主管为使化学需氧量、总氮的自动监测数据达标，多次伙同该公司污水处理设施维护人员实施了以上造假行为。

参考文献

[1]　张仁志. 环境综合实验[M]. 北京：中国环境出版社，2015.

[2]　王继斌，宋来洲. 环保设备选择、运行与维护[M]. 北京：化学工业出版社，2011.

[3]　赵育. 环境监测[M]. 北京：中国劳动保障出版社，2019.

[4]　石碧清.环境监测技能考核训练与考核教程，第 2 版[M]. 北京：中国环境出版集团，
2015.

[5]　张译，王瑞强. 环境在线监测技术与运营管理实例[M]. 北京：中国环境出版社，2013.

[6]　王森，杨波. 环境在线监测分析技术[M]. 重庆：重庆大学出版社，2020.